Angewandte Elektrizitätslehre

Ein Leitfaden für das elektrische und elektrotechnische Praktikum

Von

Professor Dr. Paul Eversheim
Privatdozent für angewandte Physik
an der Universität Bonn

Mit 215 Textfiguren

Berlin
Verlag von Julius Springer
1916

ISBN-13: 978-3-642-89661-3   e-ISBN-13: 978-3-642-91518-5
DOI: 10.1007/978-3-642-91518-5

Druck der Königl. Universitätsdruckerei H. Stürtz A. G., Würzburg.

Vorwort.

In den letzten Jahrzehnten hat die Technik staunenswerte Errungenschaften zu verzeichnen, sie kann auf eine Entwicklung zurückblicken, die auf manchem Gebiete — so möchte man fast behaupten — die höchste Vollendung erreicht hat. An diesen Errungenschaften ist eine Naturerscheinung beteiligt von so eminenter Bedeutung, daß sie auszuschalten ganz undenkbar wäre: die Elektrizität. Freigiebig und in unerschöpflicher Fülle fast gibt die Natur dem Menschen, was sie in ihrem reichen Schoße birgt, aber sie will es nicht ohne Kampf hingeben, und wie alles erst durch das Erringen und Erkämpfen seinen rechten Wert erhält und damit die Grundlage zur gedeihlichen Weiterentwicklung in sich schließt, so bedurfte es auch hier der ernsten Forschertätigkeit, bedurfte es der emsigen Arbeit im Laboratorium und in den technischen Betrieben, sollte das Höchste erreicht werden.

Aber, wir sind noch nicht am Ziele angelangt, dürfen es auch nicht sein. Immer weiter dringt der menschliche Geist ein in die Wunderwelt der Natur, Neues zu entdecken, fehlende Glieder zu ergänzen, und der Wunsch, ja das Bedürfnis, sich in das Studium der Naturwissenschaft zu vertiefen, faßt immer weitere Kreise. Die Lehre von der Elektrizität und ihrer Anwendung ist heute nicht allein für die rein technischen Berufe von höchstem Interesse, sondern auch für eine Reihe anderer Berufsarten, zumal in den Naturwissenschaften, zur unmittelbaren Betätigung oder, und nicht in letzter Linie, behufs Ausübung im späteren Lehrberuf.

Neben dem Studium ist die praktische Betätigung im Laboratorium erforderlich. Das eigentliche physikalische Praktikum erfuhr vielfach eine Erweiterung dadurch, daß auch an den Universitäten technische Übungen angegliedert wurden. Seit einer Reihe von Jahren hat der Verfasser an hiesiger Universität in dem besprochenen Sinne das Arbeitsgebiet erweitert, und der rege Besuch beweist zur Genüge, wie wünschenswert die Einrichtung ist.

Ausgezeichnete Lehrbücher und Leitfäden der allgemeinen Physik wie der Elektrizitätslehre, experimentell wie theoretisch, stehen uns als unentbehrliche Hilfsmittel zur Verfügung, auch fehlt es nicht an guten Werken für das elektrotechnische Praktikum. Allein für den vorliegenden Zweck sind sie teils zu umfangreich, teils zu technisch, teils setzen sie zuviel voraus, teils sind zu wenig praktische Beispiele darin enthalten, so daß mir der Versuch lohnend schien, in übersichtlicher Form einen Leitfaden zusammenzustellen, der dem Lernenden bei Ausführung der Versuche im elektrischen und elektrotechnischen Praktikum an die Hand geht. Der eingeschlagene Weg bei der Behandlung des Stoffes ist der, daß, von den grundlegenden Gesetzen ausgehend, gezeigt wird, wie sich darauf der Bau der Apparate und Maschinen sowie der Arbeitsmethoden gründet. Schaltungsskizzen für den Stromlauf, graphische Darstellungen der Versuchsergebnisse, vor allem auch Zeichnungen und Abbildungen von Apparaten und Maschinen unserer führenden Firmen mußten zum klaren Verständnis eingefügt werden. Die betreffenden Firmen gaben zum Abdruck der Figuren bereitwilligst die Erlaubnis. Diese Abbildungen sind reichlich vorhanden, denn, was kann man wohl Besseres tun, als die zum Teil ausgezeichneten Darstellungen in ein Lehrbuch aufzunehmen, das sich die Aufgabe stellt, gerade die Behandlung und den Zweck des Betreffenden dem Leser klar vor Augen zu führen.

Das Buch wendet sich an Studierende der Universitäten sowie an solche, die etwa am Beginne ihrer technischen Studien stehen. Auch hofft der Verfasser, daß die darin enthaltenen Anleitungen und Hinweise für diejenigen von Nutzen sein werden, die bei Ausübung ihres Berufs genötigt sind, kleinere Anlagen zu errichten oder zu leiten.

Bonn, Juni 1916.

P. Eversheim.

Inhaltsverzeichnis.

Erster Teil: Gleichstrom.

Erstes Kapitel.

Zweites Kapitel.

*) Ausschuß für Einheiten und Formelgrößen.

Erster Teil.

Gleichstrom.

1. Kapitel.

Grundbegriffe, Messung der Fundamentalgrößen, die wichtigsten Instrumente und Apparate.

Wenn man an eine elektrische Anlage herantritt und sich die Aufgabe stellt, dort Messungen, Schaltungen od. dgl. vorzunehmen, oder wenn man selbst eine Anlage, eine Versuchsanordnung, herrichten will, so wird es immer nötig sein, daß man sich über die Einzelheiten der Anlage ein klares Bild macht und die zugrunde liegenden Gesetze erkennt. Freilich sind diese — für Gleichstrom wenigstens — verhältnismäßig einfach, doch lehrt die Erfahrung, daß bloßes Wissen nicht genügt, sondern die praktische Tätigkeit im Übungsraum eine notwendige Ergänzung bildet, denn nur zu oft passiert es dem Ungeübten, daß er, selbst in einfachen Fällen, auf Schwierigkeiten stößt oder gar durch ungeschickte Handhabung Unheil anrichtet. Vorsicht und Sachkenntnis sind um so mehr geboten, als in der Regel der Leiter äußerlich nichts von der innewohnenden Energie zu erkennen gibt und der Schaden bereits eingetreten ist, bevor man den Fehler erkennt. Ob es sich um Schwachstrom handelt, oder ob man mit Starkstrom, mit hoher oder niedriger Spannung arbeitet, immer kann ein Mißgriff verhängnisvoll werden: im ersteren Falle können kostbare Instrumente vernichtet, im letzteren Kurzschlüsse herbeigeführt oder gar Leben und Gesundheit gefährdet werden.

I. Die elektrischen Grundbegriffe.

Es seien im folgenden zunächst jene einfachen Naturerscheinungen und Gesetze behandelt oder ins Gedächtnis zurückgerufen, die für die gesamte Elektrizitätslehre von grundlegender Bedeutung sind; wir beginnen mit dem elektrischen Strom selbst.

Wenn wir vom elektrischen Strom sprechen, so verbinden wir damit die Vorstellung von etwas „Strömendem" und denken uns dabei, daß die Elektrizität im Leiter „fließe". Wie nun auch in Wirklichkeit die Verhältnisse liegen mögen, so bietet diese Vorstellung so außerordentlich viel Vorzüge in bezug auf das Verständnis der elektrischen Erscheinungen, speziell in Leitern, daß man wohl immer für praktische Zwecke an ihr festhalten wird. Wenn wir aber so mit unserem geistigen Auge etwa in einem Drahte den elektrischen Strom fließen sehen, so ist es für unser Gefühl ganz selbstverständlich, daß etwas da sein muß (etwa an den Drahtenden wirkend), was die Elektrizität bewegt, in Fluß bringt, etwas Treibendes, und dieses Treibende nennt man **elektromotorische Kraft**. Es ist die zweite, neben dem Begriff der Stromstärke so überaus wichtige Größe, eine Größe, deren Ursache die sog. Spannungs- oder Potentialdifferenz an den Polen einer Elektrizitätsquelle ist. Die **Spannung, die Höhe der Ladung, das Potential** muß also an beiden Polen verschieden sein, und nach Übereinkunft nennen wir den höher geladenen Pol den positiven ($+$), den niedriger geladenen den negativen ($-$), und sagen, der Strom fließt vom positiven zum negativen Pol.

Wir vermögen nun leicht einzusehen, daß die **Stärke** des Stromes von der Größe derPotentialdifferenz, also der elektromotorischen **Kraft** (im folgenden mit E.M.K. bezeichnet) der Stromquelle abhängen wird, und daß sie mit dieser wächst oder fällt, und andererseits sagt uns die Überlegung, daß auch die Natur des Leiters von wesentlichem Einfluß auf den Strom sein muß, denn ein schlechter Leiter, ein solcher von hohem **Widerstand** wird den Strom schwächen in dem Maße, wie der Widerstand zunimmt.

So führt uns das bloße Nachdenken zu einem Gesetz von fundamentaler Wichtigkeit, dem **Ohmschen Gesetz**, das von **Ohm**[1]) streng bewiesen und nach ihm benannt ist. Halten wir uns an die üblichen Bezeichnungen[2]) und sei

$$J \; = \; \text{Stromstärke}$$
$$E \; = \; \text{Elektromotorische Kraft (Spannung)}$$
$$W \; = \; \text{Widerstand des Leiters,}$$

so ist immer

$$J = \frac{E}{W}.$$

Sobald wir also zwei Größen kennen, ist immer die dritte gegeben, und wohl keine Beziehung findet in der Elektrotechnik größere Anwendung als sie in diesem Gesetz zum Ausdruck kommt.

Wir haben wiederholt von Stromstärke gesprochen und fragen uns nun, was wir darunter verstehen. Das Wesen des elektrischen Stromes liegt offenbar darin, daß eine bestimmte Elektrizitätsmenge in einer gewissen Zeit durch die Leitung befördert wird, also ist **die Stromstärke gleich der in der Zeiteinheit durch den Querschnitt der Leitung beförderten Elektrizitätsmenge.** Fragen wir nun: wie stark ist der Strom?, so können wir diese Frage nur dann beantworten, wenn ein Einheitsmaß für die Stromstärke festgesetzt wird.

---

[1]) G. S. **Ohm**, geb. 1787 Erlangen, gest. 1854 München, daselbst seit 1849 Professor der Physik.

[2]) Siehe auch Anhang, Formelzeichen des A.E.F. sowie die Schrift: Dr. **Karl Strecker**, Verhandlungen des Ausschusses f. Einheiten und Formelgrößen in den Jahren 1907 bis 1914, Verlag von Julius Springer, Berlin 1914.

Ein solches Einheitsmaß aufzustellen bietet an sich keine erheblichen Schwierigkeiten, denn man hat nur nötig, aus den Wirkungen des elektrischen Stromes, die dieser im Leiter oder nach außen hin ausübt, seine Stärke zu fixieren: mit zunehmender Wirkung wird sicherlich die Stromstärke anwachsen. Es sind zwei Einheiten im Gebrauch: das Weber und das Ampere. Ersteres ist das absolute Maß, es bietet hauptsächlich theoretisches Interesse. Letzteres, das praktische Maß ist das allgemein gebräuchliche; Bedeutung und Herleitung werden wir gleich (II, 1) besprechen.

Was ferner die E.M.K. angeht, so haben wir deren Bedeutung bereits oben besprochen; auch hier interessiert uns die Frage nach dem Einheitsmaß, und wir gelangen zu einem bestimmten Begriff der Einheit, wenn wir an die Entstehung jener Kraft ganz bestimmte Voraussetzungen knüpfen, also etwa die Zusammensetzung eines galvanischen Elementes festlegen. Man kann auch hier die Einheit im absoluten Maß angeben, doch benutzt man ausschließlich das Volt als praktische Einheit der E.M.K. (überhaupt der elektrischen Spannung). Was wir unter Volt verstehen, wird bei Besprechung der Meßmethoden näher ausgeführt.

Um endlich ein bestimmtes Maß für die Größe des elektrischen Widerstandes festzusetzen, hat man als Einheit das Ohm angenommen: es ist der Widerstand einer Quecksilbersäule von 1,063 m Länge, 1 qmm Querschnitt bei 0° Celsius. Neben dem Ohm findet sich auch wohl noch das Siemens[1]), bezogen auf eine Quecksilbersäule von 1,0 m Länge.

II. Messung der Fundamentalgrößen.

1. Apparate und Instrumente zur Messung der Stromstärke.

Ein Maß für die Stromstärke (Intensität) gewinnen wir aus den Wirkungen des elektrischen Stromes. Je nach den Wirkungen sind verschiedene Meßmethoden im Gebrauch, und zwar benutzt man die elektrolytischen (chemischen) Wirkungen bei den Voltametern[2]); die elektromagnetischen und elektrodynamischen Wirkungen bei den Galvanometern und Amperemetern, sowie endlich die Wärmewirkung bei den sog. Hitzdrahtinstrumenten. Wir wollen die verschiedenen Meßmethoden und Instrumente im folgenden besprechen und beginnen mit dem Voltameter.

Voltameter auch Coulometer genannt.

Die Strommessung beruht bei diesen Instrumenten auf zwei von Faraday[3]) entdeckten Gesetzen über das Wesen der Elektrolyse.

---

[1]) Nach W. v. Siemens, dem Begründer der berühmten Firma Siemens u. Halske, geb. 1816 zu Lenthe b. Hannover, gest. 1892 zu Berlin.

[2]) Nach A. Volta, geb. 1745 in Como, Prof. der Physik erst in Como, bis 1804 an der Universität zu Pavia, starb 1827 in Como.

[3]) M. Faraday, geb. 1791 als Sohn eines Hufschmieds in Newington bei London; erst Assistent, dann seit 1827 Prof. der Chemie an der Royal Institution in London, starb 1867.

Unter Elektrolyse versteht man bekanntlich die Erscheinung, daß Elektrolyte, d. s. Salze, Säuren oder Basen, beim Stromdurchgang zersetzt werden, wobei die Zersetzungsprodukte an den Elektroden auftreten. Nun hat Faraday gezeigt, daß

1. die in einer bestimmten Zeit an einer Elektrode abgeschiedene Menge der Stromstärke proportional ist,
2. die durch ein und denselben Strom in den verschiedenen Elektrolyten abgeschiedenen oder zersetzten Mengen sich zu einander verhalten wie die chemischen Äquivalentgewichte.

Der Sinn des ersten Satzes ist ohne weiteres klar: lassen wir den zu messenden Strom durch einen Elektrolyten (im Voltameter) hindurch fließen, beobachten die Zeit und bestimmen, etwa durch Wägung, die abgeschiedene Menge, so gewinnen wir ein Maß für die Stromstärke, und wenn wir festsetzen: der Strom von der Stärke 1 Ampere scheidet in der Sekunde die Menge E ab, so berechnet sich J aus

$$J = \frac{1}{E} \cdot \frac{m}{t}$$

wo m die abgeschiedene Menge, t die Zeit während des Stromdurchgangs und E das sog. elektrochemische Äquivalent darstellt. Wir verstehen darunter die Gewichtsmenge in Gramm, die der Strom 1 Ampere (s. unten) in 1 Sekunde abscheidet. Die Elektrizitätsmenge: „Amperesekunde" wird „Coulomb" [1]) genannt.

Das zweite Faradaysche Gesetz gibt uns Aufschluß darüber, welches Voltameter die genaueste Messung zuläßt. Nehmen wir an, wir leiten den Strom hintereinander durch verschiedene Salzlösungen, so scheidet sich der metallische Bestandteil stets an der Kathode ab. Die abgeschiedenen Mengen sind nun nach obigem Gesetz einander chemisch äquivalent, d. h. sie verhalten sich wie die Quotienten aus Atomgewicht und Wertigkeit. Bei Feststellung des Gewichts der abgeschiedenen Metalle (m) wird demnach ein Wägungsfehler den kleinsten Einfluß haben bei einem Metall von hohem Atomgewicht und kleinster Wertigkeit. Vergleicht man z. B. Kupfer und Silber miteinander, so hat man folgende Zahlen: $\frac{63}{2}$ und $\frac{108}{1}$, d. h. der Strom scheidet etwa 4 mal so viel Silber ab wie Kupfer.

Hauptsächlich im Gebrauch finden sich drei Arten von Voltametern: das Knallgas-, das Kupfer- und das Silbervoltameter. Die ersteren seien hier nur kurz besprochen, das letztere als das wichtigste Instrument zur Strommessung muß dagegen eingehend behandelt werden, da es auch, wie wir später sehen werden, für die Festsetzung der internationalen Einheit der E.M.K. von fundamentaler Bedeutung ist und endlich auch mit ihm die Eichung der Präzisionsinstrumente vorgenommen werden kann.

Das Knallgasvoltameter. Es gibt verschiedene Formen, das prinzipielle dabei ist folgendes. Ein geschlossenes Glasgefäß ist zum Teil mit verdünnter Schwefelsäure (spez. Gew. 1,07—1,14) gefüllt. In die

---

[1]) Nach Coulomb, geb. 1736 in Angoulème, gest. 1806 in Paris.

Säure tauchen zwei Platinbleche — die Elektroden —, die mit Zuleitungen versehen sind, die durch den Deckel des Gefäßes hindurch gehen oder seitlich durch die Glaswand geführt sind. Die Bleche haben einen Abstand von 1—2 cm. Verbindet man die Zuführungen mit der Leitung, in der der Strom gemessen werden soll, so findet Zersetzung des Elektrolyten statt. Beim Experiment ist zu beachten, daß die Zersetzungsprodukte die Elektroden oberflächlich verändern, es findet „Polarisation" statt, d. h. es entsteht eine elektromotorische Kraft, die der angelegten Spannung entgegenwirkt, und die etwa 3 Volt beträgt. Man muß daher etwa 4 Volt (2 Akkumulatoren) anlegen, damit der Strom durch das Voltameter hindurch kann. An den Elektroden scheiden sich dann 2 Teile Wasserstoff und 1 Teil Sauerstoff, der Zusammensetzung des Wassers entsprechend (H_2O) ab, und zwar auf sekundärem Wege: Zunächst wird die Schwefelsäure gespalten: $SO_4H_2 = SO_4 + H_2$. Der Säurerest SO_4 kann nicht frei für sich bestehen, er verbindet sich mit dem Wasserstoff des Wassers wieder zu Schwefelsäure SO_4H_2, so daß der Sauerstoff O frei wird. Unter dem Einfluß der angelegten Spannung erhalten die übrig bleibenden Molekel bzw. Atome eine bestimmte Elektrizitätsmenge, deren Größe von der chemischen Valenz abhängt. Die so geladenen Teilchen nennt man Ionen: der positiv geladene Wasserstoff wandert zur Kathode, der negativ geladene Sauerstoff zur Anode, der elektrostatischen Anziehung folgend. Beide Gase steigen an den Elektroden auf, man kann sie auffangen (etwa mit der pneumatischen Wanne) und in ein in Kubikzentimeter geteiltes Glasrohr leiten. Das abgelesene Volumen bildet ein Maß für die Stromstärke, und zwar ist das elektrochemische Äquivalent (s. oben)

$$E = 0,174 \text{ cm}^3 \text{ Knallgas/Coulomb}$$

bei 0^0 und 760 mm Barometerstand. Das Volumen ist also, wie immer bei Gasen, auf 0^0 und 760 mm umzurechnen.

Das Knallgasvoltameter eignet sich zur Strommessung von 1—50 Ampere. Bei schwächeren Strömen stört die gleichzeitig auftretende Bildung von Ozon und Wasserstoffsuperoxyd an der Anode; man vermeidet den dadurch verursachten Fehler, indem man in einem zweiteiligen Voltameter die Gase getrennt auffängt und den Wasserstoff allein der Rechnung zugrunde legt. Für Wasserstoff ist

$$E = 0,01044 \text{ mg/Coulomb.}$$

Das Kupfervoltameter. Dieses Instrument eignet sich vorzugsweise zur Messung starker Ströme. In eine Kupfersulfatlösung, $CuSO_4 + H_2O$, vom spez. Gew. 1,1, etwas angesäuert mit Schwefelsäure, tauchen zwei Elektroden aus Kupferblech. Beim Stromdurchgang spaltet sich $CuSO_4$ in metallisches Kupfer Cu und den Säurerest SO_4. Letzterer als negatives Ion wandert zur Anode und vereinigt sich dort mit einem Cu-Teilchen wieder zu SO_4Cu, während ersteres als positives Ion zur Kathode wandert, die sich allmählich mit einer Kupferschicht überzieht. Die Kathode wird vor und nach dem Versuch — nach sorgfältiger Reinigung und Trocknung — gewogen. Aus der Gewichtszunahme berechnet sich der Strom unter Zugrundelegung des elektrochemischen Äquivalents

$$E = 0,3294 \text{ mg/Coulomb.}$$

Das Silbervoltameter. Das Silbervoltameter bietet das wichtigste Mittel zur exakten Strommessung, einmal aus dem oben erwähnten Grunde, dann aber auch deshalb, weil sich die Versuche hiermit am saubersten ausführen lassen. Das stetig wachsende Bedürfnis in Wissenschaft und Technik nach Messungen höchster Präzision, die Verfeinerung unserer Meßinstrumente bei einer bis ins äußerste gesteigerten Empfindlichkeit verlangt naturgemäß die Aufstellung von Einheitsgrößen, die, unter ganz bestimmten Voraussetzungen gewonnen, jederzeit in einwandfreier Weise kontrolliert werden können, und da ferner sämtliche Kulturländer an dieser wichtigen Frage in gleicher Weise interessiert sind, so müssen die Einheiten internationalen Charakter besitzen. Nach den Beschlüssen der „internationalen Konferenz für elektrische Einheiten" (London 1908) wurde das Silbervoltameter für die Strombestimmung zugrunde gelegt und dabei als Äquivalent die Zahl

$$E = 1{,}11800 \ \text{mg/Coulomb}$$

festgesetzt. Danach definieren wir die Stromeinheit: die (internat.) Einheit der Stromstärke 1 Ampere[1] (A) hat der konstante Strom, der in der Sekunde 1,118 mg Silber abscheidet.

Vorher, wie auch später noch wurden in verschiedenen Staaten zahlreiche Versuche mit Voltametern verschiedener Bauart angestellt und die Resultate miteinander verglichen, deren gute Übereinstimmung die Brauchbarkeit des Silbervoltameters zur Genüge dartat und ein Urteil über die zweckmäßigste Form und Zusammensetzung zuließ. Dieser letzte Punkt harrt noch der Erledigung nach internationalem Beschluß, man kann aber wohl annehmen, daß ein Typ, wie er von Kohlrausch[2] auf Grund zahlreicher und sorgfältiger Versuche angegeben ist, als der zuverlässigste zugrunde gelegt werden wird[3]. Dieser Voltametertyp sei im folgenden beschrieben.

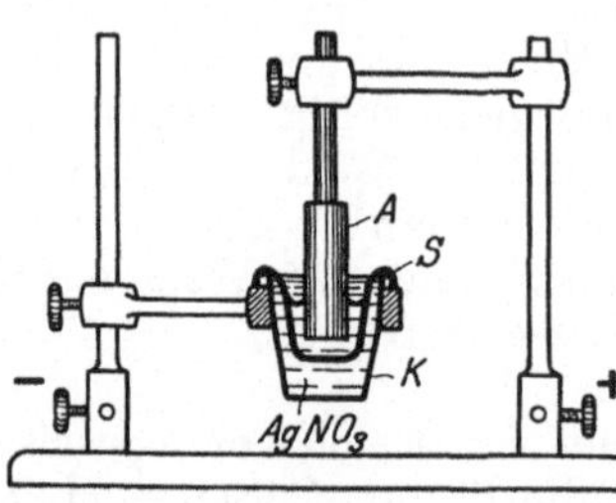

Fig. 1.

Die Anode A besteht aus chemisch reinem Silber von kreisförmigem Querschnitt und etwa 10 mm Durchmesser (Fig. 1). Die Kathode K ist als Platintiegel ausgebildet, der bei einem mittleren Durchmesser von etwa 45 mm eine Höhe von 60 mm besitzt und gleichzeitig zur Aufnahme der Voltameterflüssigkeit dient. Diese wird hergestellt aus einer etwa 20%igen Lösung aus neutralem Silbernitrat ($AgNO_3$) in destilliertem Wasser. Bei Ausführung der Versuche ist darauf zu achten, daß die Stromdichte, d. i. Ampere pro qcm eine gewisse Grenze nicht übersteigt; sie soll an der Anode höchstens 0,2, an der Kathode

---

[1]) Nach A. M. Ampère, Prof. d. Math. u. Physik, geb. 1775 zu Lyon, gest. 1836 zu Marseille.

[2]) F. Kohlrausch, Annalen d. Physik 1908, 26, p. 580.

[3]) Vergl. auch die Bemerkungen über das Silbervoltameter aus: Mitteilung der Physik. Techn. Reichsanstalt. v. W. Jaeger u. H. v. Steinwehr, Elektrot. Zeitschr. 1914, Heft 29.

etwa $^1/_{10}$ davon betragen. Im anderen Falle geht der Prozeß zu stürmisch vor sich, es bilden sich Verästelungen und lose sitzende Silberteilchen im Tiegel, die später beim Auswaschen leicht mit entfernt werden, so daß bei der Wägung eine zu geringe Niederschlagsmenge resultiert. Umgekehrt kann das Gewicht eine Fälschung dadurch erfahren, daß während der Elektrolyse Silberteilchen sich mechanisch lösen, nach unten fallen und sich am Boden des Tiegels festsetzen. Man hat verschiedene Mittel im Gebrauch, um dieser Störung zu begegnen: man umkleidet die Anode mit einem Säckchen aus reiner Seide, oder man senkt sie (Richards) in eine kleine poröse Tonzelle hinein. Am besten ist wohl die Kohlrauschsche Anordnung, nach der man ein kleines Glasschälchen S mittelst dreier Arme unter die Anode auf den Tiegel hängt, so daß herabfallende Teilchen aufgefangen werden.

Große Sorgfalt ist auf Reinigung und Trocknung der Kathode vor und nach dem Versuch zu verwenden. Der Tiegel wird mit Salpetersäure von fremden Metallteilchen befreit, mit Wasser gut nachgespült, mit reinem Filtrierpapier innen und außen sauber abgewischt und getrocknet. Darauf darf der Tiegel nicht mehr mit den Händen berührt werden. Schwieriger gestaltet sich die Manipulation nach dem Versuch. Der Silberniederschlag bildet eine nicht allzu fest anhaftende körnige poröse Masse, aus der das gelöste Silbersalz erst nach längerem Spülen mit destilliertem Wasser entfernt werden kann. Man überzeugt sich von dem gänzlichen Ausziehen der Silberlösung dadurch, daß man dem Spülwasser, nachdem es einige Zeit im Tiegel gestanden hat, einen Tropfen Salzsäure zusetzt: sind noch Spuren von Silber vorhanden, so erfolgt die bekannte Reaktion, die Bildung des weißen Chlorsilberniederschlags. Das Trocknen geschieht am besten im Exsikkator oder durch Schwenken im warmen Luftstrom.

Bussolen.

Die Tangenten-Bussole. Die Tangenten-Bussole ist nicht das empfindlichste Instrument zur Strombestimmung, sie bildet indessen ein Mittel, die Stromstärke absolut, d. h. unter Zugrundelegung der drei absoluten Einheiten: cm g sec zu messen. Um den Zusammenhang zu erkennen, ist es notwendig, sich des elektromagnetischen Elementargesetzes zu erinnern, das von Laplace sowie von Biot und Savart

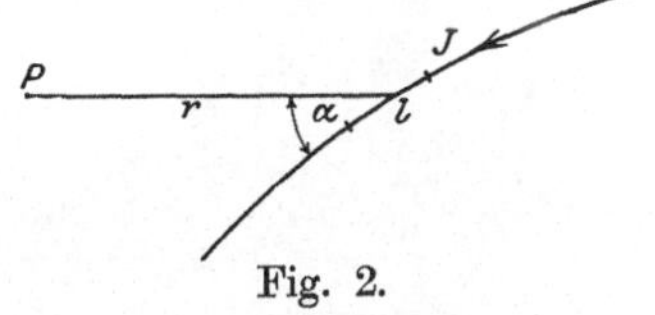

Fig. 2.

abgeleitet wurde und gewöhnlich nach letzteren benannt wird. Dieses Gesetz gibt uns Aufschluß über die Wirkung eines vom Strome J durchflossenen kleinen Leiterstücks von der Länge l nach außen hin, die sich dort als Kraft äußert. Danach besteht im Punkte P (Fig. 2) eine Kraft $\mathfrak{H}$, oder, wie man auch sagen kann, es herrscht dort das magnetische Feld von der Intensität

$$\mathfrak{H} = \varkappa \frac{J \cdot l}{r^2} \sin \alpha \quad . \quad . \quad . \quad . \quad . \quad . \quad 1)$$

wo r der mittlere Abstand und α der von l und der Verbindungslinie eingeschlossene Winkel ist; $\varkappa$ ist ein Proportionalitätsfaktor. Die Richtung dieser Kraft steht stets, wie das Experiment bestätigt, senkrecht zu einer Ebene durch den Leiter und die Verbindungslinie: ein Magnetpol in P würde also senkrecht zur Zeichenebene abgelenkt werden.

Sehen wir nun, wie dieses Prinzip bei der Tangenten-Bussole zur praktischen Ausführung gelangt. Unter der Annahme, daß der Strom J in einem Kreise vom Radius r fließe, vereinfacht sich Gleichung 1) wesentlich, wenn wir die Kraft im Mittelpunkt des Kreises betrachten; es wird hier $\measuredangle \, \alpha = 90^0$, der sinus also $= 1$, l wird $= 2\,r\,\pi$, daher

$$\mathfrak{H} = \varkappa \,.\, 2\,\pi\,\frac{J}{r}$$

oder $$J = \frac{1}{\varkappa}\,\frac{r \,.\, \mathfrak{H}}{2\,\pi} \,. \qquad \ldots \ldots \ldots \quad 2)$$

$\dfrac{1}{\varkappa}$ ist eine Konstante, die offenbar von der Natur der gewählten Einheiten abhängt. Setzen wir sie gleich 1, so wird $J = 1$, wenn $r = 1$, und $\mathfrak{H} = 2\,\pi$ wird. Im absoluten Maß ausgedrückt finden wir:

Derjenige Strom J besitzt die absolute Einheit der Stärke, der im Kreise vom Radius 1 cm fließend im Mittelpunkt das Feld von der Stärke $2\,\pi$ Dynen ausübt. Diese Stromeinheit wird Weber genannt.

Das praktische Maß Ampere (s. Seite 6) ist 10 mal kleiner.

Fig. 3 veranschaulicht eine Tangenten-Bussole, wie sie von der Firma Hartmann & Braun, Frankfurt a. M. gebaut wird (nach Kohlrausch), sie dient zur Strommessung im absoluten Maß. Der Stromkreis wird gebildet aus einem präzise gearbeiteten Ring aus chemisch reinem Kupfer von rechteckigem Querschnitt, er läßt sich daher genau ausmessen. Der Strom wirkt auf den Magneten des in der Mitte aufgestellten Magnetometers, dessen Magnet auf einem Spiegel befestigt ist, der an einem feinen Faden hängt. Mittelst Spiegelablesung (s. S. 12) läßt sich die Ablenkung genau feststellen.

Fig. 3.

Das Magnetometer kann man auch durch eine auf einer Spitze schwingenden Magnetnadel (Kompaß, Bussole) ersetzen.

Zur Ausführung der Messung wird der Ring genau in den magnetischen Meridian eingestellt, die Nadel liegt also in der Windungsebene. Betrachten wir nach Fig. 4 das Instrument von oben. Es bewirkt der Strom J eine Ablenkung um den $\measuredangle\ \alpha$, da die Kraft $\mathfrak{H}$[1] $\perp$ zur Windungsebene gerichtet ist. Andererseits wirkt die Richtkraft des Erdmagnetismus, die Horizontalkomponente H senkrecht zu $\mathfrak{H}$, so daß sich die Nadel in die Richtung R der Resultierenden einstellt. Offenbar ist hier

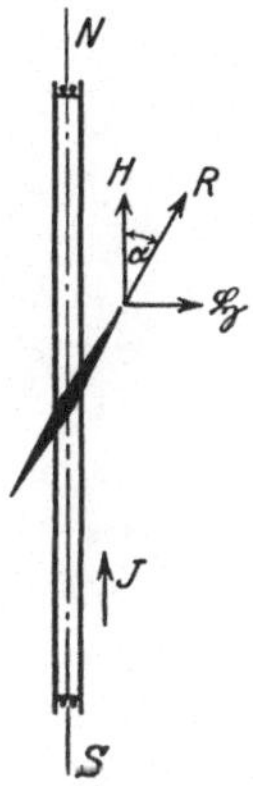

$$\mathfrak{H} = H\,\mathrm{tg}\ \alpha$$

daher der Strom nach Gl. 2)

$$J = \frac{r\,.\,H}{2\,\pi}\,\mathrm{tg}\ \alpha \ . \ . \ . \ . \ . \ . \ 3)$$

Ist H (in Dynen) bekannt und bestimmt man r in cm, so berechnet sich J daraus im absoluten Maß.

Bussolen mit einem Ring, also mit einer Windung sind nicht sehr empfindlich; man kann die Empfindlichkeit erhöhen, wenn man die Windungszahl vermehrt. Ist diese gleich n, so wird

$$J = \frac{r\,.\,H}{2\,\mathrm{n}\,.\,\pi}\,\mathrm{tg}\ \alpha$$

oder

$$J = C\,\mathrm{tg}\ \alpha \ . \ . \ . \ . \ . \ . \ . \ . \ 4)$$

Fig. 4.

Die Konstante C wird Reduktionsfaktor der Bussole genannt.

Das Tangentengesetz ist in der Tangenten-Bussole nicht streng verwirklicht, wie unsere Gleichungen zeigen, da es nicht möglich ist, eine Magnetnadel mit ihren Polen wirklich in den Mittelpunkt des Drahtringes zu verlegen. Der Fehler wird indessen sehr klein, wenn die Nadel klein im Vergleich zum Ringdurchmesser ist (nach Weber etwa $^1/_{10}$ des Radius) und wenn der Ausschlag unter 45^0 bleibt. Allerdings darf die Ablenkung der Nadel auch nicht zu klein werden, da sich zeigen läßt, daß mit abnehmendem Winkel die Ablesungsfehler einen größeren Einfluß auf das Resultat ausüben. Das gleiche gilt von zu großen Ausschlägen, die günstigste Stellung der Nadel liegt zwischen 40 und 50^0: ein Ablesungsfehler beträgt hier $^1/_6\,^0/_0$ des Fehlers in der Nähe des 0-Punktes oder bei 90^0. Damit man auch bei starken Strömen diese kritische Grenze einhalten könne, besitzen die Bussolen eine Einrichtung, die es gestattet, die Nadel mit ihrem Gehäuse in Richtung der Spulenachse zu verschieben.

Da die kleine Magnetnadel eine gute Ablesung nicht zuläßt, so ist auf ihr ein Aluminiumzeiger von vierfacher Länge angebracht. Die fein ausgezogene Spitze schwingt über einer Spiegelskala (s. Fig. 38), die

---

[1] Über Richtung der Ablenkung gibt die Ampèresche Regel Aufschluß: denkt man sich im Stromkreis schwimmend, in Richtung des Stromes, das Gesicht der Nadel zugekehrt, so wird der Nordpol nach links abgelenkt.

es ermöglicht, durch Fixieren des Spiegelbildes des Zeigers die Fehler durch „Parallaxe" zu vermeiden.

Die Sinus-Bussole. Die Bestrebungen, die Tangentenbussole zu verbessern, d. h. ihre Angaben streng mit der Theorie in Einklang zu bringen, führten zur Konstruktion der Sinus-Bussole, die namentlich von Pouillet, später von Poggendorf durchgebildet wurde. Diese Bussole, wie sie in Fig. 5 abgebildet ist, besitzt prinzipiell die gleiche Einrichtung wie die vorige, nur kann man hier den Spulenring auf einem Teilkreis drehen und so bewirken, daß ihre Ebene mit der Nord-Süd-Richtung der abgelenkten Nadel zusammenfällt. Es wirkt also

Fig. 5.

die ablenkende Kraft stets senkrecht zur Nadelachse und die Gleichung 1 ist für jede Stellung streng erfüllt, unabhängig von der Länge der Nadel.

Der Reduktionsfaktor ist bei diesem Instrument mit dem Sinus desjenigen Winkels zu multiplizieren, um den man den Spulenring drehen muß, um seine Ebene in die Nadelachse zu bringen, denn es ist nach Fig. 6 (die Bussole von oben betrachtet)

$$\mathfrak{H} = \mathrm{H}' = \mathrm{H} \sin \alpha$$

und nach Gleichung 2 die Kraft auf den Pol

$$\mathfrak{H} = \frac{2\,\pi\,\mathrm{J}}{\mathrm{r}},$$

daher unter Berücksichtigung von $\mathfrak{H} = \mathrm{H} \sin \alpha$

$$\mathrm{J} = \frac{\mathrm{r}\,\mathrm{H}}{2\,\pi} \sin \alpha$$

für eine Windung, oder

$$\mathrm{J} = \frac{\mathrm{r}\,\mathrm{H}}{2\,\mathrm{n}\,\pi} \sin \alpha$$

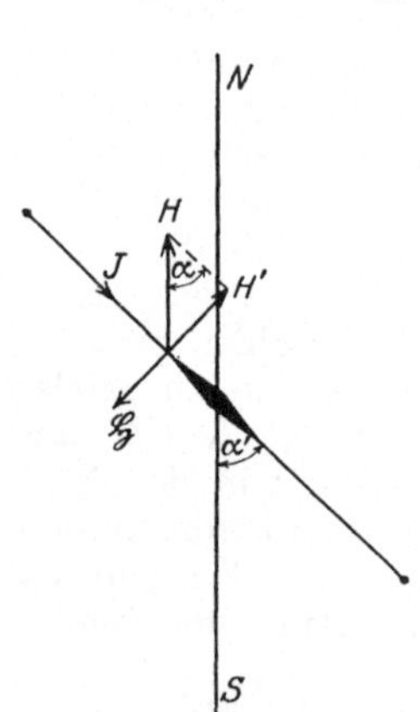

Fig. 6.

für die Spule mit n Windungen.

Ein Nachteil der Sinus-Bussole besteht darin, daß man zwei Einstellungen vornehmen muß, nämlich für die Nadel und für den Spulenring, wodurch Ablesefehler vermehrt werden.

Galvanometer.

Allgemeines. Die Galvanometer sind die wichtigsten und feinsten Instrumente zur Messung schwacher Ströme, und man baut sie heute von einer außerordentlichen Empfindlichkeit. Bevor wir die wichtigsten Typen besprechen, wollen wir zunächst das Prinzip der Galvanometer und die allgemeinen Gesichtspunkte kennen lernen, die für den Bau und die Behandlung maßgebend sind.

1. Prinzip des Galvanometers. Wie bei den Bussolen beruht auch hier die Messung auf der ablenkenden Wirkung des vom Strome durchflossenen Leiters auf eine Magnetnadel oder aber auf der Drehung, die eine vom Strome durchflossene bewegliche Spule im Magnetfeld erfährt. Hier wie dort sind daher prinzipiell zwei Dinge nötig: Spule und Magnet. Bei den Nadelgalvanometern von großer Empfindlichkeit hängt der Magnet an einem äußerst feinen Faden, meist aus Quarz; bei den weniger empfindlichen Instrumenten, die bequemer in der Handhabung sind, ruht die Nadel auf einer feinen Spitze (wie beim Kompaß). Das bewegliche System der Drehspulgalvanometer hängt an einem Metallband geringster Dimension, das zugleich die Stromzuführung bewirkt, während der Strom durch eine entsprechend fein gearbeitete Spirale seinen Rückweg findet. Auch hier ist bei weniger empfindlichen Instrumenten das Drehsystem wie beim Nadelgalvanometer auf Spitzen gelagert.

2. Empfindlichkeit. Empfindliche Instrumente mit Drehsystem besitzen ausnahmslos Spiegelablesung (s. d. unter 3). Darauf Bezug nehmend definiert man die Empfindlichkeit e eines Galvanometers als die Bruchteile Ampere für Stromempfindlichkeit resp. Bruchteile Volt für Spannungsempfindlichkeit, die bei 1 m Skalenabstand 1 mm Ausschlag bewirken. $e = 4 \cdot 10^{-6}$ — die allgemeine Schreibweise — würde demnach heißen: der Strom von $\dfrac{4}{1\,000\,000}$ Ampere bewirkt einen Ausschlag von 1 mm. Es könnte freilich scheinen, als ob sich die Empfindlichkeit mit vergrößertem Skalenabstand vergrößern müsse, allein man darf nicht vergessen, daß mit zunehmender Entfernung die Ableseschwierigkeit wächst, wodurch der Nutzen des längeren Lichtzeigers verloren geht. Als Norm hat sich die oben angegebene Entfernung von Spiegel und Skala brauchbar erwiesen. Allerdings gibt die Angabe der Empfindlichkeit in der eben angegebenen Form noch kein hinreichend sicheres Bild für die Wahl eines Galvanometers, da der Widerstand der Spulen sowie die Schwingungszahl des Systems eine große Rolle spielen [1]. Das empfindlichste Galvanometer kann für den beabsichtigten Zweck völlig unbrauchbar sein, selbst dann, wenn die höchste Empfindlichkeit verlangt wird. Dieser scheinbare Widerspruch findet seine Erklärung in der Tatsache, daß die Versuchsbedingungen außerordentlich verschieden sein können und daß in dem einen Falle Instrumente mit hohem, im anderen solche mit geringem Widerstand von

[1] Näheres s. Kohlrausch, Lehrbuch d. prakt. Physik.

Vorteil sind. Je größer der Widerstand, d. h. also je mehr Windungen die Spule besitzt, um so größer der Ausschlag für einen gegebenen Strom, denn die ablenkende Kraft hängt von der Zahl der Ampere-Windungen ab. Hat man also Messungen auszuführen, bei denen der Galvanometer-Widerstand gegen den äußeren Widerstand verschwindet (z. B. bei Isolationsmessungen), so wird man immer Instrumente hoher Stromempfindlichkeit wählen. Wegen des großen Widerstandes eignen sich diese nicht bei Messungen mit Stromquellen von geringer elektromotorischer Kraft (z. B. Thermoelementen bei kleinem Temperaturgefälle an den Lötstellen), hier ist ein Instrument von geringem Spulenwiderstand am Platze.

Zu beachten ist endlich noch, daß es bei sehr empfindlichen Instrumenten schwierig ist, den Nullpunkt konstant zu halten, eine wiederholte Kontrole ist daher notwendig. Wenn angängig, wird man daher eine Nullmethode der Ausschlagmethode vorziehen.

3. Spiegelablesung. Diese, von Poggendorf (1828) eingeführt, bietet das wichtigste Mittel zur Messung kleiner Ablenkungen. Man kann sie auf zweierlei Art anwenden: als subjektive, die genauere, und als objektive, die bequemere Methode. Die Anordnung der ersteren geht aus Fig. 7 hervor. Die Teilung einer Millimeterskala S mit sog. Spiegelschrift wird durch das Fernrohr F beobachtet. Man stellt so ein, daß das am Galvanometerspiegel s reflektierte Bild der Skala deutlich sichtbar wird, nachdem man vorher das Fadenkreuz durch

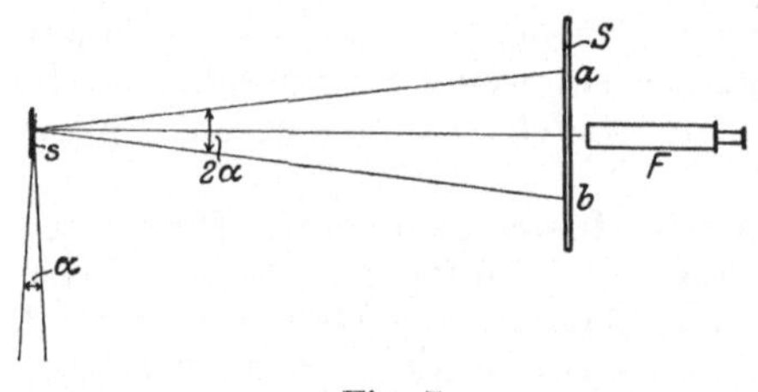

Fig. 7.

Verschieben der Okularlinse scharf eingestellt hat. Der Spiegel ist mit dem Drehsystem des Galvanometers fest verbunden. Das Fadenkreuz hat den Zweck, eine bestimmte Skalenzahl a im Gesichtsfeld zu fixieren. Dreht sich der Spiegel um den Winkel α, so gelangt nunmehr ein Strahl ins Fernrohr, der nach dem Reflexionsgesetz mit dem ersten den Winkel $2\,\alpha$ bildet, man erblickt den Skalenpunkt b. Dadurch verdoppelt sich die Genauigkeit des Ablesens und da ferner dieser sehr lange „Lichtzeiger" das System nicht belastet, so erhält man die denkbar günstigsten Bedingungen für exakte Messung. Der Ausschlagswinkel α ergibt sich ohne weiteres aus $\mathrm{tg}\,\alpha = \dfrac{a\,b}{2}$ dividiert durch Skalenabstand.

Eine gewisse Schwierigkeit bietet sich, wie die Erfahrung lehrt, dem Anfänger beim Einstellen des Fernrohrs auf die Skala. Meist wird der Fehler gemacht, daß von vorneherein mit dem Fernrohr operiert wird, indem man das Bild in dem kleinen Gesichtsfeld des Okularrohrs sucht. Nichts ist aber einfacher auszuführen als die Einstellung, wenn man richtig zu Werke geht. Zu dem Ende sucht man zunächst mit dem bloßen Auge, gegen den Spiegel blickend, das Bild der Skala, indem man nach rechts und links, nach oben und unten die Gegend absucht.

Bald ist das Bild gefunden und in der Sehrichtung des Auges muß natürlich auch die Achse des Fernrohrs liegen. Dieses richtet man darauf, darüber hinweg und seitlich blickend, auf den Spiegel und stellt scharf auf die Skala ein

Natürlich muß die Skala gut beleuchtet sein. Dies geschieht, falls das Tageslicht nicht ausreicht, zweckmäßig durch eine „Soffitten beleuchtung“, wie sie in Fig. 8 dargestellt ist In dem länglichen Parabolspiegel S aus Weiß blech befinden sich zwei elektrische Röhren lampen R, die durch Steckdose und Schnur an die Lichtleitung angeschlossen werden. Diese Anordnung besitzt den Vorteil einer gleichmäßigen Beleuchtung und schützt das Auge des Beobachters vor störenden Strahlen. Das Ablesefernrohr mit seiner Ausrüstung muß stabil aufgestellt werden, doch so, daß seitliche und Höhenbewegung ausgeführt werden kann, wobei das Fernrohr mit besonderer Einstellung ausgerüstet sein soll. Fig. 9 zeigt eine schöne Anordnung der Firma Hartmann & Braun. Als Untersatz dient ein hölzernes „Gaußsches“ Stativ. Das Fernrohr sitzt auf einem soliden Sockel, der eine Einstellung nach jeder Richtung hin gestattet. Alles übrige dürfte aus der Figur hervorgehen.

Die objektive Ablesung eignet sich hauptsächlich für solche Untersuchungen, die den Beobachter in Anspruch nehmen und ihm nicht gestatten, gleichzeitig durchs Fernrohr zu blicken; sodann ist diese Methode zu Vorlesungszwecken sehr geeignet. Eine Nernstlampe N (Fig. 10) befindet sich als Ersatz des Okulars an einem Fernrohr. Das Bild des Glühfadens wird durch das Objektiv des Fernrohrs nach Reflexion am Spiegel S auf die Skala geworfen und erscheint dort als heller Lichtfleck. Meist ist die Skala durchsichtig, so daß die Bewegung des Lichtflecks von hinten beobachtet werden kann.

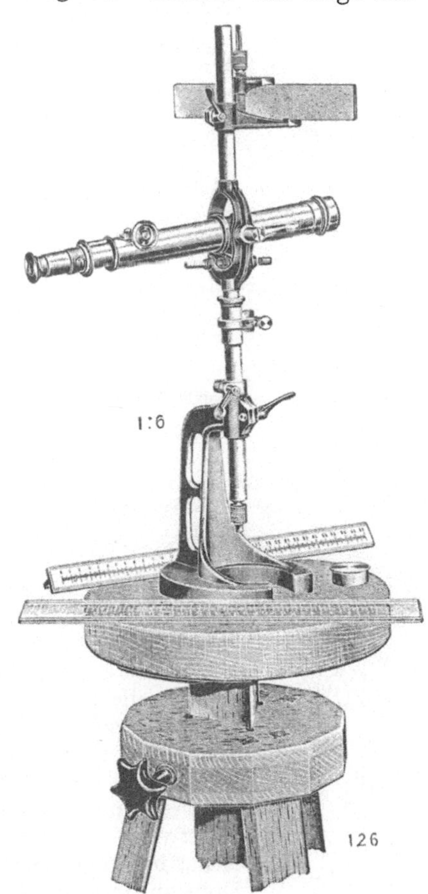

Fig. 8.

Fig. 9.

4. Eichung der Galvanometer. Will man mit dem Galvanometer den elektrischen Strom messen, so ist es nötig, das Instrument zu eichen. Am einfachsten geschieht dies, indem man dem Instrument einen hinreichend großen Widerstand vorschaltet (Vorschalt-Widerstand) und aus dem Gesamtwiderstand und der bekannten elektromotorischen Kraft der Stromquelle den Strom nach dem Ohmschen Gesetz berechnet. Variiert man den Vorschaltwiderstand, so kann man die Stromstärke für verschiedene Ausschläge ermitteln und so die ganze Skala durchprüfen. Als Stromquelle diene ein Akkumulator oder ein galvanisches Element. Die Spannung wird während der Messung mit einem Präzisions-Voltmeter (s. S. 52 ff) kontrolliert. Bei den Nadelgalvanometern ist die Stromstärke nur für kleine Ausschläge proportional der Skalenteilung; man stellt daher die gefundenen Werte in einer Tabelle zusammen, konstruiert die Empfindlichkeitskurve, indem man in einem Koordinatensystem die Empfindlichkeit als Funktion der entsprechenden Ausschläge aufträgt und die erhaltenen Punkte durch eine Linie verbindet. Man verfährt wie folgt. Der Vorschaltwiderstand wird so einreguliert, daß der Ausschlag etwa 50 cm beträgt, die Stromstärke sei i_1. Jetzt reguliert man auf 40 cm Ausschlag, die Stromstärke sei i_2, dann ist offenbar $i_0 = i_1 - i_2$ diejenige Stromstärke, die in dem Skalenintervall von 40—50 cm den Ausschlag 10 cm herbeiführt. In den meisten Fällen kann man in diesem begrenzten Bereich die Stromstärke als dem Anschlag proportional ansehen (sonst muß man enger begrenzen) und erhält somit durch Division mit 10 die Empfindlichkeit an dieser Stelle, sagen wir bei 45 cm Ausschlag. Genau so verfahren wir zwischen 40 und 30, 30 und 20 cm usf. und erhalten so

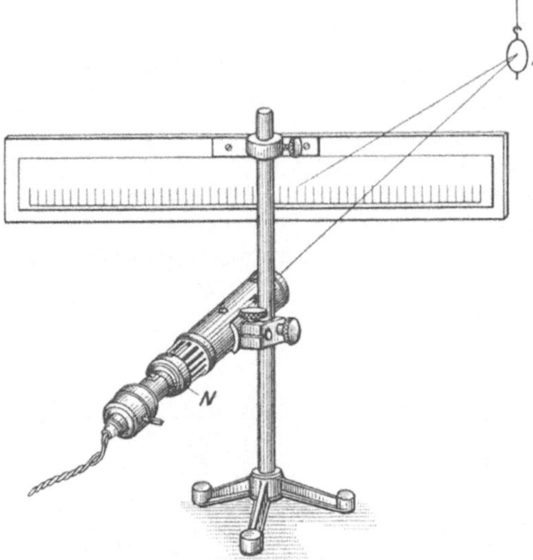

Fig. 10.

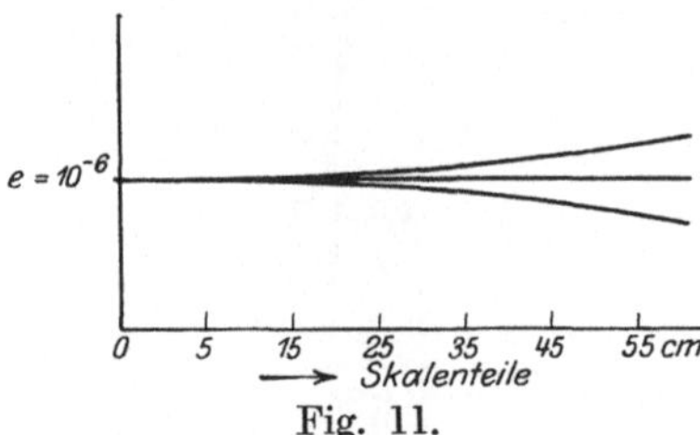

Fig. 11.

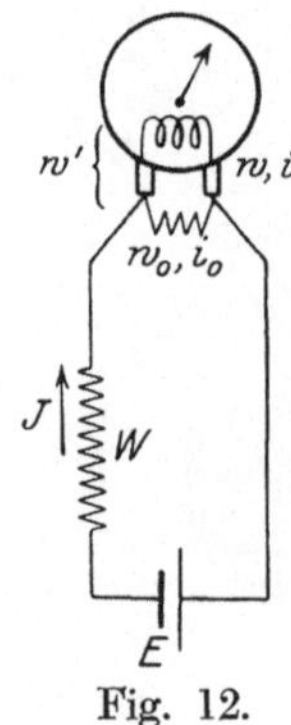

Fig. 12.

die gewünschten Werte. Die Empfindlichkeit sei von der Größenordnung 10^{-6}, die graphische Darstellung ergibt das Bild in Fig. 11. Im idealen Falle wird die Kurve eine Gerade, parallel zur Abszissenachse (Drehspulinstrument). Je nach Art und Bau des Instrumentes wird sie nach oben oder unten verlaufen, d. h. die Empfindlichkeit wird zu- oder abnehmen.

Man kann die Eichung auch durch Parallelschalten von Widerständen vornehmen und erlangt dadurch eine Reihe von Vorteilen. Zunächst ist klar, daß bei sehr feinen Instrumenten der Vorhaltswiderstand viele Hunderttausende von Ohm betragen müßte. Derartig hohe Widerstände sind jedoch nicht immer zur Hand, sodann sind solche Widerstände nicht brauchbar, um den Empfindlichkeitsbereich des Instrumentes zu variieren, da sie den zu messenden Strom selbst schwächen. Ein Nebenschluß dagegen gestattet selbst das empfindlichste Instrument für stärkere Ströme zu benutzen, er bietet ein unentbehrliches Hilfsmittel für Laboratoriums- und Schalttafel-Instrumente (s. a. S. 37).

Fig. 12 erläutert die Anordnung. Es sei J der Hauptstrom, i resp. i_0 der Strom im Galvanometer und im Nebenschluß, die Widerstände sind entsprechend bezeichnet. Nennen wir den Gesamtwiderstand des Stromkreises W′, so ist

$$W' = W + \frac{w_0\, w}{w_0 + w},$$

denn, wenn w′ den Widerstand zwischen den Klemmen des Galvanometers bedeutet, so ist

$$W' = W + w'$$

und wegen der Parallelschaltung

$$\frac{1}{w'} = \frac{1}{w} + \frac{1}{w_0}, \text{ daher } w' = \frac{w_0\, w}{w_0 + w}.$$

Es berechnet sich der Wert von J aus

$$J = \frac{E}{W'},$$

andererseits ist

$$\frac{i}{i_0} = \frac{w_0}{w}$$

also

$$i_0 = \frac{i\, w}{w_0}$$

und da $J = i + i_0$, so ist

$$J = i + \frac{i\, w}{w_0} = i\, \frac{w_0 + w}{w_0}$$

also der Galvanometerstrom

$$i = J\, \frac{w_0}{w + w_0} \qquad \ldots \ldots \ldots \quad 5)$$

Diese Gleichung gestattet eine interessante und höchst praktische Anwendung; macht man nämlich den Nebenschluß

$$w_0 = \frac{1}{9}\,w = \frac{1}{99}\,w = \frac{1}{999}\,w \text{ usf.,}$$

so ist

$$i = \frac{1}{10}\,J = \frac{1}{100}\,J = \frac{1}{1000}\,J \text{ usf.}$$

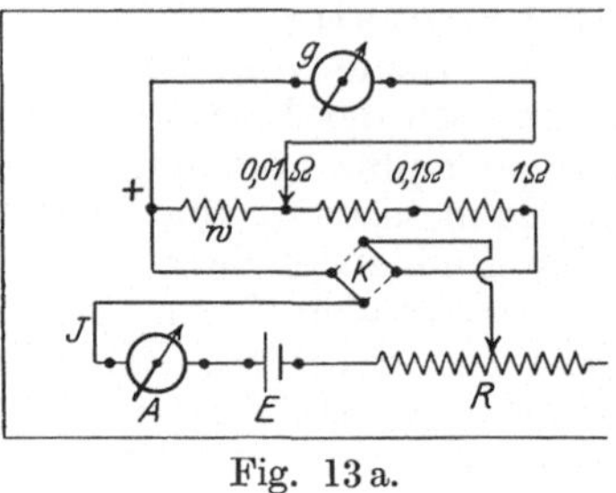

Fig. 13 a.

wie leicht zu sehen, wenn man die Größen für w_0 einsetzt.

Verfügt man über ein Präzisions-Milliamperemeter A (S. 40) bis ca. 0,75 Ampere Meßbereich, so kann man nach Fig. 13 a aus dessen Angaben J, sowie aus Nebenschluß und Instrumentenwiderstand w resp. g ohne weiteres jedes Galvanometer eichen. Zweckmäßig ordnet man die Widerstände der bequemen Berechnung halber dekadisch an, es ist dann nach Gleichung 5

$$i = J\,\frac{w}{w + g} \text{ Ampere,}$$

$$e = J\,\frac{w \cdot g}{w + g} \text{ Volt.}$$

Das Schema bezieht sich auf die Ansicht Fig. 13 b, die die komplette Einrichtung der Firma Siemens & Halske wiedergibt. Galvanometer, Amperemeter, Stromquelle usw. werden an die entsprechend bezeich-

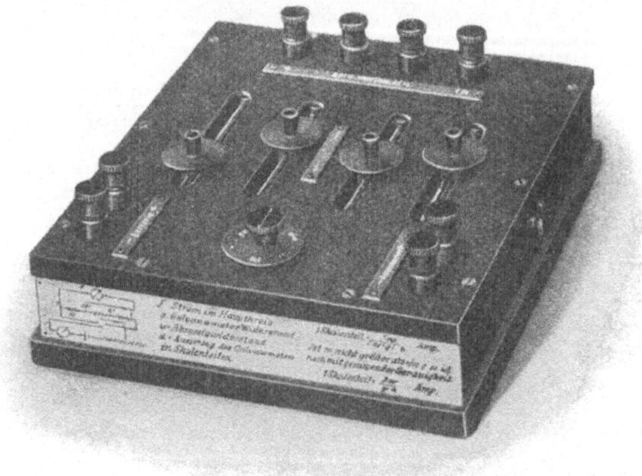

Fig. 13 b.

neten Klemmen angelegt. Mit dem Kommutator K wird der Strom gewendet, R ist ein Schieberwiderstand (S. 65) zum Regulieren des Hauptstromes auf passende Stärke, die so zu bemessen ist, daß bei der gewählten Schaltung der Maximalausschlag des Galvanometers nicht überschritten wird.

Auf der Nebenschlußschaltung beruht auch eine von Ayrton eingeführte Widerstandsanordnung, die sich vornehmlich für Drehspulgalvanometer eignet, ohne daß es nötig ist, deren Widerstand zu kennen. Das Instrument wird mit dem sehr hohen Widerstand w_0, Fig. 14, geeicht. (Der Widerstand ist ohnedies zur Dämpfung nötig, s. S. 27.) Legt man den Hauptstrom bei K_1 und K_2 an, so ist

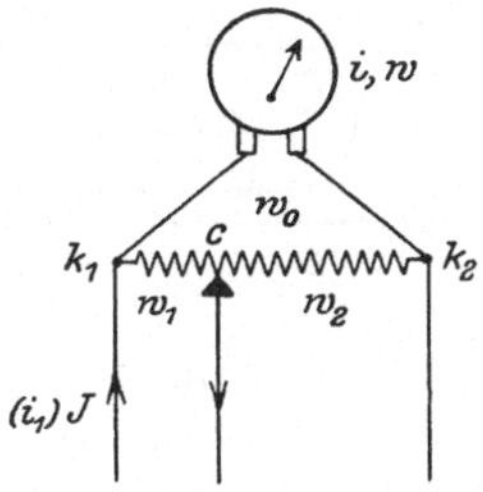

$$i = J \frac{w_0}{w + w_0}.$$

Legt man an irgend einen anderen Punkt, etwa bei c an, so hat man

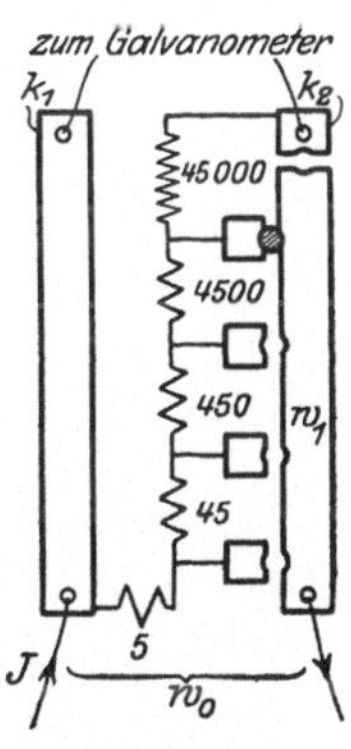

Fig. 14.

$$i_1 = J \frac{w_1}{w_1 + w_2 + w} = J \frac{w_1}{w + w_0}$$

also

$$\frac{i}{i_1} = \frac{w_0}{w_1}, \quad i_1 = i \frac{w_1}{w_0},$$

d. h. der Strom der Maximalempfindlichkeit i wird je nach der Schließung bei c im Verhältnis $\frac{w_1}{w_0}$ geschwächt. Der Universalwiderstand hat die Einrichtung, wie sie Fig. 15 schematisch darstellt, w_0 ist hier = 50 000 Ohm, w_1 kann durch Stöpseln (vgl. Rheostatenkasten, S. 54) auf den Wert 5, 50, 500 und 5000 gebracht werden, so daß man Ströme messen kann, die 10 000, 1000, 100 und 10 mal so stark sind als der Strom höchster Empfindlichkeit. Steckt man den Stöpsel bei K_2 ein, so würde das der Verbindung des Punktes c (Fig. 14) mit K_2 entsprechen.

5. Richtmagnet und Astasierung. Ein weiteres Mittel, die Empfindlichkeit zu variieren und überhaupt zu steigern, bietet der von Hauy eingeführte Richt- oder Kompensationsmagnet. Derselbe erfüllt einmal die Aufgabe, das Erdfeld an der Stelle der Nadel zu schwächen, wodurch die Richtkraft auf diese vermindert und daher ihre Bewegungsfreiheit erhöht wird. Dann aber auch kann ein solcher Magnet für sich die richtende Kraft auf die Magnetnadel (Direktionsmoment) übernehmen, so daß das Instrument in jeder Stellung, unabhängig von der Lage zum magnetischen Meridian, benutzt werden kann. Der Richtmagnet ist mit dem Galvanometer verbunden, und zwar über oder unter dem Nadelsystem, meist an einer Stange verschieb- und drehbar angeordnet. Durch Nähern und Entfernen sowie durch geeignete Drehung kann man die Richtkraft der Erde fast völlig aufheben, „kompensieren", oder aber auch verstärken, also die höchste und geringste Empfindlichkeit herbeiführen.

Fig. 15.

Eine ähnliche Aufgabe erfüllt das astatische Nadelpaar (Nobili 1825), in Fig. 16 dargestellt. Hier sind zwei möglichst gleichartige

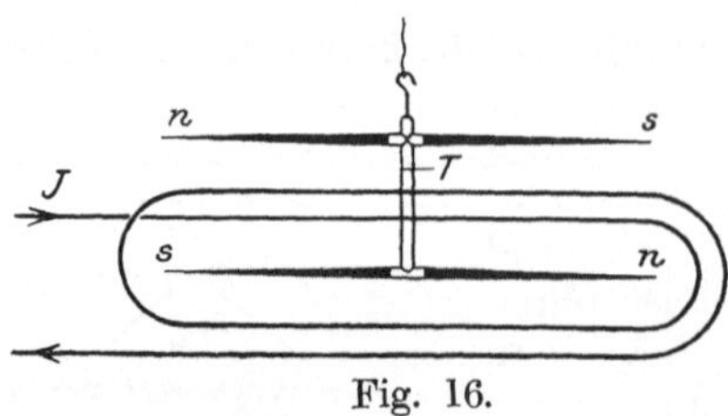

Fig. 16.

Magnetnadeln mittelst des Trägers T, meist aus Elfenbein, zu einem festen System vereinigt, und zwar mit ihren entgegengesetzten Polen übereinander angeordnet. Dadurch wird die Direktionskraft des Erdmagnetismus auf ein Minimum gebracht, so daß der geringste Strom einen Ausschlag bewirkt. Damit die ablenkende Wirkung des Stromes nicht aufgehoben wird, sich vielmehr auf beide Nadeln erstreckt, befindet sich eine Nadel im Innern, die andere außerhalb der Spule (vgl. auch Ampèresche Regel S. 9).

6. Dämpfung. Die Dämpfung soll das zeitraubende und störende Hin- und Herschwingen des aus der Ruhe gebrachten beweglichen Systems verhindern: Aperiodisches System. Bei einfachen Instrumenten versieht man die Nadel mit Glimmerblättchen, die infolge des Luftwiderstandes ein schnelles Abklingen der Schwingungen herbeiführen. Besser ist die sog. Kupferdämpfung. In unmittelbarer Nähe der Nadel befindet sich eine massive Kupferplatte; in dieser werden bei der Drehung der Nadel nach dem Induktionsgesetz Wirbelströme (unter dem Namen Foucault-Ströme bekannt) erzeugt, und zwar auf Kosten der der schwingenden Nadel innewohnenden Energie, wodurch jene schnell zur Ruhe kommt.

7. Panzerung. Allen Galvanometern mit schwingendem Magnetsystem haftet der Übelstand an, daß magnetische Störungen in der Nähe des Instrumentes die Richtkraft beeinflussen, so daß die Nadel immerfort unruhig hin und her schwingt. Es ergibt sich daraus, zumal für empfindliche Instrumente, die Notwendigkeit, geeignete Schutzvorkehrungen zu treffen. Dazu benutzt man die „Schirmwirkung" des Eisens. Denken wir uns in die Richtung der magnetischen Kraftlinien einen Ring aus weichem Eisen (Panzer) gebracht, so findet wegen der hohen Permeabilität des Eisens (s. S. 96) eine Brechung der Kraftlinien statt, wodurch diese fast ausschließlich im Eisenring verlaufen, so daß also auch Störungen den inneren Raum nicht durchsetzen. In diesem Raum befindet sich das Magnetsystem des Galvanometers.

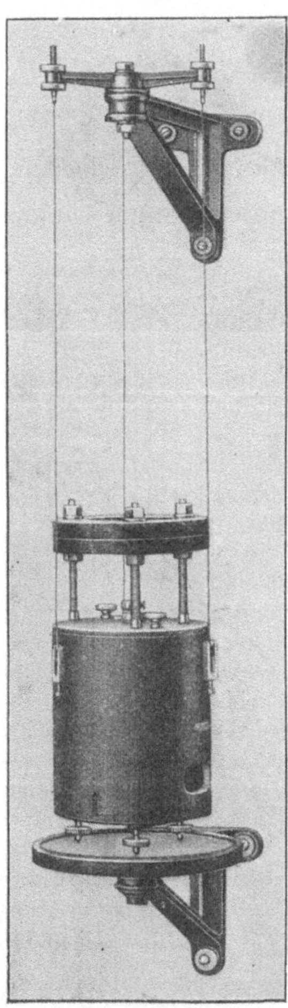

Fig. 17.

8. Aufstellung. Zeigergalvanometer, die meist bei „Nullmethoden" benutzt werden, kann man auf dem Arbeitstisch aufstellen und dort justieren. Anders verhält sichs mit Spiegelgalvanometern. Einmal verlangt überhaupt die Spiegelablesung stabile Aufstellung, und dann muß auch das Instrument möglichst erschütterungsfrei aufgestellt werden. Bei Instrumenten mittlerer Empfindlichkeit (z. B. 2×10^{-5}) genügt es, das Galvanometer auf einen Steinsockel, eine steinerne Fensterbank u. dgl. aufzustellen. Diese einfache Methode versagt indessen bei Instrumenten mit größerer und höchster Empfindlichkeit, indem hier schon die immer vorhandenen Erschütterungen des Gebäudes ein stetiges Wandern des Nullpunktes verursachen. Man hilft sich durch Anwendung einer „erschütterungsfreien Aufstellung" (Juliussche Aufstellung), wie sie in Fig. 17 veranschaulicht ist, und zwar stellt diese die Aufstellung eines Panzer-Galvanometers der Firma Siemens & Halske dar (s. a. S. 22). Das Instrument hängt an drei elastischen Stahldrähten von 1 mm Durchmesser. Diese sind in etwa 3 m Höhe mit einem dreiarmigen Gestell verschraubt, das mittelst eines Mauersockels an der Wand befestigt ist. Die feinen Erschütterungen des Gebäudes übertragen sich nicht auf das Instrument, sondern verlieren sich in den gespannten Drähten. Zur Sicherheit befindet sich unterhalb des Instrumentes ein Konsol, das aber das Instrument nicht berührt und noch den Zweck hat, durch Einschieben von Watte grobe Schwankungen zu verhüten.

Galvanometer-Typen.

1. Nadelgalvanometer.

Die Nadelgalvanometer besitzen nicht immer Magnetsysteme von ausgesprochen nadelförmiger Gestalt, vielmehr rechnen dazu auch solche mit mehr oder weniger massiv ausgeführten Magneten (Ballistische Galvanometer). Wir beginnen mit der ersten Art.

Fig. 18 zeigt ein einfaches Laboratoriumsinstrument älterer Bauart [1] von nicht allzu großer Empfindlichkeit. Das astatische Nadelpaar hängt an einem feinen Kokonfaden. Die untere Nadel schwingt in der Spule, die obere außerhalb derselben, sie übernimmt gleichzeitig die Rolle des Zeigers, der über einer Skala spielt. Man führt den Strom den beiden Klemmen $K_1 K_2$ zu. Beim Gebrauch ist darauf zu achten, daß die Windungsebene der Spule parallel zur Nadelachse steht, da, wie wir gesehen haben, die ablenkende Kraft stets senkrecht zu dieser Ebene gerichtet ist. Die Nadel stellt sich in die Richtung des erdmagnetischen Meridians. Natürlich muß sie sich frei bewegen können und man reguliert die Höhe mittelst der oberen Schraube S, während die Zentrierung des Systems mit den drei Fußschrauben F vorgenommen wird.

Bequem für den Gebrauch sind die sog. Dosengalvanometer. Bei diesen besitzt das Gehäuse gedrungene Form und ist dosenförmig

---

[1] Nobili 1825.

ausgebildet (Fig. 19).   Das bewegliche System ist hier auf feiner Spitze gelagert oder es ist mit feinen Zapfen versehen und in ähnlicher Weise gelagert wie die Unruh einer Taschenuhr.

Wird größere Empfindlichkeit verlangt, so kommen nur Spiegelgalvanometer in Betracht.   Gute Dienste leistet das in Fig. 20 veranschaulichte Instrument.   Im Innern der Spule S, deren Wicklung unterteilt ist, befindet sich ein Magnetsystem, gebildet aus vier kleinen Nadelmagneten, die, mit gleichen Polen übereinander liegend, am Spiegel-

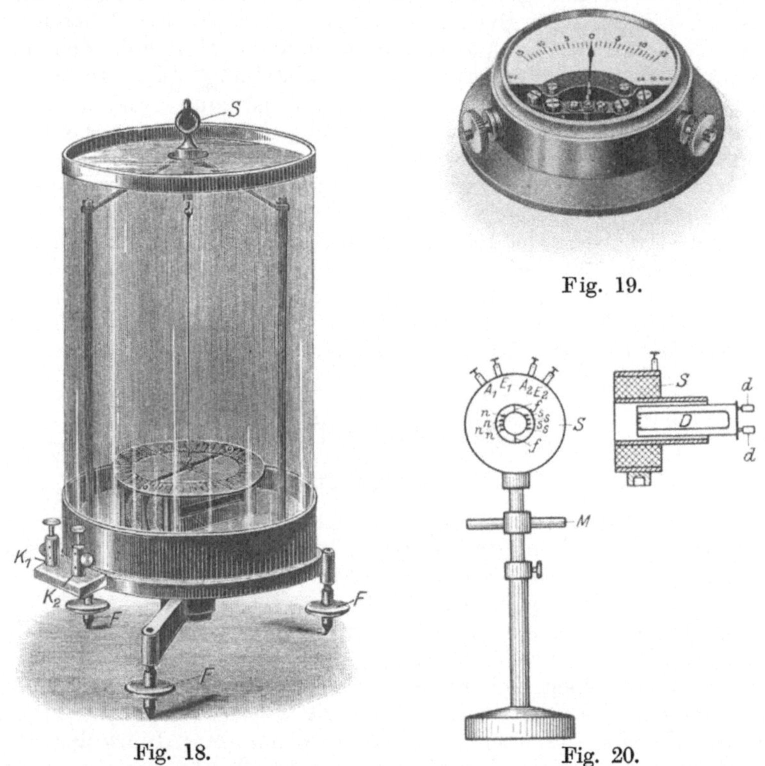

Fig. 19.

Fig. 18.

Fig. 20.

halter befestigt sind.   Dieser hängt an den feinen Kokonfäden f f, die um die Spindeln d d gewunden sind, mit deren Hilfe sie angespannt werden können.   Die Dämpfung wird durch den Glimmerflügel D bewirkt, der im verlängerten Teil des Gehäuses schwingt.   Anfang und Ende der beiden Spulen führen zu den Klemmen $A_1 E_1$ resp. $A_2 E_2$, so daß man parallel — für stärkere Ströme — und in Serie — für schwächere Ströme — schalten kann.   Auf dem Schaft erkennt man noch den verschiebbaren Kompensationsmagneten M.

Eines der ältesten Instrumente für feinere Messungen ist das in Fig. 21 dargestellte Wiedemannsche Differential-Galvanometer der Firma

Hartmann & Braun. Die Teilfigur oben links zeigt den Schnitt durch eine der beiden Spulen (Multiplikatoren), durch den zwischenliegenden Kupferdämpfer K und durch den hufeisenförmigen Siemensschen Glockenmagneten M. Die Spulen werden auf die durch Zahntrieb verschiebbaren Träger T mittelst der Schrauben S aufgeschraubt und je nach der gewünschten Empfindlichkeit von beiden Seiten dem Magneten genähert oder von ihm entfernt. Befinden sie sich in unmittelbarer

Nähe, so kann man das Magnetsystem zum Schutze gegen magnetische Störungen durch einen zweiteiligen Panzerring P P abschirmen. Zur Kompensierung des Erdfeldes dient der Hauysche Magnet m, der auf der Glashülse verschiebbar ist. In dieser befindet sich der feine Kokonfaden ausgespannt, der Spiegel und Magnet trägt.

Die Empfindlichkeit des Instrumentes beträgt bei hintereinandergeschalteten Spulen $e = 8 \times 10^{-8}$, der Gesamtwiderstand ist 400 Ohm, die Schwingungsdauer (von Endlage zu Endlage) etwa 1,6 Sek.

Ein Galvanometer von sehr großer Empfindlichkeit veranschaulicht Fig. 22. Es wird nach den Angaben von Du Bois und Rubens von der Firma Siemens & Halske hergestellt. Das Instrument ist gegen magnetische Störungen in dreifacher Weise ge-

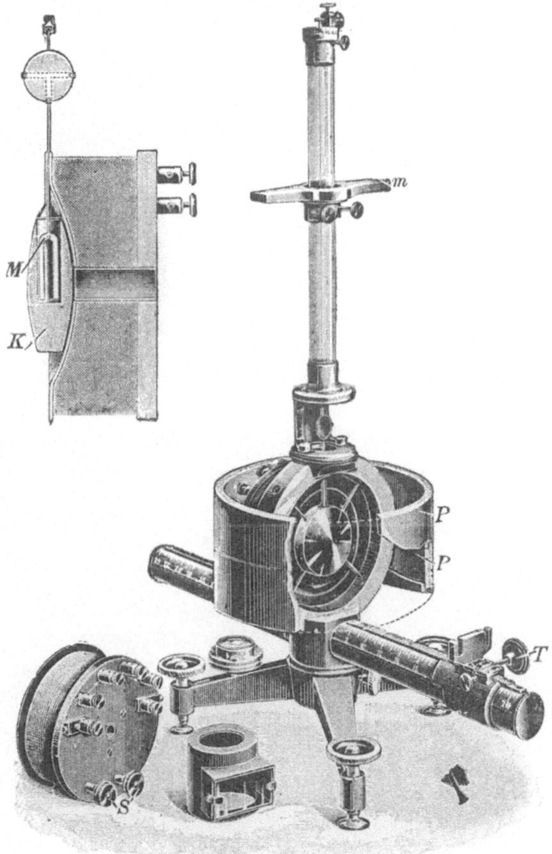

Fig. 21.

schützt: durch zwei Kugelpanzer $K_1 K_2$, die Spule und Nadel unmittelbar umgeben, sowie durch einen Zylinderpanzer C. In der Ansicht ist der äußere Panzer durchsichtig gehalten, so daß man einen Einblick in das Innere gewinnt. Der Panzer K_2 umschließt das in Fig. 22a A und B dargestellte Nadelsystem. Dem Instrument werden zwei Gehänge von 20 resp. 40 g Gewicht mitgegeben, für verschiedene Empfindlichkeit. Es besteht aus fünf winzigen Magnetstäbchen n — s von etwa 2,5 mm Länge, die auf einem Träger aus Aluminium befestigt sind, der an seinem unteren Teil auch den kleinen Ablesespiegel S trägt. Der Spiegel ist durch die im Zylinderpanzer befindliche Öffnung F (s. Hauptfigur) sowie durch das Schutzgläschen g sichtbar. Dahinter erblickt man noch zwei Kupferscheiben $k_1 k_2$, deren Abstand von außen durch die Knöpfe p p reguliert werden kann. Zwischen ihnen schwingt der Luftdämpfer, ein leichtes Blättchen, das ebenfalls mit dem Magnetgestänge fest verbunden ist. Diese Einrichtung gestattet außerdem, das System schnell zur Ruhe

Fig. 22.

zu bringen, indem man die Kupferscheiben einander nähert, ferner dient sie zur Arretierung. Die Astasierung erfolgt bei diesem Instrument durch die beiden Kompensationsmagnete m_1 und m_2, die mittelst der Handgriffe h_1 resp. h_2 von außen her gerichtet werden können. Die Spulenwicklung füllt den inneren Raum der Panzerschalen (bei A, Fig. 22 a, durch Schraffur angedeutet) soweit dies möglich ist. Die den Nadeln zugekehrten Spulenflächen sind mit Stanniol belegt; diese Belegungen sind mit dem Instrumentenkörper leitend verbunden und können mit diesem geerdet werden, um elektrostatische

Ladungen abzuführen. Man kann die Spulen leicht gegen andere auswechseln, solche von hohem Widerstand gegen solche von geringerem. Bei den ersteren sind viele Windungen dünnen Drahtes aufgewunden, bei den letzteren besteht die Wicklung aus Drähten verschiedener Dicke. Der Kern der Spule ist des beschränkten Raumes wegen mit dünnem Draht ausgefüllt, dann folgen allmählich die dickeren Drahtlagen, so daß bei zunehmender Länge der einzelnen Windungen dennoch der Widerstand der Windung gleich bleibt und der Raum nach Möglichkeit ausgenutzt wird.

Ein Bild über die Empfindlichkeit des Panzergalvanometers gibt folgende Tabelle, in der auch die Abhängigkeit der Strom- und Volt-

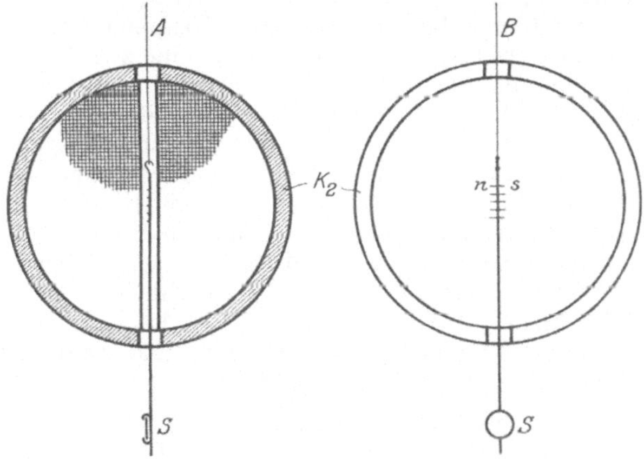

Fig. 22 a.

Empfindlichkeit (s. S. 11) vom Widerstand, sowie auch der Einfluß der Masse des Gehänges gut zum Ausdruck kommt.

Tabelle 1.

Gesamtwiderstand der Spulen in Serie	$e =$				
	schweres Gehänge		leichtes Gehänge		
Ohm	Ampere	Volt	Ampere	Volt
---	---	---	---	---
5	4×10^{-9}	40×10^{-9}	4×10^{-10}	4×10^{-9}
100	9×10^{-10}	180 ,,	9×10^{-11}	18 ,,
2000	5×10^{-10}	2000 ,,	2×10^{-11}	80 ,,

In neuerer Zeit hat Professor Paschen ein Galvanometer konstruiert, das bei kleinem Widerstand die Empfindlichkeit des Panzergalvanometers noch übertrifft und überall da mit Vorteil benutzt wird, wo hohe Volt-Empfindlichkeit verlangt wird. In seinem Aufbau lehnt es sich an eine ältere Konstruktion von Thomson an: es besitzt zwei Spulenpaare, die übereinander angeordnet sind. Allerdings kann man bei diesem Instrument nicht die vollkommene Panzerung anwenden wie bei dem vorigen. Es ist aber mit astasierten Nadeln ausgerüstet, wodurch das Instrument gegen magnetische Störungen wirksamer geschützt ist als durch Kompensationsmagnete. Mit diesen kann man zwar das Erdfeld an der Stelle der Nadel beliebig abschwächen, man kann aber nicht gleichzeitig dort eintretende magnetische Störungen kompensieren. Anders das Nadelpaar: die Störungen wirken, falls sie nicht allzu sehr lokalisiert sind, auf beide Nadelsysteme im entgegengesetzten Sinne ein, so daß der Effekt $= 0$ wird.

Das Magnetgehänge besteht aus zwei Gruppen von je 13 Stück äußerst feiner Magnetstäbchen, von denen die eine zwischen den oberen, die andere zwischen den unteren Spulen, natürlich mit den Polen gegeneinander versetzt, schwingen. Trotz der doppelten Anordnung wiegt das ganze System mit Ablesespiegel nur 30 mg. Wegen der vielen übereinander angeordneten Magnetchen sind die Spulen oval gehalten. Die Wicklung besteht aus sechs verschiedenen Drahtstärken, um bei kleinstem Widerstand einen möglichst hohen magnetischen Effekt an Stelle der Nadeln zu erzielen. In der Mitte beginnt, wie bei dem vorigen, die Wicklung mit dünnem Draht, dessen Durchmesser sich dann nach außen hin allmählich vergrößert. Die Spulen lassen sich leicht gegen solche mit anderem Widerstand auswechseln, und zwar hat man, die Spulen in Serie, folgende Empfindlichkeit:

Gesamtwiderstand	e =
12,23 Ohm	$1,2 \cdot 10^{-10}$
3,00 ,,	2,6 ,,
0,75 ,,	4,8 ,,

2. Drehspul-Galvanometer.

Die Drehspulgalvanometer beruhen gewissermaßen auf dem umgekehrten Prinzip wie die vorigen: sie besitzen feststehenden Magneten und drehbare Spule. Verglichen mit den Nadelgalvanometern besitzen diese Instrumente (nach Deprez d'Arsonval auch Deprez d'Arsonval-Galvanometer genannt) eine Reihe von Vorzügen. Da der Magnet feststeht, so kann man ihm sehr große Abmessungen geben, ihn sehr stark ausführen. Gegenüber diesem sehr starken Magnetfeld, in dem sich das Drehgehänge befindet, üben magnetische Störungen von außen her so gut wie gar keine Wirkung aus, so daß Astasierung und Panzerung überflüssig wird. Ein weiterer Vorteil besteht darin, daß die Ausschläge proportional der Stromstärke sind. Wegen dieser Vorzüge und der sehr bequemen Handhabung würden diese Galvanometer die Nadelinstrumente wohl ganz verdrängt haben; allein aus Gründen, die wir gleich besprechen werden, ist es nicht möglich, die Empfindlichkeit der Nadelgalvanometer zu erreichen, die für höchste Empfindlichkeit allein in Betracht kommen.

Zur Erläuterung des Drehspulprinzips denken wir uns in einem homogenen Magnetfeld N — S (Fig. 23) einen frei beweglichen Leiter L, der mit der Stromquelle B leitend verbunden ist. Nach der „Linke Hand"-Regel[1]) bewegt sich das Drahtstück infolge der Wechselwirkung von stromdurchflossenem Leiter und Magnetfeld, im Sinne des Pfeiles. Wie dieser Vorgang beim Galvanometer angewandt wird, zeigt Fig. 24 schematisch. Die Drehspule s (in der Figur nur aus einer Windung bestehend) hängt an einem feinen Drahtband, das gleichzeitig die Stromzuführung besorgt; das Ende der Spule führt zu der ebenfalls sehr feinen Spirale f, durch die der Strom abfließt. Durch die Torsion des Aufhängedrahts und beeinflußt durch die Spirale wird dem Drehsystem die erforderliche Richtkraft (Direktionsmoment) erteilt, wodurch eine bestimmte Ruhelage gegeben ist. Die Spulenwindungen bewegen sich in einem äußerst schmalen Zwischenraum, gebildet aus den ausgebohrten Polansätzen eines kräftigen Stahlmagneten und einem konzentrisch

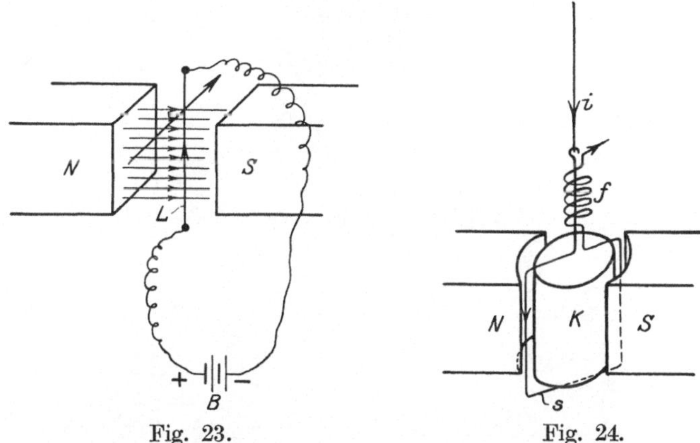

Fig. 23.   Fig. 24.

dazu angeordneten Eisenkern K. Dadurch bilden die radial verlaufenden Kraftlinien ein nahezu homogenes Feld, wodurch die Proportionalität zwischen Stromstärke und Ablenkung gewährleistet ist.

Was die Empfindlichkeit der Drehspulgalvanometer anlangt, so hängt offenbar der Ausschlag α von der Stromstärke i, von der Intensität H des Magnetfeldes und von der Zahl n der wirksamen Windungen ab, und zwar steht α zu diesen Größen in direktem, dagegen im umgekehrten Verhältnis zur Direktionskraft D. Wir haben also

daher die Empfindlichkeit
$$\alpha = i\,\frac{n\,.\,H}{D}$$

$$e = \frac{\alpha}{i} = \frac{n\,H}{D}.$$

---

[1]) Diese lautet: Bringt man den Zeigefinger der linken Hand in die Richtung der Kraftlinien des Magnetfeldes (N → S), den Mittelfinger in die Richtung des Stromes im bewegten Leiter, so gibt der Daumen die Richtung der Bewegungen des Leiterstücks an.

Danach könnte es scheinen, als ob e durch Vermehrung der Windungen, Verstärken von H sowie durch Verkleinerung von D beliebig vergrößert werden könne. Es tritt damit indessen auch eine Vergrößerung der Dämpfung ein, die so stark werden kann, daß sich das Drehsystem erst nach geraumer Zeit in die Ruhelage begibt, es „kriecht". Der Grund zu dieser Erscheinung liegt darin, daß nach dem Induktionsgesetz in der Spule selbst bei der Bewegung eine elektromotorische Gegenkraft entsteht, die einen Strom bedingt, der dem zu messenden

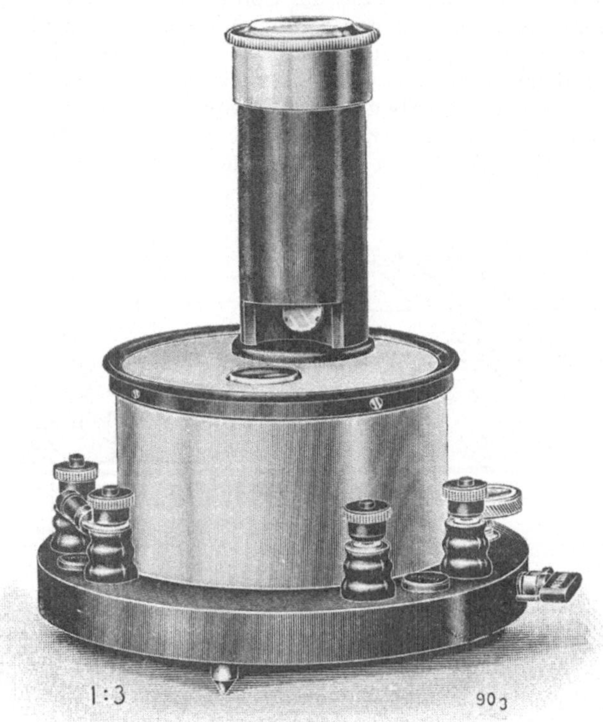

Fig. 25 a.

entgegenwirkt; die Überlegung führt uns zu folgenden Schlüssen: der Gegenstrom entsteht nur bei Drehung der Spule, er ist um so stärker, je größer die Winkelgeschwindigkeit ist. Je schneller also die Spule der Ruhelage zustrebt, um so mehr nähert sich der Wert des Gegenstromes dem eigentlichen Galvanometerstrom, wodurch die Dämpfung bewirkt wird. Andererseits nimmt der Wert ab mit abnehmender Winkelgeschwindigkeit. Wäre die Dämpfung so stark, daß Stillstand eintritt, so würde im gleichen Augenblick der Galvanometerstrom auf seinen vollen Betrag anwachsen und das System weiter antreiben. Sogleich stellt sich aber wieder die Gegenkraft ein. So kämpfen gewissermaßen beide Ströme miteinander und man sieht leicht ein, daß der Grenzzustand, also die Ruhelage erst allmählich erreicht werden kann, wenn die Bedingungen für das Zustandekommen des Gegenstromes günstig sind. Mathematisch [1]) läßt sich zeigen, daß die Dämpfung gleich ist

$$\frac{n\,H}{D} \cdot \frac{n\,H}{w} = \frac{n^2\,H^2}{D \cdot w}$$

wenn w der Widerstand des Instrumentes ist. Vergleichen wir diese Formel mit der für die Empfindlichkeit, so sehen wir, daß wir diese durch Verkleinern der Direktionskraft, d. h. also durch sehr feinen Aufhängedraht vergrößern müssen, da die Größen n und H im Quadrat vorkommen, eine Vermehrung der Windungen und ein Verstärken des Feldes die Dämpfung daher in weit höherem Maße verstärken würden. Die Dämpfungsformel zeigt uns aber auch, daß die Dämpfung vom Instrumentenwiderstand abhängt, und durch passende Wahl des Widerstandes kann man die Verhältnisse so abpassen, daß eine fast vollkommen aperiodische Einstellung erfolgt. Da man meist den erforder-

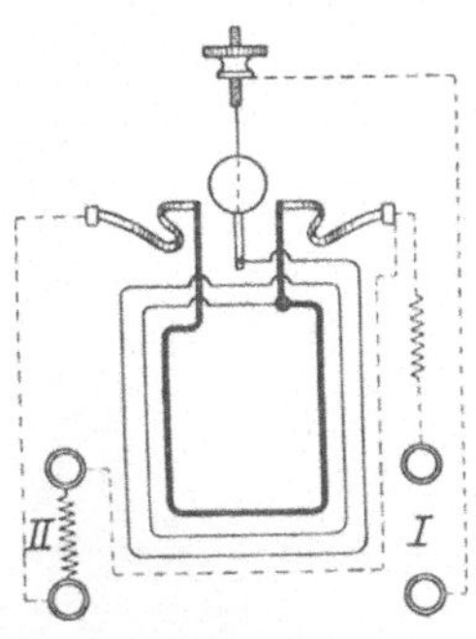

Fig. 25 b.

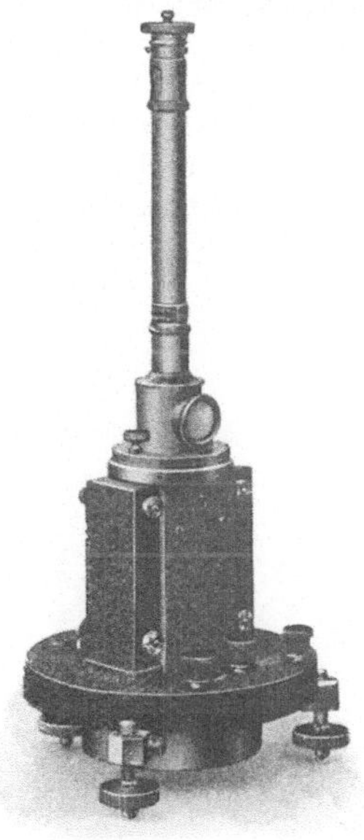

Fig. 26.

lichen Widerstand nicht auf der möglichst leicht zu haltenden Drehspule anbringen kann, so wird ein für das Instrument abgeglichener Widerstand zugeschaltet, der so bemessen ist, daß der Grenzzustand aperiodischer Schwingung gerade erreicht ist, d. h. daß der in der schwingenden Spule entstehende Gegenstrom so stark ist, daß er einerseits dämpft, andererseits nicht das Kriechen veranlaßt. Dieser Abgleichwiderstand wird Grenzwiderstand genannt.

Bei offenem Stromkreis, wenn also der zu messende Strom unterbrochen wird und die Nadel in die Nullstellung zurückkehrt, würde

---

[1]) Näheres s. Jaeger, Ann. d. Phys. 21, p. 64, 1906, sowie neuere Arbeiten von Dießelhorst, Zeitschr. f. Instrumentenkunde 1911, p. 247 u. 276.

natürlich überhaupt keine Dämpfung eintreten, da kein Gegenstrom zustande kommt. Man hilft sich bei einfachen Instrumenten so, daß der Spulenträger aus Metall (Aluminium) hergestellt wird und die in diesem entstehenden Wirbelströme die Dämpfung herbeiführen. Besser ist aber die Methode des Nebenschlusses oder die der Doppelspule, da man hier den Grenzwiderstand genau abpassen kann.

Fig. 25 b auf voriger Seite zeigt die Anordnung einer Doppelspule des in a abgebildeten Instrumentes von Hartmann & Braun. Die innere Spule, deren Enden zu den Klemmen II führen, dient für gewöhnlich zur Dämpfung, ihr Widerstand beträgt etwa 5 Ohm. Dazu kommt der zwischen II eingeschaltete Widerstand, der so bemessen ist, daß eine gute Dämpfung zustande kommt. Wie man sieht, ist die Zuleitung zum Drehsystem zum Teil durch äußerst elastische Metallbänder bewirkt, zum Teil führt die Ableitung durch eine feine Metalllitze aus Speziallegierung. Die Figur läßt weiter erkennen, daß der Haupt-

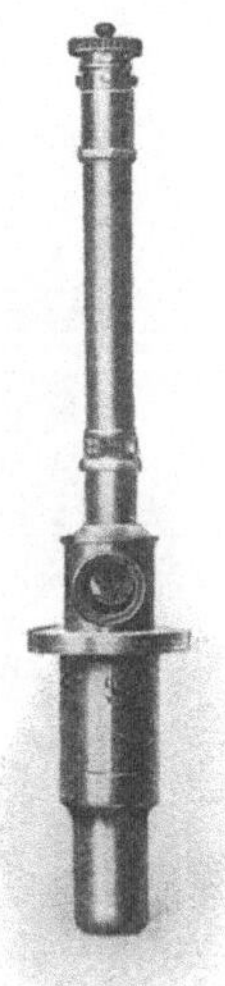

Fig. 26 a.   Fig. 26 b.

spule ein Widerstand vorgeschaltet ist, der aber auch durch geeigneten Anschluß der Klemmen I und II ausgeschaltet werden kann. Die Anordnung eines derartigen Zusatzwiderstandes bezweckt die leichtere Anpassung des Instrumentes an die jeweiligen Versuchsbedingungen. Aus diesem Grunde werden auch die Instrumente mit verschiedenen Widerständen gebaut. Wir erhalten ein übersichtliches Bild aus

Tabelle 2.

e	Spulen-widerstand	Gesamt-widerstand	Grenzwiderstand	t
$4 \cdot 10^{-9}$	50 Ohm	100 Ohm	450 Ohm	$6''$
$1{,}5 \cdot 10^{-9}$	700 ,,	1000 ,,	6000 ,,	$6''$
$6 \cdot 10^{-11}$	2200 ,,	1000 ,,	200000 ,,	$15''$

worin e die Empfindlichkeit, t die Schwingungsdauer bedeutet.

Die Firma Siemens & Halske baut Instrumente mit mehreren Drehspulen, die leicht gegeneinander ausgewechselt werden können: Galvanometer mit auswechselbarem Einsatzsystem. Fig. 26 zeigt das komplette Instrument, 26a die Ansicht des Einsatzsystems, während b ein Instrument mit abgehobenem Einsatz darstellt. (Der mittlere Teil dient ballistischen Zwecken, s. unter 3.) Bei diesem Instrument ist auch der sogenannte magnetische Nebenschluß sichtbar, ein Eisenbügel, der mittelst einer Schraube über die Pole des Magneten geschoben wird, dessen Kraft schwächend. Dadurch kann man einerseits die Empfindlichkeit ändern, andererseits auch die Dämpfung, die ja auch (s. oben) von der Feldstärke abhängt, regulieren. Auch hier wird eine Tabelle die inneren Eigenschaften des Instrumentes erläutern:

Tabelle 3.

Strom-empfindlich-keit	Spannungs-empfindlich-keit	Spulen-widerstand	Gesamt-widerstand	Grenz-widerstand	t
$8 \cdot 10^{-10}$	$120 \cdot 10^{-7}$	250 Ohm	10000 Ohm	15000 Ohm	$6''$
$80 \cdot 10^{-10}$	$12 \cdot 10^{-7}$	45 ,,	200 ,,	150 ,,	$5''$
$120 \cdot 10^{-10}$	$120 \cdot 10^{-10}$	10 ,,	100 ,,	15 ,,	$7{,}5''$

3. Galvanometer für ballistische Meßzwecke.

Die bisher besprochenen Instrumente eignen sich nicht ohne weiteres zur Messung von Stromimpulsen, kurzen Entladungsströmen u. dgl., die entweder vereinzelt oder in periodischen Zeitabständen erfolgen. Man verfährt hier in der Weise, daß man einem geeigneten sog. ballistischen Galvanometer durch den Stromstoß einen Antrieb erteilt, der das schwingende System aus der Ruhelage „herauswirft" ($\beta\acute{\alpha}\lambda\lambda\omega$, werfen). Natürlich kann man hierzu nur solche Instrumente brauchen, deren Drehsystem eine gewisse Masse besitzt von verhältnismäßig großem Trägheitsmoment, da sonst Nadel resp. Spule sogleich in die äußerste Grenzlage geworfen wird und eine Messung unmöglich ist. Man hilft sich entweder so, daß bei Nadelinstrumenten die Nadeln durch kräftige Magnetstäbe ersetzt werden, oder z. B. bei Drehspulinstrumenten dadurch, daß die Schwingungsdauer des schwingenden Systems künstlich durch aufgelegte Gewichte vergrößert wird. Dies ist der Fall bei dem in Fig. 26 b abgebildeten Instrument (S. 28) von Siemens & Halske. Die Spule trägt an ihrem oberen Teil zwei Arme, die mit Gewichten belastet werden können, und gegen Luftströmungen durch einen Glasring geschützt, in dem trommelartigen Raum schwingen.

Sehr anschaulich ist die Einrichtung eines derartigen Instruments der Firma Hartmann & Braun aus Fig. 27 zu ersehen. Die Drehspule

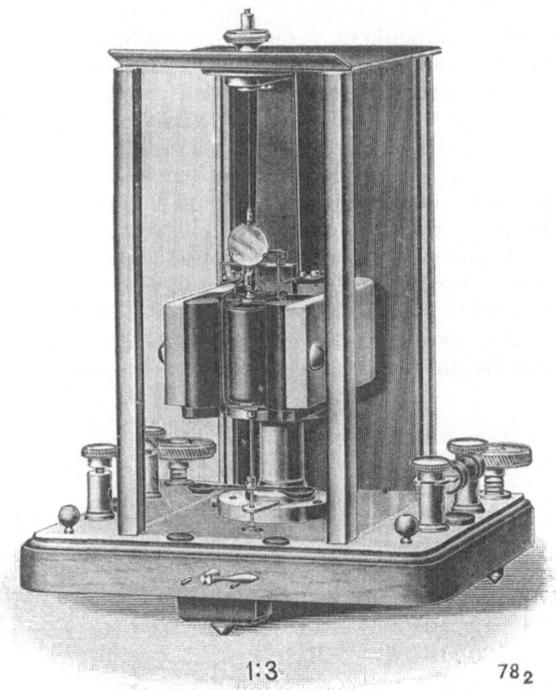

Fig. 27.

besitzt einen nach unten laufenden Stengel, an dem zwei Aluminiumschalen befestigt sind, die zur Aufnahme der beiden kugelförmigen Gewichte dienen, die man außen auf dem Fußbrett des Instrumentes erblickt.

Zu der erstgenannten Art von ballistischen Galvanometern gehört das in Fig. 28 dargestellte Instrument derselben Firma. Das Magnetsystem ist astatisch, die Magnete sind als „Röhrenmagnete" ausgebildet in der üblichen Anordnung innerhalb und außerhalb der Spule. Die letztere besitzt wie bei fast allen Instrumenten verschiedene Abteilungen (Klemmen $A_1 - E_1$ und $A_2 - E_2$), damit man in der Lage sei, je nach den Bedingungen des äußeren Schließungskreises die Spulen parallel oder

hintereinander zu schalten. (Bei Nadelgalvanometern ist es zweckmäßig, den äußeren Widerstand etwa gleich dem des Iustrumentes zu
wählen.)

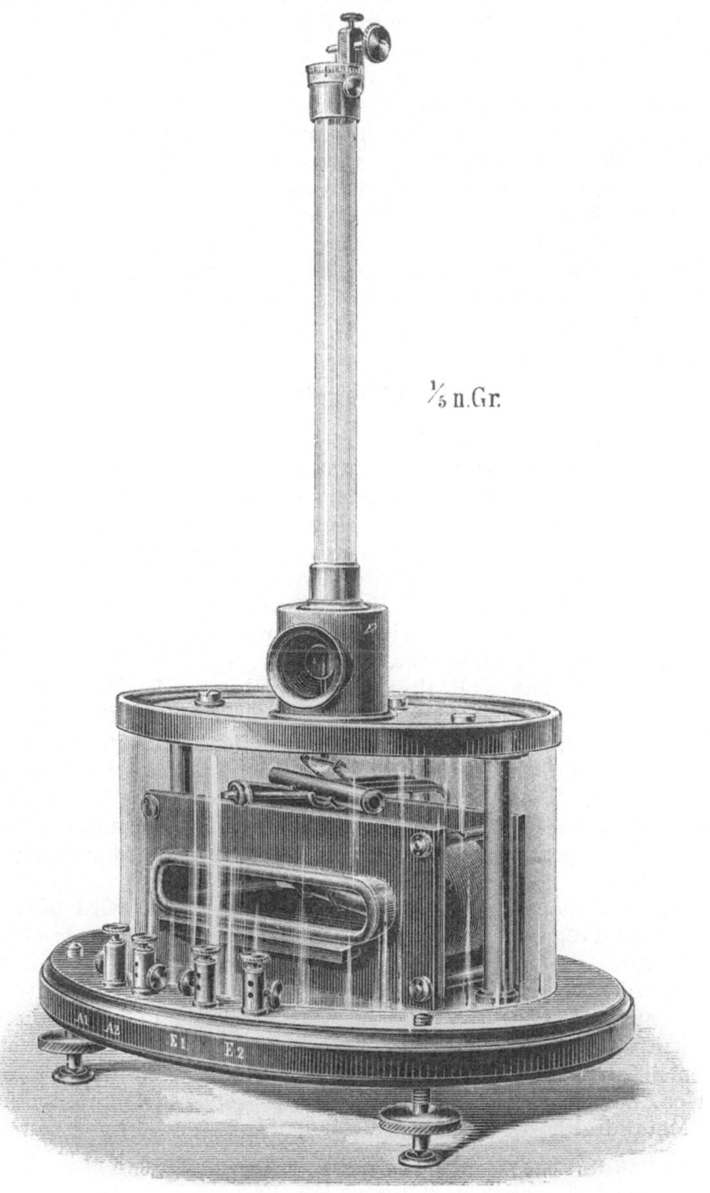

Fig. 28.

Die Messung geschieht nach der Multiplikations- oder nach der Zurückwerfungs-Methode. Erstere wendet man da an, wo ein einmaliger Stromimpuls keinen meßbaren Schwingungsbogen liefert. Indem man die Impulse wiederholt, wenn die Ruhelage passiert wird, erreicht man schließlich den Grenzbogen, der der eingeführten Elektrizitätsmenge nahezu proportional ist. Die Zurückwerfungsmethode ist dann anzuwenden, wenn der einmalige Antrieb bereits den vollen Schwingungsbogen liefert und wenn es wünschenswert ist, zur Erlangung der größten wahrscheinlichen Genauigkeit aus einer Reihe von Umkehrpunkten das Mittel zu nehmen: Man erteilt dem Galvanometer in dem Augenblick, in dem das System eine ganze Schwingung vollendet, also die Ruhelage wieder erreicht hat, einen Stromimpuls von entgegenwirkender Richtung, so daß dasselbe Schwingungsbild sich in entgegengesetzter Richtung wiederholt. So erhält man eine Reihe von Grenzbögen, deren Mittelwert wiederum nahezu proportional ist der Elektrizitätsmenge eines einmaligen Impulses [1]).

4. Saitengalvanometer.

Diesen Instrumenten liegt das gleiche Prinzip zugrunde, wie bei den Drehspulgalvanometern, sie unterscheiden sich nur durch die Art der Ausführung bezüglich des Leiters und seiner Anordnung im Magnetfeld. Ein zwischen den Polen eines kräftigen Elektromagneten ausgespannter äußerst feiner Leiter wird von dem zu messenden Strom durchflossen und erfährt dadurch eine seitliche Ablenkung (nach der Linken Hand-Regel, s. S. 25), die z. B. mit einem Mikroskop beobachtet werden kann. Die an sich alte Idee wurde zum erstenmal von Einthoven [2]) praktisch verwertet.

Vorzüglich hat sich die Firma Edelmann in München mit der Ausbildung und Verfeinerung dieser Instrumente befaßt und bei gleichbleibender Empfindlichkeit die ursprüngliche Einthovensche Konstruktion vereinfacht. Fig. 29 a gibt eine Ansicht des Edelmannschen Instrumentes. Die Anordnung des Elektromagneten ist ohne weiteres klar, er wird bei hintereinander geschalteten Spulen durch einen Strom von 4—5 Ampere gespeist und liefert ein Feld von ca. 20 000 Gauß (s. S. 193).

Der zwischen h h (Fig. b) ausgespannte Faden wird mittelst eines besonderen Trägers a zwischen die Polschuhe P (Fig. a) geschoben und darauf durch die beiden Messingkeile A, die von rechts und links eingeführt werden, geschützt. Die Figur läßt noch das Beleuchtungs- und Beobachtungs-, resp. Projektions-Mikroskop C und R erkennen, deren Objektive sich dicht vor dem Faden befinden. Der letztere ist außerordentlich fein, er besteht entweder aus einem versilberten Quarzfaden von ca. 0,003 mm Durchmesser für die höchste Empfindlichkeit oder aus Metalldraht, der widerstandsfähiger ist und für viele Zwecke aus-

---

[1]) Näheres siehe Dorn, Wiedemanns Annal. 17, p. 654, 1882, sowie Dießelhorst, Annal. d. Physik 9, p. 458 u. 712, 1902.

[2]) W. Einthoven, Annal. d. Physik Bd. 12, 1913, p. 1059 und ebenda Bd. 14, 1914, p. 182.

reicht (Gold, Silber, Kupfer von ca. 0,02 mm Durchmesser). Die höchste
Empfindlichkeit des Instrumentes ist bei 1000 facher Vergrößerung

Fig. 29 a.

$e = 10^{-12}$ Ampere für 0,1 mm Ausschlag bei Benutzung des Quarz-
fadens von ca. 10000 Ohm Widerstand.

Die Instrumente werden auch in einfacher Ausführung mit Stahlmagneten geliefert und genügen immer
dann, wenn keine allzu hohe Empfindlichkeit verlangt wird.

Die Saitengalvanometer haben den
Vorzug, daß die Einstellung fast momentan erfolgt; sie eignen sich daher
besonders zur Beobachtung von Strömen
mit schnell wechselnder Intensität oder
Richtung sowie überhaupt zu Untersuchungen über Wechselstrom, zumal
auch deshalb, weil Kapazität und Selbstinduktion sehr gering sind (s. S. 141).

Wir haben hiermit die wichtigsten
Typen von Galvanometern besprochen;
Instrumente, die hauptsächlich bei den
Arbeiten mit Wechselstrom benutzt wer-
den, sollen in einem besonderen Abschnitt
behandelt werden, nachdem wir die
Eigenschaften des Wechselstromes über-
haupt kennen gelernt haben (II. Teil).

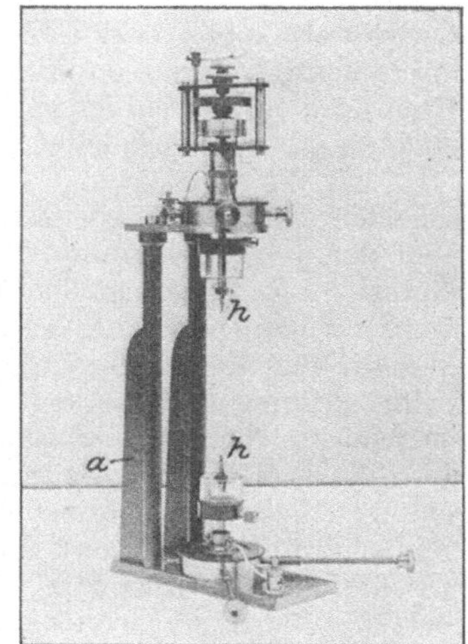

Fig. 29 b.

Amperemeter.

Das praktische Einheitsmaß der Stromstärke ist das Ampere, und zwar besitzt derjenige Strom die internationale Einheit 1 Ampere (A), der in der Sekunde 1,118 mg Silber abscheidet. Die Amperemeter dienen ausschließlich zur Messung stärkerer und der stärksten Ströme. Sie sind im Laboratorium und in der Technik unentbehrlich und so eingerichtet, daß die Stromstärke in Ampere direkt am Zeigerausschlag abgelesen werden kann. Was zunächst die Schaltung anlangt, so wird das Instrument mittelst der Klemmen $K_1 K_2$ (Fig. 30) direkt in den Stromkreis geschaltet, so daß der gesamte etwa in einer Versuchsanordnung bei W benötigte Strom das Instrument durchfließt. Demzufolge muß ein Amperemeter stets einen sehr geringen Widerstand besitzen, damit der Hauptstrom nicht geschwächt wird. Man erreicht dies entweder dadurch, daß man den Spulendrähten hinreichend großen

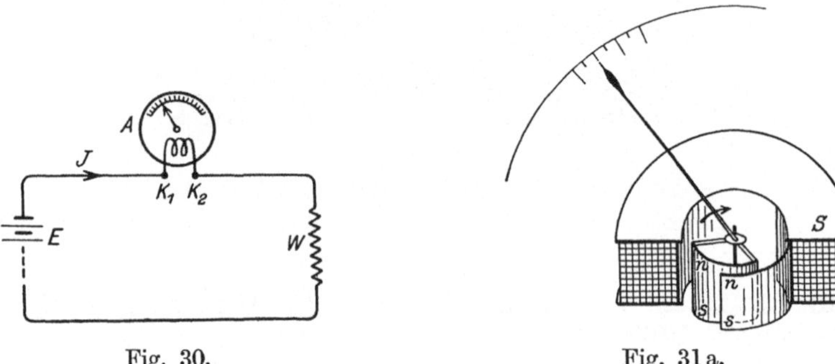

Fig. 30.   Fig. 31a.

Querschnitt gibt (Hauptschlußspule) oder indem man — bei Präzisionsinstrumenten — das empfindliche Drehsystem nur von einem Teil des Hauptstromes durchfließen läßt und im übrigen diesen selbst durch einen Nebenschluß leitet.

Was die Einrichtung betrifft, so können wir zwei Gruppen unterscheiden: Elektromagnetische (Weicheisen) und Drehspulinstrumente. Von den überaus mannigfaltigen Konstruktionen seien hier einige erläutert. Fig. 31 a zeigt den Mechanismus eines Weicheiseninstrumentes von Hartmann & Braun, b gibt die Ansicht der wesentlichen Teile wieder. Die (in der Zeichnung aufgeschnittene) Spule S besitzt einen halbzylinderförmigen Kern aus weichem Eisen (bei b herausgezogen dargestellt), in dem ein konzentrisch gelagertes Eisensegment drehbar ist. Letzteres trägt einen Zeiger, der infolge der Schwerkraft bei zweckmäßiger Lage des Schwerpunkts in der Nullage gehalten wird. Der Spulenstrom magnetisiert sowohl den festen als auch den beweglichen Eisenmantel gleichpolig, so daß eine abstoßende Kraft zwischen beiden auftritt, die, von der Stromstärke abhängig, eine entsprechende Drehung des Systems, also einen bestimmten Zeigerausschlag bewirkt. Der Zeiger trägt an seinem unteren Ende eine leichte Aluminiumschaufel

(Fig. b), die in einem gut angepaßten Kasten schwingt und durch die Luftverdrängung eine kräftige Dämpfung herbeiführt (aperiodisches System).

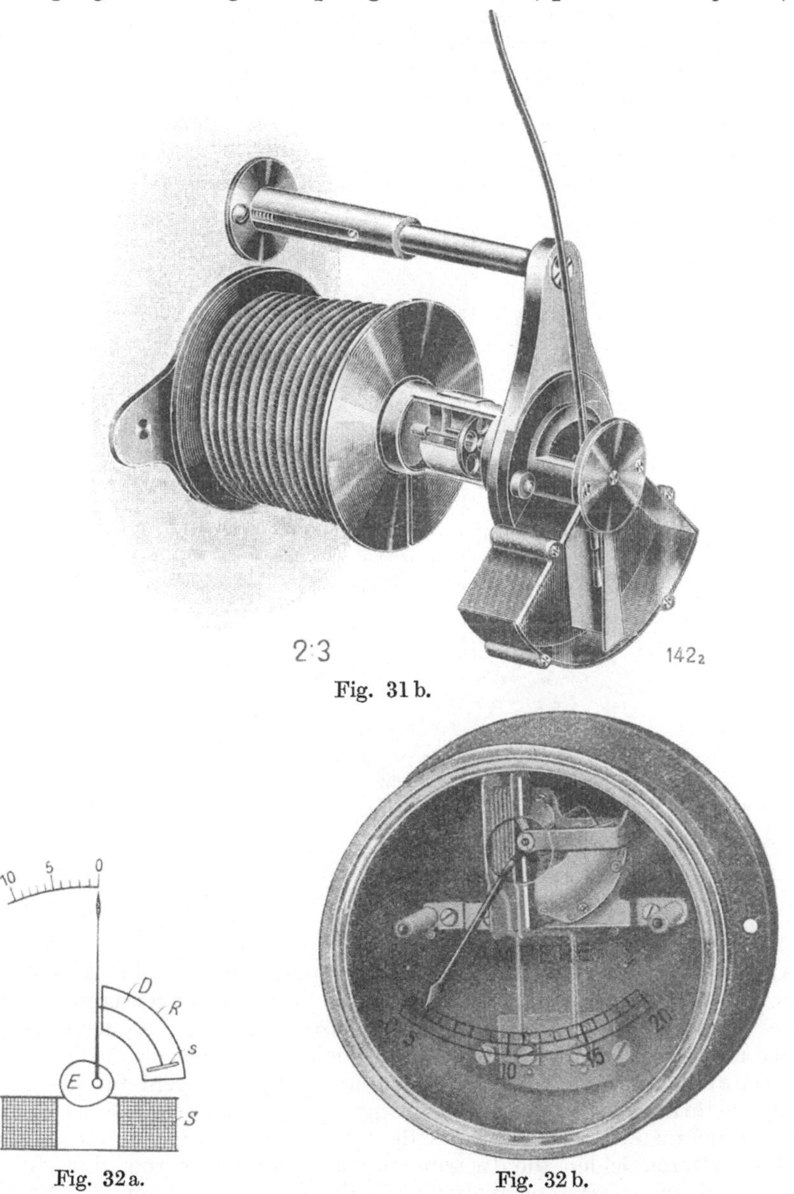

Fig. 31 b.

Fig. 32 a.   Fig. 32 b.

Eine Ausführung der Firma Siemens & Halske zeigt Fig. 32 a—b.
Am oberen Teil der Spule S (Fig. a) befindet sich eine exzentrisch ge-

lagerte Weicheisen-Scheibe E, deren Schwerpunkt so abgeglichen ist, daß das System eine bestimmte Ruhelage erhält. Fließt Strom durch die Spule, so wird der massigere Teil der Scheibe mehr oder weniger in jene hineingezogen, je nach der Stromstärke. Die Dämpfung D wird auch bei diesem Instrument durch Luftverdrängung bewirkt, indem die mit der Drehachse verbundene kolbenförmige Scheibe s in dem gebogenen, konzentrisch angebrachten Rohr R schwingt.

Bei den elektromagnetischen Instrumenten ist darauf zu achten, daß die Eisenteile aus bestem weichen Eisen bestehen, da sonst die

Fig. 33.

Angaben unbeständig sind. Der Grund hierfür liegt in der Hysteresis (s. S. 195), die sich so äußert, daß der jeweilige magnetische Zustand des Drehsystems und daher auch der Ausschlag nicht von der jeweiligen Stromstärke allein abhängt, sondern auch davon, wie stark das System vorher magnetisch war. Es wird daher das Instrument für die gleiche Stromstärke verschiedene Werte angeben, je nachdem die Ablesungen bei abnehmender oder zunehmender Stromstärke vorgenommen werden. Des weiteren leiden die Instrumente an dem Übelstand, daß die Angaben durch starke magnetische Felder in der Umgebung (Dynamos u. dgl.) unter Umständen beeinflußt werden können. (Man hilft sich durch Eisenpanzer in ähnlicher Weise wie bei den Galvanometern, s. d.)

Ein Nachteil besteht ferner darin, daß die Teilung nicht proportional der Stromstärke ist. Als Vorzug kommt der billige Preis in Betracht, ferner der sehr einfache Mechanismus und die Eigenschaft, daß diese Instrumente vorübergehend starke Überlastungen ertragen können.

Exaktere Messungen werden mit Präzisionsinstrumenten vorgenommen, die ausnahmslos auf dem Drehspulprinzip beruhen. Die Einrichtung und physikalische Bedeutung ist auf S. 25 ff. eingehend erörtert worden, wir wollen daher hier nur die technisch interessanten Einzelheiten besprechen. Dem Zweck entsprechend, als Laboratoriums-, Montage- und Schalttafelinstrument sollen die Instrumente handlich oder leicht beweglich sein. Das Drehsystem kann daher nicht an Drähten aufgehängt werden, sondern muß eine feste Lagerung besitzen. Fig. 33 läßt die Einrichtung erkennen (Hartmann & Braun). Die Spule S sitzt auf einem Träger, der feine Zapfen besitzt, die im vorderen Teil der Brücke B und im hinteren Teil des Gehäuses in Steinlager od. dgl. spielen. Die Stromzuführung erfolgt durch die unter der Brücke sichtbaren Spiralfedern, die einerseits mit Anfang und Ende der Spulenwicklung verbunden sind, und, unter sich isoliert, andererseits zu den Leitungen L L führen. In der Zeichnung ist das Drehspulsystem der Anschaulichkeit halber herausgezogen dargestellt; im übrigen dürfte die Einrichtung aus der Figur klar hervorgehen.

Die Drehspulinstrumente sind ausgezeichnet zum Messen schwacher Ströme, gemessen in Milliampere, sowie auch zum Messen der stärksten Ströme bis 1000 Ampere und mehr. Freilich kann man starke Ströme nicht direkt durch die möglichst leicht zu haltende Drehspule schicken, sondern, wie schon gesagt, werden dazu geeignete Nebenschlüsse benutzt (s. a. S. 15). Die Anordnung derartiger Nebenschluß-Widerstände bietet außerdem das Mittel, die Instrumente jedem gewünschten Zweck anzupassen. Bei Schalttafelinstrumenten werden die Nebenschlüsse hinter die Tafel montiert, da, wo eine passende Stelle ist, und durch eine besondere Leitung mit dem Instrument verbunden. Das Schema in Fig. 34 zeigt, wie mittelst eines Kurbelumschalters, der unter dem Amperemeter angebracht ist, verschiedene Nebenschlüsse dem Instrument parallel geschaltet werden können, die etwa so abgeglichen sind, daß das Instrument sich zur Messung von Strömen von 0,1—1, 1—10 und 10—100 Ampere eignet. Die Skalenwerte sind mit dem an der betreffenden Kurbelstellung verzeichneten Reduktionsfaktor zu multiplizieren. In dem gewählten Beispiel ist die Skala von 0,1—1 geteilt. Die Klemmen $K_1 K_2$ liegen dauernd an den Enden der in Serie geschalteten Widerstände. Diese sind, verglichen mit dem eigentlichen Instrumentenwiderstand, sehr klein, so daß sie keinen merklichen Einfluß auf die Angaben des Instrumentes ausüben, wenn die Kurbel nach rechts verschoben wird. Durch diese Schaltung vermeidet man Beschädigung des Instrumentes, wenn etwa der Kurbelkontakt mangelhaft sein sollte, oder wenn aus Unvorsichtigkeit eine Kurbelschaltung vorgenommen

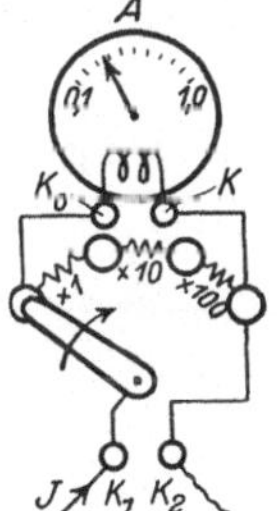

Fig. 34.

wird, falls der Hauptstrom J noch eingeschaltet ist. Würde man etwa die Instrumentenklemme K_0 mit dem Kurbeldrehpunkt direkt verbinden, so würde in einem der erwähnten Fälle der Hauptstrom **ohne** Nebenschluß am Instrument liegen und dieses zerstören.

Ein weiterer großer Vorteil der Nebenschlüsse beruht darauf, daß man mittelst eines einfachen kleinen Umschalters (Voltmeter-Umschalter, S. 53) auch die stärksten Ströme in **verschiedenen** Leitern messen kann, ohne den Hauptstrom zu unterbrechen; bei direkter Schaltung würden dazu kostspielige und platzraubende Umschalter erforderlich sein. Fig. 35 zeigt das Schaltungsschema für die drei Stromkreise J_1 J_2 J_3, die an Stelle der Instrumente die Nebenschlüsse N_1 N_2 N_3 enthalten. Der Zweigstrom z. B. für J_1 gelangt dann über die Kontakte $1 - 1$, wie durch die punktierten Linien angedeutet, zu den Schleifkontaktsegmenten s und von da zum Instrument.

Die Nebenschlüsse dürfen nicht, ebensowenig wie direkt eingeschaltete Amperemeter, den Hauptstrom merklich schwächen, ihr Widerstand soll daher möglichst gering sein. Freilich wird dies von der Empfindlichkeit des Instrumentes abhängen, denn je unempfindlicher das Instrument, um so größer muß der Nebenschlußwiderstand sein, damit an seinen

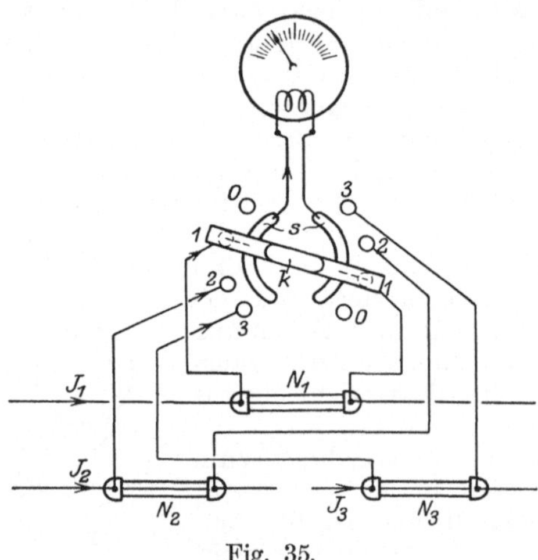

Fig. 35.

Fig. 36 a.

Fig. 36 b.

Enden ein hinreichendes Spannungsgefälle auftritt, und ein entsprechender Zweigstrom zustande kommt. Immer aber fordert der Nebenschluß einen gewissen Energieaufwand, der, vom Hauptstrom geliefert, als Wärme auftritt. Deshalb werden die Nebenschlüsse, wie auch in Fig. 35 angedeutet, aus mehreren parallel geschalteten Drähten oder Bändern hergestellt, die eine gute Ventilation zulassen. Fig. 36 a und b gibt die Ansicht derartiger Einrichtungen.

Ähnlich wie bei den Schalttafelinstrumenten liegen natürlich auch die Verhältnisse bei den transportabeln, wie sie im Laboratorium oder

Fig. 37a.

auf Montage benutzt werden und die immer nach dem Drehspulprinzip gebaut sind. Sie besitzen meist Kastenform und können mit einem ganzen Satz von Nebenschlüssen ausgerüstet werden, so daß ein und derselbe Skalenbereich zum Ablesen von Stromstärken benutzt werden kann, die in weitesten Grenzen variieren. Die Ansicht eines solchen Präzisionsamperemeters finden wir in Fig. 37 a und b, das erstere von Siemens & Halske, das andere der Firma Hartmann & Braun. Bei dem Siemensschen Fabrikat liegt das eigentliche Instrument rechts im

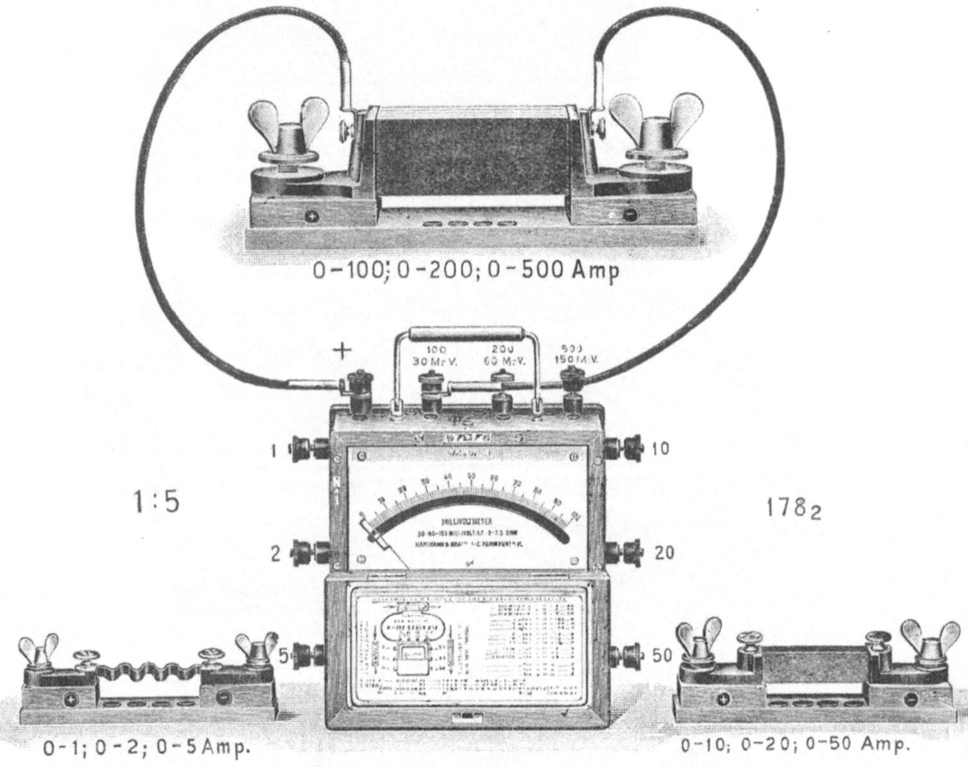

Fig. 37 b.

Schutzgehäuse, links erblickt man die drei sog. kombinierten Nebenschlüsse, die unten nochmals einzeln sichtbar sind: die an den Enden herausragenden Metallhaken werden unter die Klemmen des Instrumentes gesteckt, während die Leitung des zu messenden Stromes an die entsprechend bezeichneten Klemmen gelegt wird. Im Deckel des Kastens befinden sich noch zwei Nebenschlüsse für Ströme bis 75 resp. 150 Ampere. Die Skala ist in 150 gleiche Teile eingeteilt (s. a. Fig. 38 a); je nach der Schaltung dient sie zur Ablesung von 0,15, 0,3, 0,75, 1,5, 30, 75, 150 Ampere, der Meßbereich ist also sehr groß, von 0,01—150 Ampere!

Die drei dem Instrument in b mitgelieferten Nebenschlüsse gestatten eine Erweiterung des Meßbereichs von 0,01—500 Ampere. Die Schaltung ist aus der Figur zu ersehen; als Millivoltmeter (s. a. S. 52) eignet es sich bei geeigneter Schaltung in gleicher Weise zur Messung von Stromstärke und Spannung.

Die Präzisionsinstrumente für Laboratoriumszwecke sind in den Angaben außerordentlich genau und fast unabhängig von der Temperatur. Die Abweichung der Proportionalität zwischen Stromstärke und Skalenteilung ist gering, allerdings für exakte Messungen nicht zu

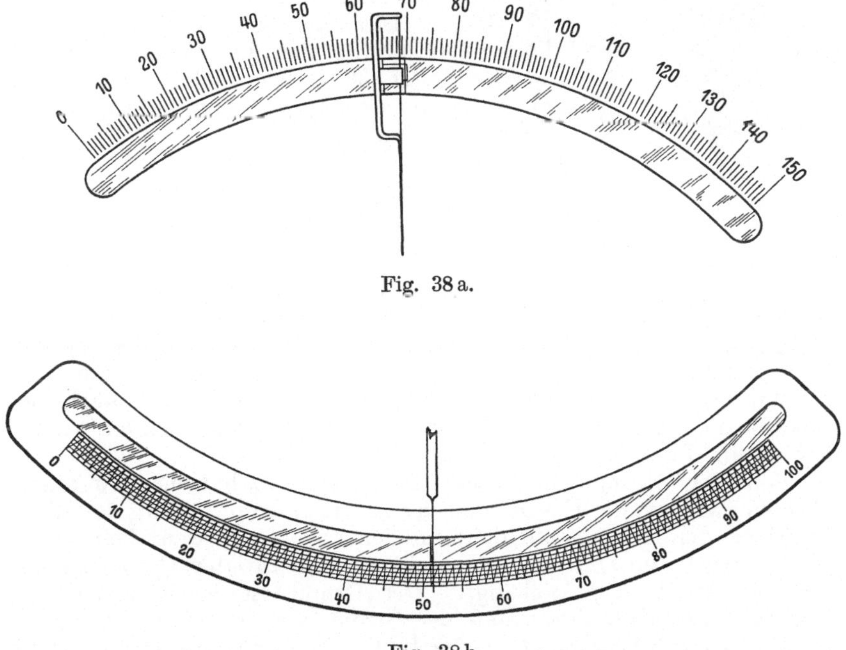

Fig. 38 a.

Fig. 38 b.

vernachlässigen. In solchen Fällen werden die Instrumente geeicht. Amtlich geschieht dies in der Physikalisch-Technischen Reichsanstalt zu Berlin, die dem geprüften Instrument einen Prüfschein mit Korrektionstabellen mitliefert. Die Prüfung geschieht mittelst eines Normalelementes und mit dem Kompensationsapparat (s. S. 47).

Natürlich müssen solche Instrumente eine Einrichtung besitzen, die es gestattet, exakte Ablesungen zu machen. So würden z. B. bedenkliche Fehler dadurch entstehen, daß die Ablesung schräg gegen die Skala erfolgt (Parallaxenfehler). Um dies zu vermeiden, befindet sich über oder unter der Skala ein Spiegelbelag (Fig. 38 a—b), in dem das Spiegelbild des blattförmig ausgebildeten Zeigers sichtbar ist: die Normale liegt in der Visierlinie Zeiger — Bild. Fig. 38 a gibt die Einrichtung einer derartigen Ablesevorrichtung von Hartmann & Braun. Der eigentliche Zeiger ist hier ein fein ausgespannter Draht hinter einem weißen Reflektor: dadurch erscheint das Spiegelbild als scharfer schwarzer Streif auf hellem Grunde. In b sehen wir ein bekanntes Prinzip angewendet: die Skalenhöhe ist in fünf gleiche Teile eingeteilt, so daß durch die Diagonale zwischen zwei Teilstrichen ebenfalls Fünfteilung erfolgt.

In neuerer Zeit findet man vielfach bei Schaltanlagen (Schaltpulte) der Raumersparnis halber Instrumente mit Profilskala. Diese besitzen Skalen entweder im Kreisprofil, Fig. 39 a, oder als Flachprofil, Fig. 39 b, ausgebildet; im letzteren Falle hat der Zeiger eine besondere Geradführung.

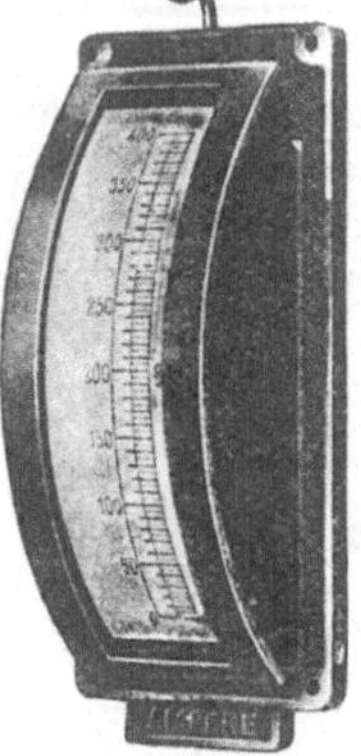

Fig. 39 a.   Fig. 39 b.

2. Apparate und Instrumente zur Spannungsmessung.

Das praktische Einheitsmaß für die E.M.K. oder die Spannung ist das Volt[1]). Nach internationaler Übereinkunft ist 1 Volt (V) die Spannung, die im Widerstand 1 Ohm (Θ) die Stromstärke 1 Ampere (A) erzeugt (s. a. S. 2ff.). Verglichen mit der absoluten, auf der Weberschen Definition beruhenden Einheit ist 1 $V = 10^8$ C.G.S. Einheit.

Wie bei der Besprechung der Strommessung wollen wir auch hier zunächst die empfindlichen Methoden und Apparate kennen lernen, wie man sie im Laboratorium benutzt.

Soll eine Stromquelle untersucht werden, so hat man zu unterscheiden zwischen der E.M.K. und der Klemmenspannung derselben. Bei Elementen ist diese nur dann mit jener identisch, wenn kein Strom geliefert wird; im anderen Falle stellt sie eine variable Größe dar, die von der Stromstärke abhängt. Der Grund ist leicht einzusehen, denn bei Stromentnahme muß der Strom den inneren Widerstand des Elementes überwinden, wodurch die Spannung geschwächt wird. Es kommt also für die E.M.K. ein Spannungsverlust in Abzug, der sich leicht nach dem Ohmschen Gesetz berechnet

$$E = E - i\,w,$$

wo E die Klemmenspannung, E die E.M.K., i den Strom und w den inneren Widerstand bedeuten. Angaben über die E.M.K. von Elementen sind daher nur korrekt, wenn die Messung bei Stromlosigkeit vorgenommen wurde, oder doch so, daß der Strom i einen zu vernachlässigenden Einfluß ausübt, Präzisionsmessungen sind aber in diesem Falle ausgeschlossen.

Auch bei anderen Stromquellen, z. B. bei Dynamomaschinen ist zwischen E.M.K. und Klemmenspannung zu unterscheiden, indessen

---

[1]) So benannt nach Volta, l. c. S. 3.

wird, wo dies störend auftritt, die Klemmenspannung durch Regulier-
vorrichtungen konstant gehalten.

Zur Spannungsmessung werden wie zur Strommessung Galvano-
meter benutzt und es lassen sich eine Menge verschiedener Methoden
anführen. Man kann unterscheiden zwischen der Ausschlag- und
Null-Methode. Meist verfährt man in der Weise, daß man die Messung
relativ, d. h. unter Bezugnahme auf eine bekannte E.M.K. vornimmt.
Als solche können galvanische Elemente, sog. konstante Elemente
(Daniell) dienen, und die einfachste Methode ist die, daß man einen
Stromkreis bildet, der aus einem genügend großen Vorschaltwiderstand
(Ballastwiderstand) und einem Galvanometer besteht. Man vergleicht
die Ausschläge a resp. a_1, hervorgerufen durch die bekannte, resp. un-
bekannte E.M.K. (Substitutionsmethode). Nennen wir diese e und e_1,
so hat man

$$\frac{a}{a_1} = \frac{e}{e_1} \; \text{usf.}$$

also

$$e_1 = e\,\frac{a_1}{a}.$$

Dies gilt allerdings nur für den Fall, daß die Ausschläge proportional
den Intensitäten sind, trifft dies nicht zu, so muß man die den Ausschlägen entsprechende Stromstärke aus der Korrektionskurve (s. S. 14)
des Instruments entnehmen und für a, a_1 einsetzen. Es ist ferner vorausgesetzt, daß bei Substitution der verschiedenen Elemente der Gesamtwiderstand des Schließungskreises konstant bleibt. Da dies aber im
allgemeinen nicht der Fall sein wird, so schaltet man, wie oben erwähnt,
einen hinreichend großen Ballastwiderstand[1]) in den Stromkreis, mit
dem verglichen die an sich meist geringe Verschiedenheit der Element-
widerstände verschwindend klein wird.

Auch nach dem Ohmschen Gesetz läßt sich die Spannung an den
Polen eines Elementes oder zwischen zwei Punkten einer Leiteranordnung
messen. Kennt man den Widerstand des Schließungskreises in Ohm,
und hat man das Galvanometer in Ampere geeicht (s. S. 14), so ergibt
sich die Spannung $e = i \cdot w$ Volt. Diese Methode ist da von Vorteil,
wo die E.M.K. an sich schwach ist oder wenn man geringe Spannungs-
unterschiede messen will.

Kompensationsapparat. Die wichtigste Methode zur Bestimmung
der E.M.K. ist die Kompensationsmethode, deren Grundgedanke
von Poggendorf[2]) stammt, die später aber von du Bois-Raymond
abgeändert wurde. Beiden Methoden liegt der Bau der in Technik und
Wissenschaft so hervorragend wichtigen Kompensationsapparate
zugrunde. Wir wollen zunächst das Prinzip der du Boisschen Anordnung kennen lernen, die sich übrigens auch zu einfachen Laboratoriums-
versuchen eignet (Fig. 40).

---

[1]) Ballastwiderstände sind solche, die nicht zum Messen eingeschaltet sind,
sondern den Stromkreis belasten sollen, um zu starke Ströme zu verhüten.

[2]) Methode zur Bestimmung der E.M.K. inkonstanter Ketten. Poggendorfs
Annal. 54, 1841, p. 161 ff.

Es sei a — b der Draht einer **Wheatstone**schen Brücke (s. d. S. 71), an dessen Enden wir eine Spannung E anlegen, die höher ist als die der zu untersuchenden Elemente. Verbinden wir die Punkte a — b mit den Polen eines Akkumulators, so haben wir längs des Drahtes ein Spannungsgefälle von etwa 2 Volt. Der Draht soll, damit keine zu starke Erwärmung infolge hoher Stromstärke eintritt, einen hinreichenden Widerstand (nicht unter 2 Ohm) besitzen; auch soll man den Strom nur dann für kurze Zeit schließen, wenn man die Messung ausführt (man mache sich dies überhaupt zur Regel!). Dies gilt auch für den unteren Stromkreis, man bedient sich deshalb vorteilhaft eines Doppelschlüssels, mit dem man beide Stromkreise zugleich schließt oder öffnet.

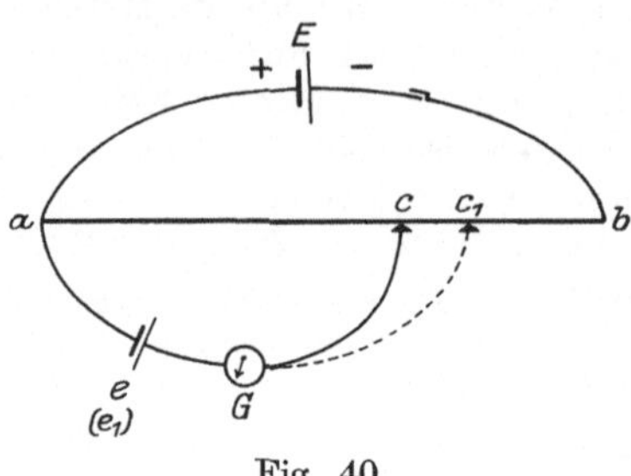

Fig. 40.

Der Versuch wird so ausgeführt, daß man beide Stromquellen entgegen schaltet. Da die Spannung längs des Gefälldrahtes höher ist als die des Elementes e, so gibt es eine Stelle zwischen a und b, etwa bei c, wo sich die Spannungen gerade aufheben: das mit eingeschaltete Galvanometer G zeigt Stromlosigkeit an. Es entspricht dann offenbar der Länge a — c des Drahtes die elektromotorische Kraft e des Elementes, ebenso natürlich eine Länge a c′ der E.M.K. e′ eines anderen Elementes und es besteht die Beziehung

$$\frac{a\,c}{a\,c'} = \frac{e}{e'} \quad \text{usf.,}$$

kennt man also e, so ergibt sich durch die Messung e′, e″ usf.

Gehen wir jetzt zur Besprechung der Kompensationsapparate über und greifen von den vielen Typen einige heraus. Äußerlich sehen die Apparate recht kompliziert aus, und die Wirkungsweise wird erst verständlich, wenn wir uns ein Schaltungsschema entwerfen und die einzelnen Teile mit dem Apparat selbst vergleichen. Als Beispiel wählen wir den vielfach in Gebrauch befindlichen Apparat nach **Raps**, wie ihn die Firma Siemens & Halske baut. Die Fig. 41 gibt uns die Gesamtansicht des Apparates. Wir vergleichen die einfache **Dubois**sche Schaltung in Fig. 40 mit der Stromlaufskizze der Fig. 42. Als wesentlicher Punkt ist zu beachten, daß der Widerstand des Schleifdrahtes zwischen a — b bei allen vorzunehmenden Schaltungen unverändert bleibt. Nun eignet sich aber ein einfacher Schleifdraht nicht für exakte und ausgedehnte Messungen, denn je nach dem beabsichtigten Zweck sollen in die **Kompensationsleitung**, d. h. in denjenigen Zweig, der Galvanometer, Element und einen Teil des Hauptstromes enthält (a → c → a in Fig. 40) sehr große oder sehr kleine Widerstände eingeschaltet werden. Dies geschieht durch entsprechende Stellung der Kurbeln $K_1 — K_4$ an den Kurbelrheostaten (s. d. S. 54 ff.). Verfolgen wir nunmehr an Hand der Skizze den Stromlauf. Der Strecke a — b des Brückendrahtes in Fig. 40 entspricht hier die Anordnung der Widerstände zwischen A — B, bestehend aus den vier Kurbelrheostaten $K_1 — K_4$. Zwischen je zwei Knöpfen von K_3 und K_4, die einen Wider-

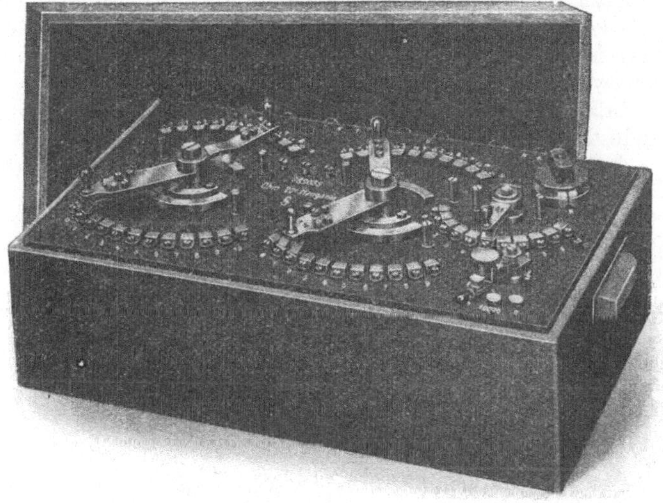

Fig. 41.

stand von 1000 resp. 10 Ohm einschließen, liegt parallel der gesamte obere Widerstand von 9000 resp. 90 Ohm, und zwar sind diese Widerstände mit den gegeneinander isolierten Hebeln der Doppelkurbeln verbunden. Die Ströme in der Kompensationsleitung i_1 und i_2 verhalten sich daher nach Gleichung 5) zum Hauptstrom i wie 1 : 10.

Wie man sieht, bleibt der Gesamtwiderstand zwischen A — B unverändert, wie auch immer die vier Kurbeln gegeneinander verstellt sein mögen.

Die zu messende Spannung x wird an die Kurbeln K_1 und über den Doppelschalter S an K_2 gelegt, durch S wird das Galvanometer G mit in diesen Stromkreis hinein ge-

Fig. 41 a.

nommen, dessen Widerstand durch Regulierung von $K_1 — K_4$ in den weitesten Grenzen, von 1—10000 Ohm variiert werden kann. Die Messung geschieht mittelst des Normal-Elementes N (s. S. 50), in dessen Stromkreis durch Umlegen des Schalters S das Galvanometer G eingeschaltet wird, und dessen Zuleitungen zu den Klemmen des Widerstandes P geführt sind. Dieser Widerstand kann durch andere Widerstände ersetzt werden (s. unten, Strommessung S. 47). Wir legen an die mit H bezeichneten Klemmen eine sog. Hilfsbatterie, etwa zwei Akkumulatoren unter Berücksichtigung der Polzeichen an, S liegt jetzt an N. Das zwischen den Punkten a und b liegende Potentialgefälle hängt von der E.M.K. von H und dem Widerstand des Stromkreises ab. Durch Verändern des Regulierwiderstandes R (regulierbar zwischen 0 und 1000 Ohm) kann man dieses Potential so abgleichen, daß es der Spannung von N genau entspricht: Das Galvanometer zeigt in dem Falle keinen Ausschlag, da die Stromkreise entgegengeschaltet sind. Der Regulierwiderstand, etwa ein Stöpselrheostat (s. S. 54) wird außen direkt hinter die Hilfsbatterie geschaltet.

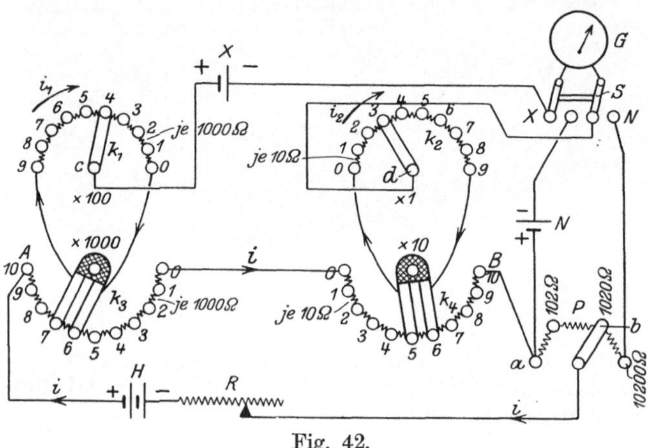

Fig. 42.

Ist der Gleichgewichtszustand erreicht, so ist der Strom des Hilfskreises

$$i = \frac{N}{P};$$

hat z. B. das Normalelement rund 1,02 Volt Spannung und nimmt man für P Werte von 102, 1020, 10200 usf. Ohm, so wird i = 0,01, 0,001, 0,0001 usf. Ampere. Nunmehr legt man den Schalter S auf Stellung x, das Galvanometer ist dann der zu messenden Stromquelle zugeteilt und mit dieser an die Kompensationsleitung angeschlossen.

Durch Regulierung an K_1 bis K_4, wodurch, wie wir wissen, der Widerstand zwischen A — B nicht geändert wird, also auch keine Änderung von i eintritt, läßt sich Stromlosigkeit herbeiführen, und die gesuchte E.M.K. von x ist

$$x = \frac{i}{10} \cdot w,$$

wo w gleich ist der Summe der Kurbelwiderstände, die, dekadisch geordnet, ohne weiteres abgelesen werden können. Aus praktischen Gründen setzt man den Hauptstrom i in Rechnung und den zehnten

Teil der Kompensationswiderstände, wie dies auch auf dem Apparat entsprechend vermerkt ist: $\times 100$, $\times 1$.

Nach Fig. 42 ist $i = 0,001$ Ampere, $w = 6453$ Ohm (der abzulesende Wert!), daher $x = 6,453$ Volt.

Die Spannung bei x soll den Betrag von etwa 1 Volt nicht übersteigen. Man kann aber dennoch höhere und sogar sehr hohe Spannungen bis zu 1000 Volt messen durch Anwendung eines Spannungsteilers. Es ist dies ein sehr einfacher Apparat, dessen äußere Ansicht in Fig. 41 a dargestellt ist, und dessen Einrichtung aus Fig. 43 hervorgeht. Die Spannung ist durch 4 in Serie geschaltete Widerstände von zusammen 100 000 Ohm geschlossen; daher entspricht jedem Ohm des Schließungskreises ein Spannungsgefälle von $\frac{1}{100\,000}$ der Spannung bei K_1. Verbindet man die Klemmen K_2 mit denen für x am Kompensationsapparat, so herrscht hier eine tausend-, hundert- oder zehnmal geringere Spannung als der Stromquelle x_1 bei K_1 in Fig. 43 entspricht, je nachdem man den unteren,

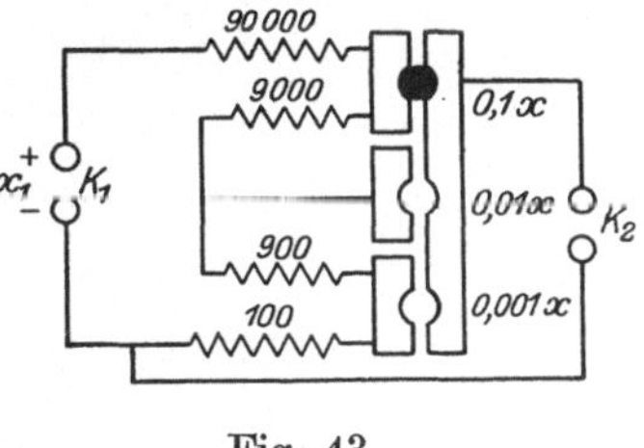

Fig. 43.

mittleren oder oberen Widerstand durch Stöpsel einschaltet: in der Figur würde, wie angedeutet, $x = \dfrac{x_1}{10}$ sein.

Man erkennt ohne weiteres, daß der Kompensationsapparat auch ein vorzügliches Mittel bietet, Stromstärken sehr genau zu messen; insbesondere eignet er sich dazu, genau bekannte Stromwerte herbeizuführen, um etwa Galvanometer und besonders Amperemeter zu eichen. Für schwache Ströme, unter 0,1 Milliampere schaltet man den betreffenden Leiter direkt hinter die Hilfsbatterie und kann durch passende Wahl von P, wie wir oben gesehen, i ohne weiteres berechnen und auch die höchste Empfindlichkeit herbeiführen. Will man starke Ströme messen, so kann man die Zuleitungen mit den Klemmen bei x verbinden (Fig. 42) und einen geeigneten Parallelwiderstand W einschalten (Fig. 44). Der Meßbereich ist dabei fast unbegrenzt, es lassen sich Ströme bis zu 1000 Ampere und mehr messen, wenn man W passend wählt und so

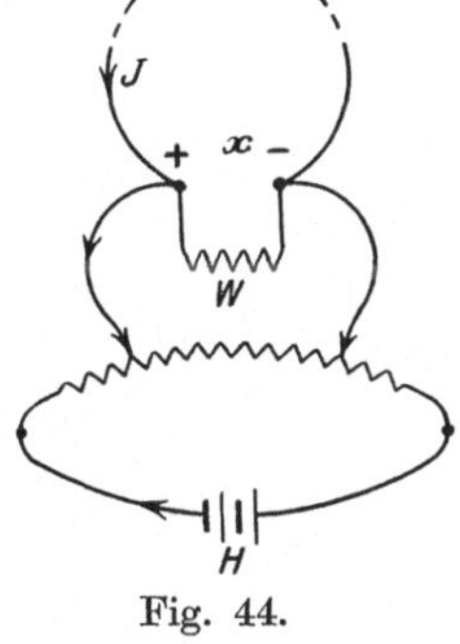

Fig. 44.

dimensioniert, daß er den hohen Stromstärken standhält. Der Gang der Messung gestaltet sich höchst einfach. Der für Spannungsmessung bei x angelegten Spannung entspricht hier das Spannungsgefälle im Nebenschluß W: $x = J . W$. Die Spannung x soll, wie oben berichtet, den Betrag von 1 Volt nicht übersteigen. Die Größenordnung von J ist in der Regel bekannt, so daß man durch passende Wahl von W die

Größe von x einregulieren kann. Kompensiert man auf Stromlosigkeit, so erhält man x, und

$$J = \frac{x}{W}.$$

Wir haben den Rapsschen Apparat eingehend besprochen und damit die Gesichtspunkte erörtert, die beim Bau derartiger Apparate

Fig. 45.

maßgebend sind. Apparate der besprochenen Bauart sind indessen sehr kostspielig, und da vielfach eine einfachere Ausführung genügt,

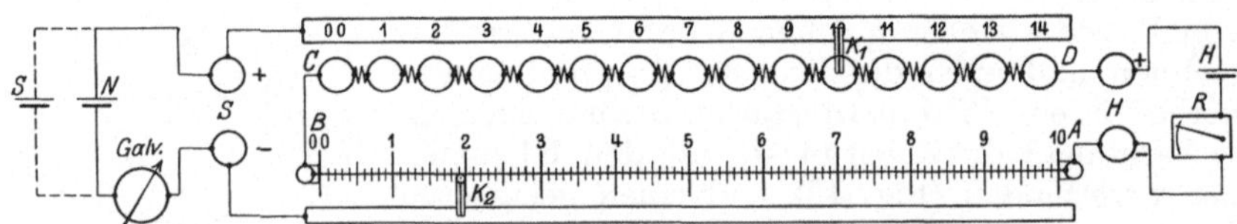

Fig. 46a.

wollen wir noch einen Apparat nach Franke beschreiben, der von den Land- und Seekabel-Werken, Cöln gebaut wird und bei verhältnismäßig geringem Preis recht gute Resultate liefert. Fig. 45 veranschaulicht wieder die äußere Form, während Fig. 46 a und b den Stromlauf und die Art der Schaltung vor Augen führt. Der dem Gefälldraht entsprechende Teil setzt sich zusammen aus dem gut kalibrierten Schleifdrahtwiderstand A — B und dem Schieberwiderstand (S. 57) C — D, der in 14 genau

gleiche Teile geteilt und so bemessen ist, daß ein Teil gleich ist dem
Widerstand des Schleifdrahts. Die Summe dieser Widerstände nennen
wir W. Dieser Widerstand W bleibt immer konstant. Der Schieber
K_2 bewegt sich längs einer hundertteiligen Skala, er besitzt einen durch
Glasfenster geschützten feinen Faden, der exakte Ablesung und die
Zehntel der Teilung zu schätzen gestattet. Der Schieber K_1 ermöglicht
das Einschalten der Einzelwiderstände. Mittelst dieser Schieber ist die
Kompensationsleitung, enthaltend das Galvanometer, das Normalelement N (resp. die zu messende Spannung S) an die Hauptleitung
angelegt. Ein Sicherheitswiderstand von etwa 100 000 Ohm (in der Skizze
nicht verzeichnet) schützt das Normalelement vor Zerstörung infolge
zu starker Stromabgabe; ist die Kompensation angenähert erreicht,
so kann dieser Widerstand mittelst eines Schiebers ausgeschaltet werden.
In der praktischen Ausführung gestattet der Schieber auch die Kommutie-
rung von N und S, die beide an gesonderte Klemmen gelegt sind. Zum
besseren Verständnis des Folgenden denken wir uns den Teil rechts

von H in Fig. 46a durch die in
46b in vergrößertem Maßstab
gezeichnete Anordnung ersetzt.
Die Messung geschieht in folgender Weise. Es seien zunächst
Spannungen zwischen 0,1 und
1,5 Volt zu ermitteln; durch
Stöpseln ist der Widerstand
$^9/_{10}$ w kurz geschlossen, $^1/_9$ w
offen. Die Spannung des Normal-
elementes ist konstant, sie beträgt 0,0186 Volt (Weston-Ele-
ment). Wir stellen die Kontakt-

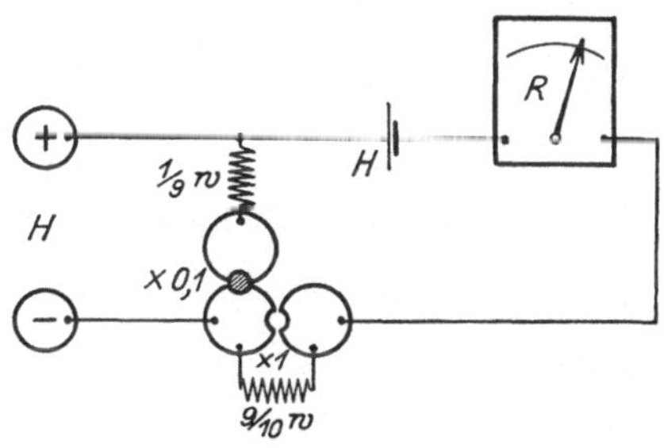

Fig. 46 b.

schieber so, daß ihre Stellung diesem Zahlenwert entspricht, und regulieren nun mit dem Regulierwiderstand R den Strom der Hilfsbatterie H
so ein, daß das Galvanometer Stromlosigkeit anzeigt. Dann geben die
Zahlen an den Kontaktstellen ohne weiteres die dort herrschende Spannung an, also auch die von S, wenn wir hierauf umschalten und so
verschieben, bis Stromlosigkeit herrscht.

Will man Spannungen unter 0,1 Volt messen, so werden Parallel-
und Zusatzwiderstand angelegt. Dazu dienen die Stöpselwiderstände von
$^1/_9$ und $^9/_{10}$ w. (Bei größeren Apparaten auch noch $^1/_{99}$ resp. $^{99}/_{100}$ w.)
Die zu erfüllende Forderung besteht darin, die Spannung an den End-
klemmen D — A auf $^1/_{10}$ ($^1/_{100}$) der vorher einregulierten Spannung zu
bringen, ohne daß dadurch der Strom der Hilfsbatterie beeinflußt wird. Ersteres bewirkt der Parallel-Widerstand $^1/_9$, letzteres der
Vorschaltwiderstand $^9/_{10}$ w, denn nach früherem (Gl. 5) bringt der
Parallelwiderstand die Spannung an D — A auf $^1/_{10}$ des vorigen Betrages,
der Gesamtwiderstand zwischen A — D ist aber dadurch = $^1/_{10}$ w
geworden, mithin muß ein Widerstand von $^9/_{10}$ w eingeschaltet werden,
damit i seinen Wert behält. Dies geschieht durch Umstecken des
Stöpsels, wie in der Figur angedeutet.

Zur Messung höherer Spannung bedient man sich eines Spannungsteilers, der in gleicher Weise geschaltet wird wie beim Rapsschen Apparat (S. 47).

Trotz der einfachen Konstruktion gestattet der beschriebene Apparat verhältnismäßig genaue Messung; die Genauigkeit wird auf 0,001 des

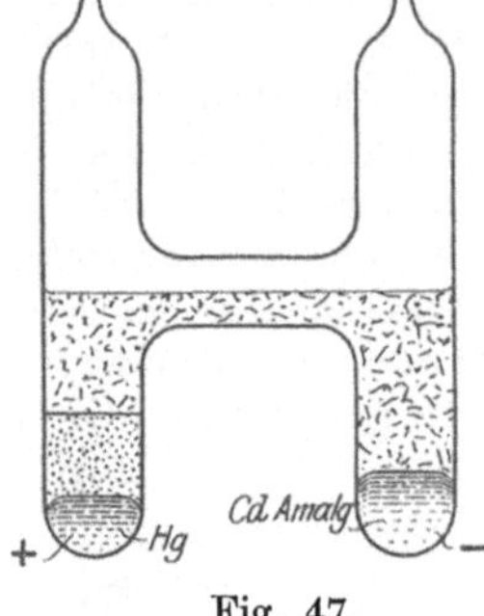

Fig. 47.

Sollwertes angegeben. Natürlich ist ein Schleifdrahtwiderstand bei starkem Gebrauch Beschädigungen oder aber auch natürlicher Abnutzung ausgesetzt und muß hin und wieder geprüft werden [1]).

Normalelement. Die Messungen mit dem Kompensationsapparat setzen das Vorhandensein einer genau bekannten elektromotorischen Kraft voraus. Diese wird geliefert von dem sog. Normalelement, und zwar dient dazu heute das international anerkannte Westonelement, dessen E.M.K. in verschiedenen Ländern mittelst des Silbervoltameters gemessen und zu

$$e = 1,0183 \text{ V}$$

am 1. Januar 1911 international festgesetzt wurde [2]). Der vorschriftsmäßige Aufbau des Elementes geht aus Fig. 47 hervor. Zwei Glas-

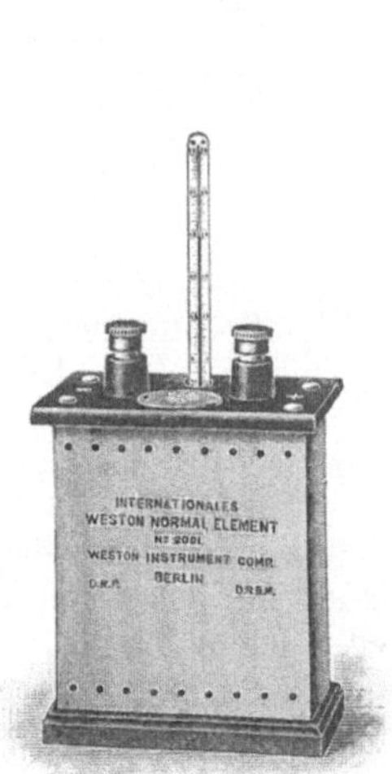

Fig. 48 a.

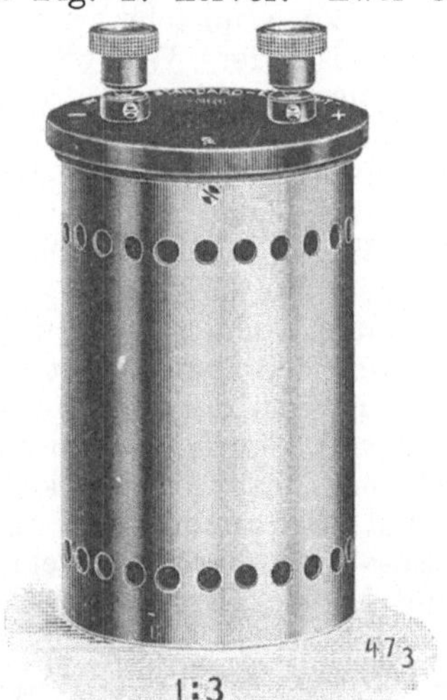

Fig. 48 b.

röhren sind in der Mitte durch ein Querstück verbunden. Als Zuleitungen dienen Platindrähte, die unten in die Schenkel eingeschmolzen

---

[1]) Über Kalibrierung von Meßdrähten siehe Kohlrausch, l. c. S. 11.
[2]) Report to the international Committee on electr. Units and Standarts, Washington, Jan. 1. 1912; ferner: Zeitschr. f. Instr.-Kunde. 13. Nov. 1911. p. 321.

sind; sie sind in metallischem Kontakt mit reinem Quecksilber als positivem und Kadmiumamalgam als negativem Pol. Über dem Quecksilber befindet sich eine Paste aus Quecksilbersulfat (Hg_2SO_4), schwefelsaurem Kadmium ($CdSO_4$) und Quecksilber. Darüber, wie auch im anderen Schenkel, befinden sich Kadmiumsulfatkristalle, die mit gesättigter Kadmiumsulfat-Lösung bedeckt sind. Das Ganze wird mit Paraffin und Korkstöpsel verschlossen oder auch zugeschmolzen und zum Schutze gegen Beschädigung in einen runden oder viereckigen Kasten eingeschlossen. Fig. 48 a—b gibt die äußere Ansicht von Normalelementen der Weston-Comp. und der Firma Hartmann & Braun.

Der große Vorteil des Westonelementes anderen Typen gegenüber (z. B. Clarkelement) besteht in dem äußerst kleinen Temperaturkoeffizienten von etwa 0,00004 Volt pro Grad Celsius. Meist wird dem Element ein Prüfschein mitgegeben.

Voltmeter.

Diese Instrumente gestatten ohne weiteres die zu messende Spannung am Zeigerausschlag abzulesen; sie sind sehr bequem im Gebrauch und werden daher in der Technik immer angewandt, auch im Laboratorium, falls die zu messende Spannung nicht zu klein ist oder die geforderte Genauigkeit etwa den Betrag von $\dfrac{1}{1000}$ Volt nicht überschreitet. Der Aufbau des Instrumentes entspricht genau dem der Amperemeter, sowohl bezüglich der elektromagnetischen als auch hinsichtlich der Drehspultypen. Das auf S. 34 ff. Gesagte trifft also auch hier zu, der Unterschied beruht lediglich auf der Schaltung

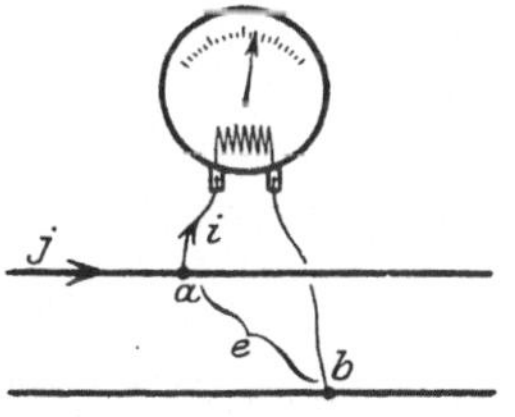

Fig. 49.

und der Einrichtung der Spule. Erstere ist in Fig. 49 veranschaulicht: das Instrument wird in den Nebenschluß gelegt; soll z. B. die Spannung e zwischen den Punkten a und b einer Leitung gemessen werden, so werden die Klemmen des Instrumentes direkt damit verbunden. Der den Ausschlag bewirkende Strom i hängt, da der Instrumentenwiderstand konstant bleibt, nur von der Spannung zwischen a und b ab. Natürlich soll der Zweigstrom i sehr klein sein, da er ja einen Verlust bedingt; deshalb besitzt die Spule einen sehr großen Widerstand, also viele Windungen dünnen Drahtes, und da die magnetische Kraft von dem Produkt: Stromstärke × Windungszahl abhängt, so erhält man doch eine kräftige Wirkung. Meist wird, zumal bei hohen Spannungen, und immer bei den Drehspulinstrumenten dem Spulensystem ein hoher Widerstand vorgeschaltet, durch dessen Änderung der Meßbereich beliebig vergrößert werden kann. Der Vorschaltwiderstand spielt also für die Spannungsmessung dieselbe Rolle, wie der Nebenschluß bei den Amperemetern.

Die Drehspulinstrumente sind außerordentlich vielseitig. Neben dem Vorteil der Genauigkeit ihrer Angaben und der Proportionalität

Fig. 50.

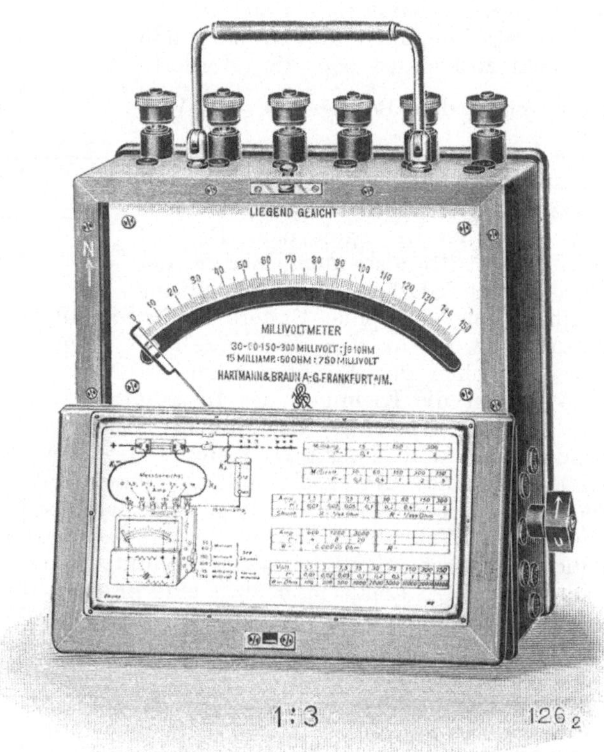

1:3   126₂

Fig. 51.

zwischen Zeigerausschlag und Stromstärke, kann ein und dasselbe Instrument sowohl zur Spannungs- als auch zur Strommessung benutzt werden, so daß sich dieser Instrumententyp als Montage- und Laboratoriumsinstrument großer Beliebtheit erfreut, ja, wohl ausschließlich in Frage kommt. Betrachten wir z. B. das in nebenstehender Abbildung (Fig. 50) dargestellte 1 Ohm-Instrument. Der Eigenwiderstand beträgt genau 1 Ohm, es ist daher die angelegte Spannung e zahlenmäßig immer gleich dem Strom, der durch das Instrument fließt: $e = \dfrac{i}{1} = i$. Allerdings beziehen sich hierbei die Angaben nur auf die Tausendstel, also auf Millivolt und Milliampere. Für höhere Spannungen und stärkere Ströme bedient man sich entweder anderer Klemmen, die entsprechende Bezeichnungen tragen, oder es werden durch Umlegen eines Schalters entsprechende Widerstände zur Erweiterung des Meßbereichs eingeschaltet,

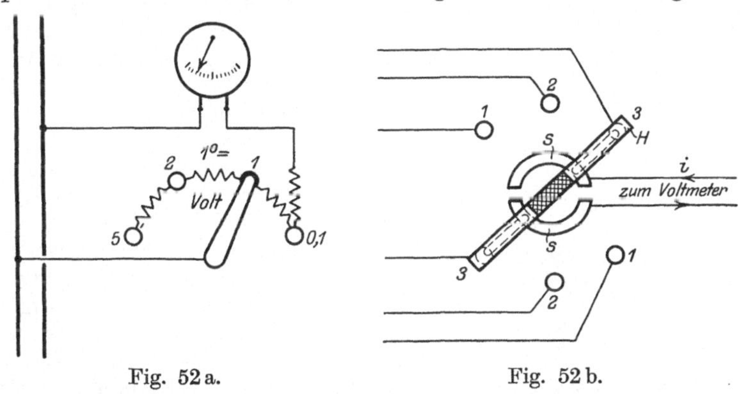

Fig. 52 a.Fig. 52 b.

zur Spannungsmessung Vorschaltwiderstände, zur Strommessung Nebenschlüsse. Ein derartiges Instrument veranschaulicht Fig. 51, es gestattet Spannungsmessung von $\dfrac{0,2}{1000}$ bis 750 Volt, entsprechend einem Widerstand von 1—50 000 Ohm, desgleichen Strommessung von 0,0001 bis 3000 Ampere! Die Art der Schaltung für den jeweiligen Zweck geht aus der sehr übersichtlichen Schaltskizze hervor, die im Schutzdeckel des Gehäuses angebracht ist.

Bei Schalttafelinstrumenten sind die Vorschaltwiderstände meist hinter der Tafel angebracht, wo sie guter Ventilation ausgesetzt sind. Die erforderliche Einstellung auf die gewünschte Empfindlichkeit geschieht gewöhnlich durch Kurbelschalter, wie dies Fig. 52 a veranschaulicht; b zeigt einen Voltmeter-Umschalter, der den Zweck hat, das Instrument durch einfache Kurbelstellung an verschiedene Stromquellen oder Abnahmestellen der Schalttafel anzulegen: Das Voltmeter ist an die Schleifsegmente s s angelegt; die Ableitungen zu den Meßstellen liegen an je zwei gegenüber liegenden Knöpfen 1—1, 2—2 usf. Unter dem Ebonitgriff H vermitteln zwei Schleifkontakte (punktiert angedeutet) die Verbindung zwischen je einem Segment und dem zugehörigen Kontaktknopf.

3. Apparate und Instrumente zur Widerstandsmessung.

Jeder Leiter, auch der beste, besitzt einen gewissen elektrischen Widerstand, der abhängig ist vom Material, von der Länge und dem Querschnitt. Er tritt daher bei den elektrischen Leitungen als natürlicher Faktor auf, und man muß seinen Einfluß nach Möglichkeit reduzieren. Andererseits bietet aber der Widerstand, künstlich in die Leitung eingeschaltet, ein unentbehrliches Mittel, den elektrischen Strom zu regeln, er gestattet uns, die feinsten Abstufungen vorzunehmen und exakte Messungen auszuführen; ein Beispiel hierfür bietet der auf S. 43 ff. beschriebene Kompensationsapparat.

Dem Verwendungszweck entsprechend können wir unterscheiden zwischen Meß-, Ballast- und Regulier-Widerstand. Beginnen wir mit der Beschreibung der ersten Art. Sein Zweck ist, durch passende Schaltung Messungen in bezug auf Stromstärke, Spannung oder auch auf Widerstand zu ermöglichen. Er muß daher, namentlich für Präzisionsmessungen, auf die Widerstandseinheit, das Ohm, abgeglichen sein. Das internationale Ohm (Ω) ist der Widerstand einer Quecksilbersäule von 1,063 m Länge (14,4521 g Gewicht), 1 qmm Querschnitt bei 0° Celsius. (Die Siemenssche Einheit, die bei sonst gleichen Verhältnissen die Länge von 1,0 m zugrunde legt, ist praktisch nicht im Gebrauch.)

Als wichtigste Meßwiderstände kommen die Widerstandskästen, kurz Rheostaten genannt, in Betracht, deren Einrichtung Fig. 53 a und b in Schema und Schnitt wiedergibt. In einem Holzkasten befindet sich eine Anzahl Widerstände verschiedener Größe, gebildet aus Drahtspiralen geeigneten Materials (s. S. 59). Anfang und Ende sind, wie die Abbildungen zeigen, mit je einem auf dem Deckel des Kastens angebrachten Messingklotz verbunden. Die Klötze sind sorgfältig gegen-

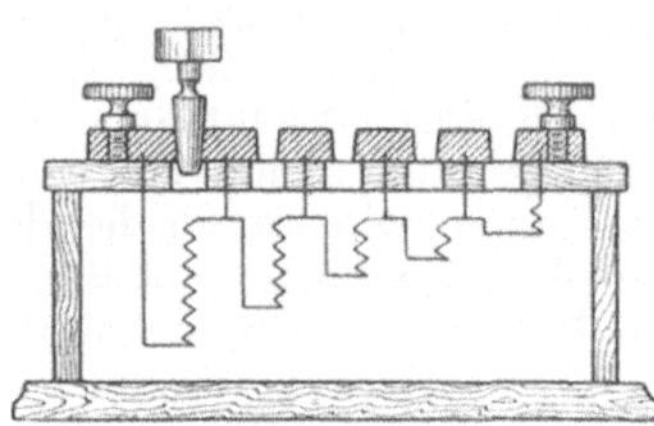

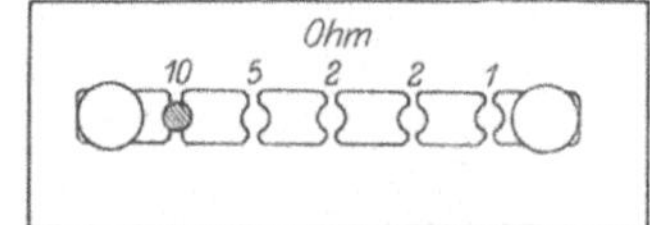

Fig. 53 a.

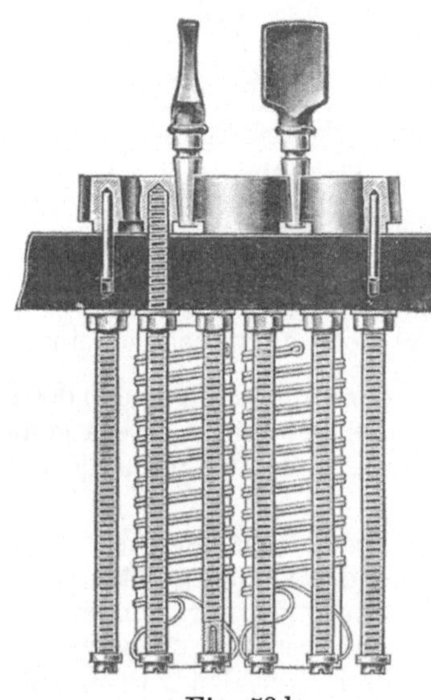

Fig. 53 b.

einander isoliert, eine direkte metallische Verbindung kann jedoch durch Einstecken eines Stöpsels in die entsprechende konische Ausbohrung bewirkt werden. Die äußere Ansicht eines Rheostaten veranschaulicht Fig. 54 (Siemens & Halske), sowie Fig. 55 (Hartmann & Braun). In der ersteren erblickt man auch zwei sog. Wanderstöpsel, die in die Metallklötze eingesteckt werden und mit einer Klemmmutter versehen sind. Sie ermöglichen es Abzweigungen, etwa zur Spannungsteilung (s. S. 47) vorzunehmen.

Bei den besprochenen Apparaten liegen die einzelnen Widerstände hintereinander, in Serie, sie werden daher auch Serienwiderstände genannt. Sie gestatten eine feine Abstufung, gewöhnlich von 0,1 Ohm bis zu den höchsten Werten. Auch kann man den Einzelwiderstand

Fig. 54.

stets kontrollieren, wenn man diesen durch die Summe der kleineren ersetzt, z. B. 0,4 Ohm = 0,2 + 0,1 + 0,1 Ohm. Ein gewisser Nachteil haftet aber den Serienwiderständen an, indem der Strom beim Übergang von einem Metallklotz durch den Stöpsel zum anderen einen merklichen Übergangswiderstand findet, dessen Stärke von der Güte des Apparats, aber auch von der mehr oder weniger sorgfältigen Art der Behandlung abhängt. Bei guter Ausführung liegt der Übergangswiderstand unter 0,0001 Ohm; soll er dauernd auf diesem kleinen Betrag gehalten werden, so ist Sauberkeit und öfteres Nachschleifen mit Bimssteinpulver und Holzstöpsel Bedingung. Natürlich muß man auch bei der Messung darauf achten, daß die Stöpsel gut eingedrückt werden, indem man jedem eine leicht drehende Bewegung erteilt. Zu starkes Einzwängen ist indessen zu vermeiden, da dann der Stöpsel sich einfrißt und den Apparat verdirbt.

Um die Übergangswiderstände, die in ihrer Summe oft störend auftreten können, zu vermeiden, werden auch sog. Dekadenwiderstände gebaut. Diese enthalten 10 gleiche Widerstände, die durch einen Stöpsel beliebig hintereinander geschaltet werden können, wodurch der Übergangswiderstand fast vollständig vermieden wird. Fig. 56 gibt die Ansicht eines solchen Rheostaten: zwischen je zwei Metallklötzen liegt der Widerstand von 10 Ohm, so daß man durch passende

Fig. 55.

Wahl der Stöpselstelle 10, 20 usf. bis 100 Ohm mit der mittleren Leiste verbinden kann.

An Stelle der Stöpsel werden auch Meßwiderstände mit Schleifkontakten ausgeführt, die entweder durch Kurbelschaltung oder durch Verschieben längs einer Schiene betätigt werden. Der Vorteil besteht darin, daß der Übergangswiderstand geringer und fast konstant ist, da es sich hier um Dekadenschaltung handelt, ferner bietet die Einrichtung den Vorteil, daß keine losen Teile, die verloren gehen können, zum Apparat gehören. Natürlich müssen die Kontakte zur Vermeidung der Übergangswiderstände sorgfältig ausgeführt werden, dies wird

Fig 56.

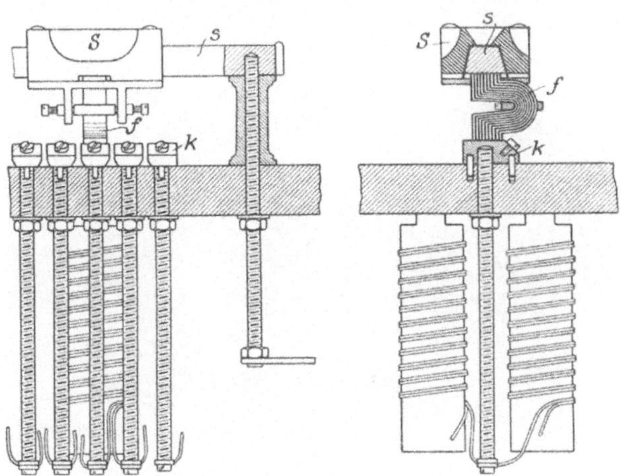

Fig. 57.

durch federnde Metalllamellen bewirkt. Fig. 57 zeigt die Ausführung der Land- und Seekabelwerke, links im Längsschnitt, rechts quer dazu. Die Kontaktfeder f gleitet zwischen der Schiene s, die zur Stromzuführung dient, und jeweils einem der Kontaktklötze k. Die Verschiebung erfolgt mittelst des Isoliergriffs S. Ähnlich sind die Kurbelrheostaten eingerichtet.

Die Kontaktflächen sind stets sauber zu halten, namentlich, wenn die Apparate zu Präzisionsmessungen benutzt werden. Staub und

Fig. 58.

sonstige Verunreinigungen, Oxydation durch Säuredämpfe oder Berührung mit den Fingern können den Übergangswiderstand nicht unerheblich vergrößern. Es sind deshalb die Apparate gut abzudecken, am besten mit Holzdeckel zu versehen (wie in Fig. 55). Die Weston-Gesellschaft versieht die Schieber oder Kurbeln mit Schutzhauben, welche die Kontakte vollständig abdecken. Dadurch ist ein Abschluß auch während der Benutzung bewirkt. Fig. 58 veranschaulicht einen derartigen Kurbel-Dekadenwiderstand: die, je nach Kurbelstellung, durch das Schauloch sichtbaren Ziffern sind mit den auf der Haube vermerkten Ohmwerten zu multiplizieren.

Was das Widerstandsmaterial angeht, so wird dazu ausschließlich Manganindraht benutzt, da dieses Material einen von der Temperatur fast unabhängigen Widerstand besitzt. Der Temperaturkoeffizient, d. h. die relative Widerstandszunahme, beträgt $+ 0{,}00003$ pro Grad Erwärmung. Allerdings ändert sich bei frisch angefertigtem und aufgespultem Draht anfangs aus anderen Gründen der Widerstand merklich, so daß gut abgelagertes und „künstlich gealtertes" Material genommen werden muß. Außerdem wird bei feinen Apparaten die Abgleichung der Widerstände erst längere Zeit nach der Wicklung vorgenommen, wodurch möglichste Konstanz verbürgt wird. Wir haben hier ein Analogon zu den künstlich gealterten Magneten der Drehspulinstrumente. Die Genauigkeit in der Eichung bei Präzisionsrheostaten ist derart, daß der Fehler unterhalb $0{,}02^0/_0$ des Sollwertes liegt. Nach endgültiger Fertigstellung werden die Spulen gut getrocknet und lackiert.

Gute Rheostaten sollen sich in gleicher Weise zu Gleich- wie auch zu Wechselstrommessungen eignen. Bei Wechselstrom tritt in erster Linie der Einfluß der Selbstinduktion (s. S. 141) störend auf. Man tritt dem durch Bifilar-Wicklung in wirksamer Weise entgegen: der Widerstandsdraht wird in der Mitte umgeknickt und als Doppeldraht aufgespult, so daß zwei Drähte unmittelbar nebeneinander liegen, in denen sich die Stromänderungen von gleicher Art, aber im umgekehrten Sinne abspielen, so daß die Wirkung der Selbstinduktion aufgehoben wird (vgl. Fig. 53 b und 57). Diese einfache Bifilarwicklung hat indessen den Nachteil, daß zwischen Anfang und Ende der Spulenwicklung, da sie unmittelbar nebeneinander liegen, je nach der Größe des Widerstandes, unter Umständen erhebliche Potentialdifferenzen auftreten. Dadurch kann sich die Kapazität des Leiters, die z. B. bei Rollen von 5000 Ohm etwa 0,003 Mikrofarad ausmacht, störend bemerkbar machen, indem bei Arbeiten mit Wechselstrom die durch die Stromimpulse bedingten Ladungs- und Entladungserscheinungen den eigentlichen Meßstrom beeinflussen. Man wendet deshalb Wicklungen an, bei denen der Einfluß der Kapazität ebenfalls auf ein Minimum reduziert ist. Nach Chaperon läßt sich die Kapazität im obengenannten Beispiel von 0,003 M.F. auf etwa 0,000015 M.F. bringen, indem man in folgender Weise verfährt.

Es stelle in Fig. 59 a den einfachen Bifilardraht dar, an dessen Enden die Spannungsdifferenz e herrscht; in b ist die Bifilarwicklung verdoppelt, in c vervierfacht, und man erkennt, daß im umgekehrten Verhältnisse die Spannungsdifferenz zwischen zwei benachbarten Leitern

abnimmt: $\dfrac{e}{2}$, $\dfrac{e}{4}$ usf., je öfter man die Vervielfältigung ausführt. Je geringer die Spannungsdifferenz, um so geringer die Ladungserscheinungen. Die Wicklung wird allerdings dadurch etwas kompliziert und es ist eine gewisse Kunstfertigkeit nötig, dieselbe aufzuwinden. Wo genügend Platz vorhanden ist, z. B. bei Vorschaltwiderständen der Voltmeter, die etwa hinter der Schalttafel montiert sind, wird die Wicklung auf einem rechteckigen Rahmen (vgl. Fig. 64) angebracht.

Neuerdings bringt die Firma Ruhstrat in Göttingen für Schieberwiderstände (S. 65) die Kreuzdraht-Wicklung auf den Markt, der eine sehr gute Idee zugrunde liegt und die das Ziel der induktions- und kapazitätsfreien Wicklung fast vollkommen erreicht. Nach Fig. 60 besteht die Wicklung aus zwei parallel geschalteten Spulen aus genau gleichen Widerstandsdrähten, deren einzelne Windungen kreuzweise

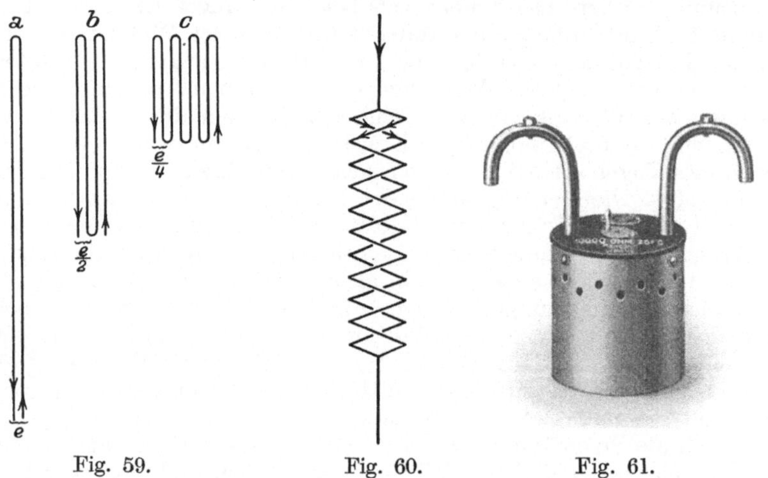

Fig. 59.   Fig. 60.   Fig. 61.

über- oder untereinander weggeführt sind, so daß zwischen den benachbarten Windungen entgegengesetzte Ströme fließen und die Spannungsdifferenz überall minimal ist.

Außer der rein äußerlich sorgfältigen Behandlung der Meßwiderstände, zumal der Präzisionsapparate, müssen dieselben vor Überbelastung sorgfältig bewahrt werden. Die angelegte Spannung soll 100 Volt im allgemeinen nicht übersteigen, während die Belastung bei den kleinen Widerständen von 0,1—10 Ohm etwa 0,5—0,2 Ampere betragen darf, bei 100 Ohm etwa 0,05, bei 1000 Ohm 0,02, bis 10 000 Ohm 0,005 Ampere usf. Bei dauernder Vollbelastung steigt die Temperatur um etwa 15⁰.

Besonders wichtig zu Meßzwecken sind die Normal-Widerstände. Es sind dies unveränderliche, auf einen bestimmten Wert abgeglichene Widerstände, die in normaler Ausführung in den Größen von 10 000 bis 0,0001 Ohm ausgeführt werden, für Belastungen von 0,001—300 Ampere, die aber auch für besondere Zwecke (vgl. Kompensationsapparat S. 47) für Ströme bis zu 3000 Ampere angefertigt werden. Wegen der bei hohen

Belastungen auftretenden starken Wärmeentwicklung werden diese Widerstände zwecks schnellerer Abführung der Wärme in Petroleumbäder eingesenkt, die mit Rührvorrichtung versehen sind, ev. auch Kühlschlangen besitzen. Fig. 61 stellt das Äußere eines Normalwiderstandes dar. Die Stromzuführung geschieht hier zur Vermeidung des Übergangswiderstandes durch Quecksilbernäpfe, in die man die Bügel hineintaucht. Wie dies geschieht, veranschaulicht die Einrichtung des oben erwähnten Petroleumbades in Fig. 62.

Die Stromleitung durch Quecksilbernäpfe ist nicht angenehm, indem immer die Gefahr besteht, daß abfallende Quecksilbertröpfchen in Apparatteile hinein gelangen und diese durch Amalgambildung angreifen und zerstören. Man vermeidet sie gern und benutzt da, wo es nicht besonders geboten erscheint, kräftige Klemmschrauben, deren Kontaktflächen natürlich metallisch blank gehalten werden müssen.

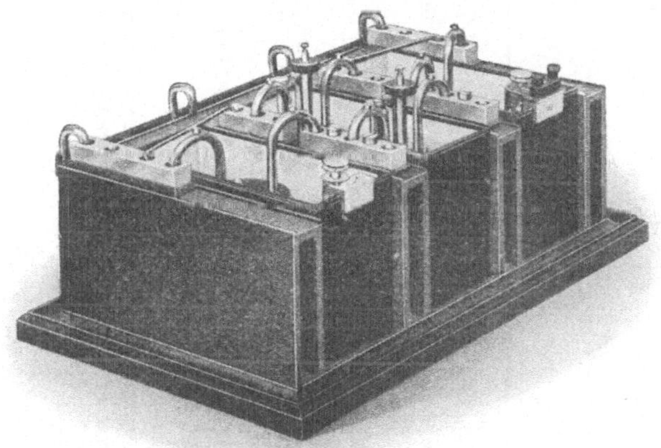

Fig. 62.

Außer zu Meßzwecken werden Widerstände immer da benutzt, wo es gilt, den Strom zu schwächen, seine Stärke unterhalb einer gewissen Grenze zu halten (Ballastwiderstand) oder ihn zu regulieren (Regulierwiderstand). Hier genügt für die meisten Zwecke die angenäherte Kenntnis der Widerstandsgröße, daneben ist es noch erforderlich, die höchst zulässige Stromstärke für Dauer- oder vorübergehende Belastung einzuhalten. Diese richtet sich nach dem Bau des Widerstandes und vor allem nach Material und Stärke des zur Verwendung gelangenden Drahtes. Meist sind die Widerstände mit einem entsprechenden Vermerk versehen; ist dies nicht der Fall, so muß die Belastungsgrenze durch den Versuch oder durch Schätzung ermittelt werden. Die hier in Frage stehenden Widerstände sind nicht spulenförmig in mehreren Lagen aufgesponnen, sondern entweder frei ausgespannt oder auf wärmeabführende Spulenkörper in einfacher Lage aufgewickelt; es ist also eine gewisse Kühlung vorhanden, und diese vorausgesetzt mag zur Beurteilung der Belastung folgende Tabelle dienen.

Tabelle 4.

Maximalbelastung einiger Widerstandsdrähte

Durchmesser mm	0,10	0,15	0,20	0,25	0,30	0,40	0,45	0,50	0,60	0,65	0,70	0,80	0,85	0,90	1	1,5	2	2,5	3
Excelsior I ca. Amp.	0,4	0,8	1,2	1,8	2,3	3,2	3,6	4,2	5,2	5,7	6,2	7,2	7,8	8,4	9,6	13	21	30	37
Excelsior II „	1,5	2	3	5	7	9	10	11	14	16	18	20	21	23	25	40	60	75	100
Rheostatin „	0,9	1,4	2	2,75	3,25	4,5	5	5,5	7	7,5	8,25	9,5	10	11	12,5	23	33	44	55
Constantan „																			
Nickelin „	1	1,5	2,25	2,75	3,4	4,6	5,25	5,8	7,25	8	8,75	10,5	11,4	12,3	14,25	23	35	48	62

Vorstehende Maximalbelastungen sind so bemessen, daß die Widerstände bei normalen Abkühlungsverhältnissen nicht zum Glühen kommen.

	Excelsior I	Constantan	Rheostatin	Nickelin I	Nickelin II	Excelsior II
Spezif. Widerstand: pro 1 m und 1☐ mm	0,86	0,50	0,48	0,44	0,40	0,0583
Temperaturkoeffizient	0,0007	0,000005	0,000011	0,0001	0,00015	0,00138
Spezifisches Gewicht	8,103	9,01	8,99	8,98	8,98	8,95
Maximalbelastung für normale Abkühlungs-verhältnisse p. ☐ mm ca. Amp.	10	13	12	$13^{1}/_{2}$	14	25

Die Daten stammen von der Firma Schniewindt, Neuenrade, welche die angegebenen Drahtsorten anfertigt. Die Angaben sind von der Physikalisch-Technischen Reichsanstalt geprüft.

Vorschalt-, Ballast-, Sicherheits- und andere Widerstände sind gewöhnlich nicht mit einer Reguliervorrichtung versehen; sie besitzen in der Regel zwei Klemmen zum Einschalten des Gesamtwiderstandes, oder paarweise angeordnete Klemmen zum Einschalten von Zwischenstufen; dies veranschaulicht Fig. 63. Der Draht ist spiralförmig gewunden und wird in einzelnen Lagen in einen Rahmen gespannt. Je nach Wahl der Klemmen $K_1 - K_5$ kann man den Gesamtwiderstand oder nur Teile davon einschalten. Diese Einrichtung hat den Nachteil, daß die einzelnen frei hängenden Spiralen sich leicht berühren können, namentlich dann, wenn sie beschädigt wurden oder durch Überlastung ihre Elastizität verloren haben, so daß sie nicht mehr stramm ausgespannt

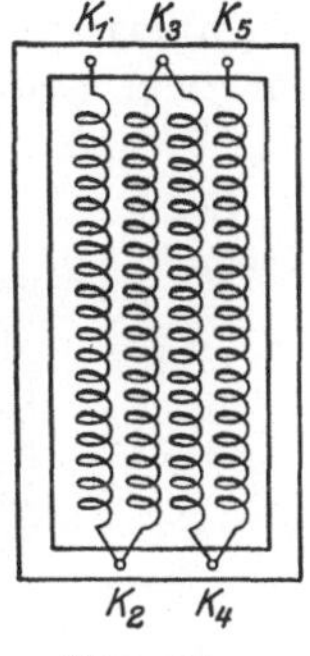

Fig. 63.

sind. Um den Drähten einen sicheren Halt zu geben, werden diese von der Firma Schniewindt mit Asbestschnüren verflochten, so, wie man ein Gewebe herstellt und wie es Fig. 64 erläutert. Derartige Widerstände

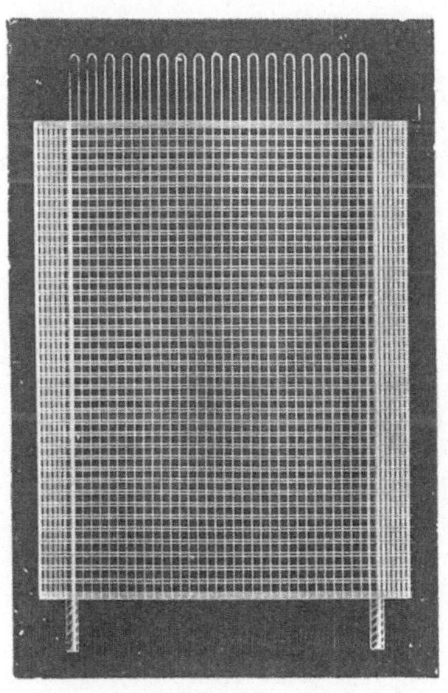

Fig. 64.

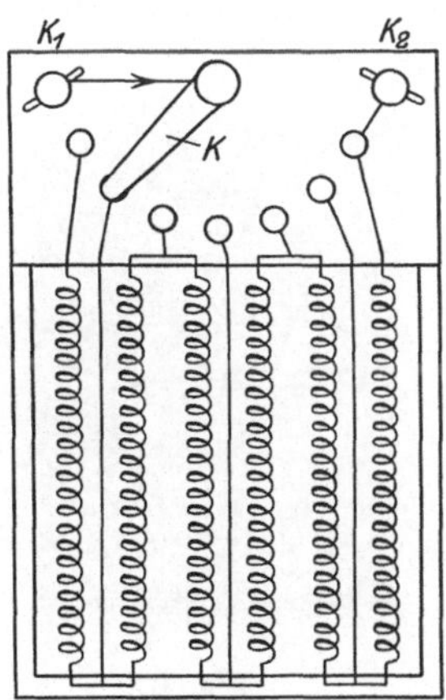

Fig. 65.

bewähren sich ausgezeichnet, sie lassen sich in jeder Größe, auch band- und kordelförmig herstellen, und da sie infolge der Wicklungsart induktions- und nahezu kapazitätsfrei sind, so passen sie sich besonders gut den Bedürfnissen der Wechselstromtechnik an. So eignen sie sich vor allem als Vorschaltwiderstände zu Voltmetern, da man sie wegen der vorzüglichen Lüftung aus dünnem Drahte herstellen kann.

Betrachten wir jetzt die Einrichtung der Widerstände, die zur Regulierung, Spannungsteilung usf. des Stromes dienen. Hier können wir zwei Gruppen unterscheiden: Kurbelrheostaten für Grobregulierung

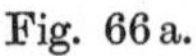
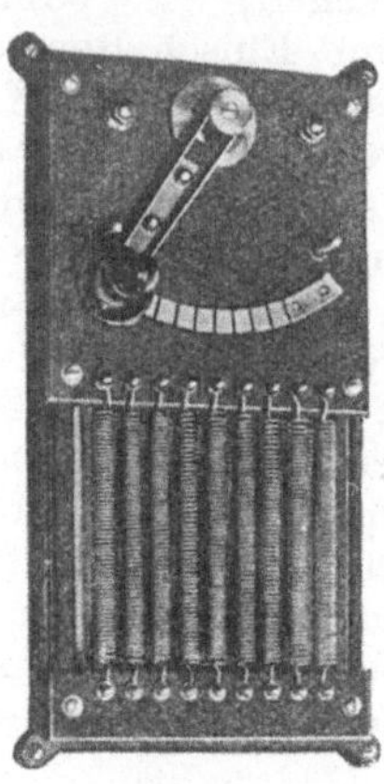

Fig. 66 a.   Fig. 66 b.

und Schieberrheostaten für Feinregulierung. Beginnen wir mit der ersten Art. Die Widerstandsdrähte sind meist in Spiralform in einen eisernen rechteckigen Rahmen gespannt, natürlich unter sich isoliert,

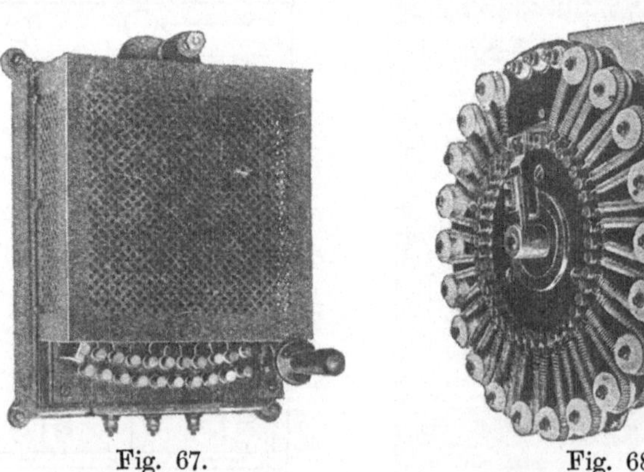

Fig. 67.   Fig. 68.

entweder an Porzellanknöpfen befestigt oder auf quergelagerte Schieferplatten geschraubt. Wie Fig. 65 schematisch veranschaulicht, kann der Widerstand mittelst der Klemmen K_1 und K_2 in den Stromkreis eingeschaltet werden. Tritt er etwa bei K_1 ein, so gelangt er durch die Kurbel K auf einen der im Kreise herum angeordneten Metallklötze, die ihrerseits sämtlich mit den Drahtspiralen verbunden sind. Man erkennt leicht, daß durch Verschieben der Kurbel mehr oder weniger Spiralen eingeschaltet werden können und daß auf dem letzten Knopf der Widerstand kurz geschlossen, d. h. ausgeschaltet ist.

Die Fig. 66—68 geben in der Ansicht den Aufbau derartiger Widerstände. So sehen wir in der ersten Figur einen einfachen Kurbelrheostaten (Ruhstrat), a mit, b ohne Abdeckung. Fig. 67 zeigt eine Bauart der Firma Voigt & Haeffner, Frankfurt a. M., mit übergreifender Kurbel, wodurch das Ganze eine gedrungene Form erhält. Eine eigenartige Anordnung der Widerstandsspiralen finden wir in der nächsten Figur, eine Anordnung, die man besonders bei Schalttafeln antrifft. Die Kurbel befindet sich vor der Tafel, dahinter Spiralen, Kontaktklötze

Fig. 69.

und Kontakthebel. Fig. 69 endlich läßt eine größere Ausführung der Firma Siemens & Halske erkennen. Dieser Widerstand, „Universalregler" genannt, eignet sich besonders zu Laboratoriums- und Versuchszwecken, er ist fahrbar eingerichtet. Oben sehen wir eine vielstufige Kurbelregelung, darunter Feinregulierung mittelst Schiebers. Die Aufschrift: mehr → Strom läßt über den Drehsinn der Kurbel, dem gewünschten Zweck entsprechend, keinen Zweifel.

Bei den zuletzt besprochenen Rheostaten erfolgt die Regulierung sprungweise, von Spirale zu Spirale. Wünscht man einen kontinuierlichen Übergang der Widerstandswerte ohne Stromunterbrechung, so bedient man sich der Schieberwiderstände. Bei diesen ist der Widerstandsdraht auf einen Isolierkörper schraubenförmig aufgewunden, doch so, daß sich die einzelnen Drahtlagen metallisch nicht berühren und daß sie selbst bei der Erwärmung ihre Lage nicht verändern. Ein Kontaktbügel (Fig. 70) gleitet längs einer Führungsschiene über die Spule hinweg. Führt man der Schiene den Strom zu, so gelangt er über diese zu den Windungen, durch diese hindurch zu der mit dem Ende des Drahtes verbundenen Klemme. Man erkennt ohne weiteres, daß durch

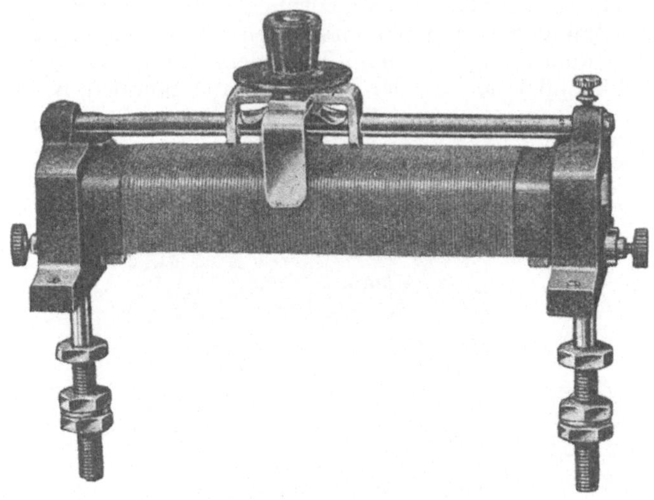

Fig. 70.

Verschieben des Bügels mehr oder weniger Widerstand eingeschaltet werden kann.

Derartige Widerstände eignen sich nicht nur zur Feinregulierung, sondern gestatten auch die weitgehendsten Schaltmöglichkeiten. Be-

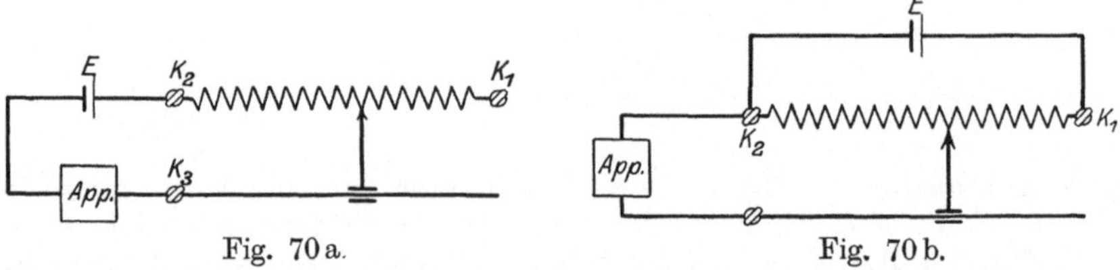

Fig. 70 a.   Fig. 70 b.

trachten wir z. B. den besprochenen Schieberwiderstand (Siemens & Halske) und die darunter befindlichen Schaltskizzen, so sieht man, daß derselbe sich sowohl als Vorschalt- wie auch als Parallel-Widerstand schalten läßt, indem man (a) den Strom der Stromquelle E über den Apparat zur Klemme K_3 leitet, durch den Widerstand über K_2 zur Quelle zurück oder (b), indem man ihn parallel zur Stromquelle schaltet: diese liegt an K_1 und K_2, der Apparat an $K_2 K_3$. Als Parallelwiderstand läßt er sich, je nach Stellung des Schiebers, zur feinstufigen Regelung der Spannung, vom größten bis zum kleinsten Wert benutzen, er spielt hier die Rolle eines **Spannungsteilers**. Als solcher leistet er be-

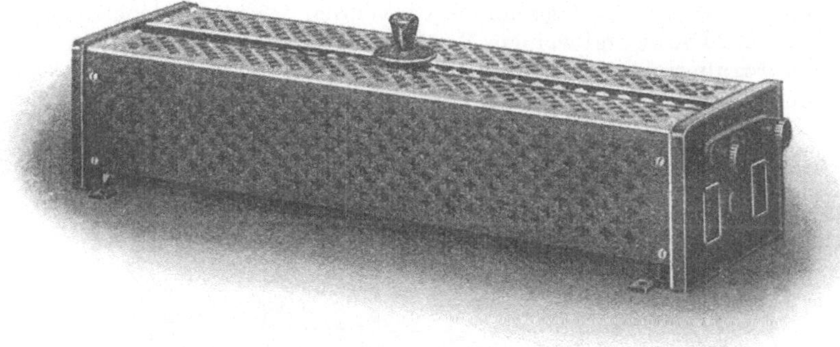

Fig. 71.

sonders gute Dienste dort, wo schwächere Ströme für kurze Zeitdauer nötig sind, also z. B. im Laboratorium oder zu Übungszwecken. Meist steht eine Spannung von 220 Volt zur Verfügung (Anschluß an das städtische Netz), die mittelst eines solchen Spannungsteilers beliebig reduziert werden kann.

Die Schieberwiderstände werden auch mit zwei Widerstandsrollen ausgeführt und mit einer Reihe von Klemmen versehen, die alle möglichen Schaltungsarten gestatten. Die äußere Ansicht ist in Fig. 71 wiedergegeben, die Art und der Zweck der Schaltung geht wiederum aus den angefügten Skizzen hervor:

a) Beide Widerstandselemente sind als Doppelwiderstand geschaltet, der Strom durchläuft, über den Schieber hinweg, die Spulen gleichmäßig, der Widerstand ist dem Apparat vorgeschaltet.

b) Ebenfalls Vorschaltwiderstand, aber die Elemente sind hier

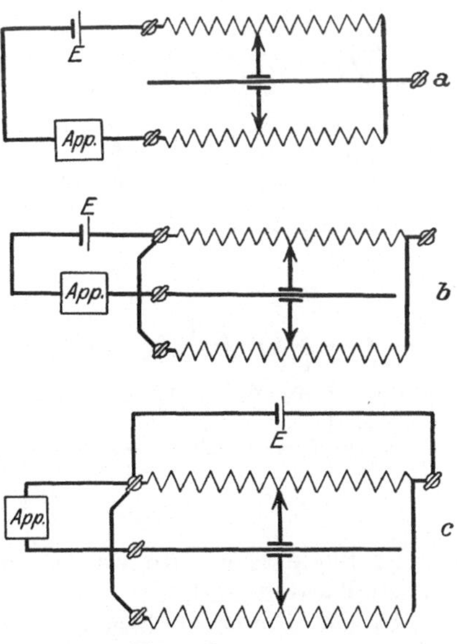

Fig. 71 a—c.

parallel geschaltet: größere Belastung bei kleinerem Widerstand.

c) Parallelschaltung der Elemente an die Klemmen der Stromquelle: Spannungsteilung wie unter b, Fig. 70, jedoch bei gleichem Widerstandsdraht für stärkere Ströme.

5*

Eine Art „Universalwiderstand" veranschaulicht Fig. 72. Hier sind ebenfalls zwei Widerstandselemente eingebaut, von denen aber jedes für sich einen Schieber besitzt. Durch passende Klemmenverbindung kann man die Widerstände einzeln in getrennte Stromkreise einschalten, oder auch zusammen verwenden. Ein Spulenelement ist mit dickerem Draht und weniger Windungen bewickelt, so daß man dieses zur Feinregulierung benutzen kann. Einige Schaltungsmöglichkeiten sind unter a—d dargestellt:

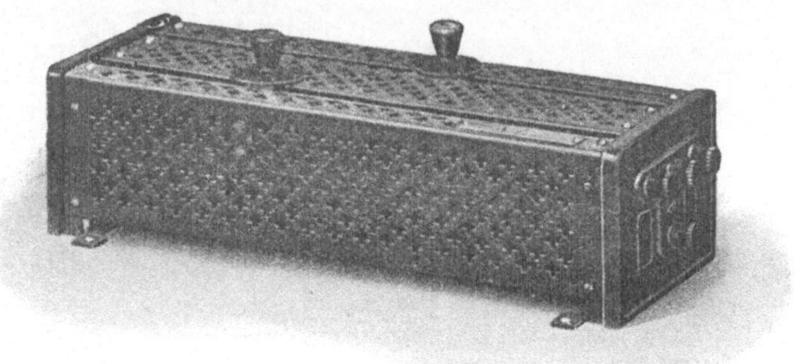

Fig. 72.

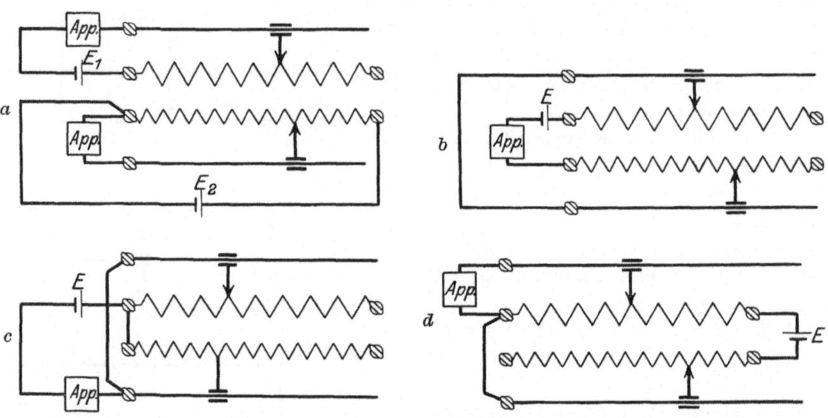

Fig. 72 a—d.

a) Beide Elemente werden getrennt benutzt, das obere dient als Vorschaltwiderstand, das untere als Spannungsteiler.

b) Die Elemente liegen in Reihenschaltung, das obere dient zur Feinregulierung, das untere dünndrähtige zur Grobregulierung.

c) Das gleiche gilt auch hier, nur liegen hier die Widerstandselemente parallel zueinander für größere Belastung.

d) Spannungsteilung sowohl für den Apparat als auch für die Stromquelle. Die Schaltung ermöglicht es, die dem Apparat zugeführte Stromstärke in den engsten Grenzen zu regeln.

In den Figg. 73—75 sind noch einige Typen von Schieberwiderständen der Firma Ruhstrat zur Anschauung gebracht. Fig. 73 zeigt einen auf Schieferplatten gewickelten Kreuzdrahtwiderstand (vgl. Fig. 60). Die nächste Figur gibt die Ansicht eines Widerstandes mit Träger aus Eisenrohr, das mit Feueremaille überzogen ist. Diese Rohrwiderstände besitzen den Vorzug, daß die infolge der Belastung eintretende Erwärmung schnell abgeführt, die maximale Erwärmung daher schnell erreicht wird, so daß baldige Konstanz des Widerstandes eintritt. Die

Fig. 73.

Fig. 74.

Wicklung besteht hier aus Draht einer Speziallegierung, die mit einer dünnen Oxydschicht versehen ist. Diese Schicht genügt vollkommen zur Isolation der einzelnen Windungen gegeneinander, da zwischen diesen geringe Spannungsdifferenz besteht. Ein weiterer Vorzug liegt darin, daß die Isolationsschicht durch Erwärmung nicht zerstört werden kann, ferner gestattet sie beste Raumausnützung. An der Stelle des Gleitkontakts ist die Oxydhaut an der obersten Stelle entfernt. Die Rohrwiderstände können auch, um die Belastungsgrenze höher hinauf zu schieben, mit Wasser gekühlt werden. Die letzte Figur endlich veranschaulicht einen dreiteiligen Widerstand, bei dem die Längsschieber durch Hebelschieber ersetzt sind; sie sind sehr bequem in der Handhabung. Derartige dreiteilige Widerstände kommen haupt-

Fig. 75.

sächlich zur Regelung der drei Phasen von Wechsel-Drehstrom (s. S. 172) in Betracht.

Widerstandsmaterial.

Widerstände, die ihren Wert bei der eintretenden Erwärmung möglichst unverändert beibehalten sollen (kleiner Temperaturkoeffizient!), werden aus Manganindraht verfertigt (Meßwiderstände); sonst werden meist Verbindungen von Nickel und Kupfer usw. benutzt (Tabelle 4), die von den Firmen verschieden benannt sind. Sorgfältig zu vermeiden ist Zinkzusatz, da dadurch bei Erwärmung der Draht in kurzer Zeit brüchig wird. Auch Eisen findet Verwendung und zwar wird bei diesem Material der große Temperaturkoeffizient ($c = 0,006$) mit Vorteil be-

nutzt, um automatische Regulierung auf konstante Stromstärke zu bewirken: steigt die Stromstärke im Widerstand, so wird dieser stärker
erhitzt, dies bedingt aber ein Anwachsen der Widerstandsgröße, die nun
ihrerseits den Strom wieder schwächt. Ein Beispiel bietet der Vorschaltwiderstand in den Nernstlampen (Nernstwiderstand); ferner findet der

Fig. 76.

Eisenwiderstand vielfach
zur Stromregulierung un-
gleichmäßig angetriebener
Dynamomaschinen Ver-
wendung: bei Eisenbahnen,
Automobilen usw.

In der Großtechnik wer-
den für starke Belastungen
auch Widerstände aus Guß-
eisen hergestellt, z. B. für
Anlasser starker Motoren
(elektrische Bahnen). Die
Ansicht eines derartigen
Siemensschen Widerstandes
finden wir in Fig. 76, die einzelnen Windungen werden miteinander
verschraubt und durch feuerfeste Isolierträger festgehalten.

Fig. 77.

Einen weiteren Fortschritt in der Verbesserung von Widerstandsmaterial bedeutete ein von Dr. Egly ausgearbeitetes Verfahren, nach
welchem von Gebrüder Siemens & Co. Widerstandskörper aus Silizium-
karbid hergestellt und unter dem Namen Silit auf den Markt gebracht
werden. Dieses Material besitzt den Vorzug großer Hitzebeständigkeit,
der spezifische Widerstand kann bei der Fabrikation in weiten Grenzen
variiert und dem beabsichtigten Zweck angepaßt werden. Der Raum-
bedarf ist bedeutend geringer als der von Drahtwiderständen, die außer-

dem besonderer Vorkehrungen bedürfen, um einen festen Einbau zu ermöglichen. Fig. 77 gibt die Ansicht eines Silit-Schieberwiderstandes.

Es sei endlich noch auf die Flüssigkeitswiderstände hingewiesen, die in der Wechselstromtechnik Verwendung finden (S. 178), da sie den Vorzug sehr geringer Selbstinduktion besitzen.

Messung von Widerständen.

Die Bestimmung des Widerstandes einer elektrischen Leitung ist eine ebenso wichtige Arbeit, wie die Messung von Stromstärke und Spannung. Das praktische, internationale Maß der Widerstandseinheit ist das Ohm (s. S. 3) und es gibt eine ganze Reihe von Methoden, die Ohmwerte zu ermitteln. Nicht jede Methode eignet sich indessen für den besonderen Fall, ihre Wahl ist vielmehr abhängig von der Größe und der Art des zu messenden Widerstandes. Es seien hier die wichtigsten Methoden besprochen über die Messung von Widerständen mittlerer Größe, ferner sehr großer sowie sehr kleiner Widerstände. Wir behandeln zunächst die Meßmethoden und Apparate, wie sie im Laboratorium gebräuchlich sind; darauf werden wir die Einrichtungen der Technik kennen lernen.

Zur Bestimmung von Widerständen mittlerer Größe ist die beste und verbreitetste Methode die der „Wheat·stoneschen Brücke", deren Prinzip auch dem Aufbau vieler technischer Apparate zugrunde liegt. Betrachten wir zunächst das Schaltungsschema in Fig. 78. Zwischen

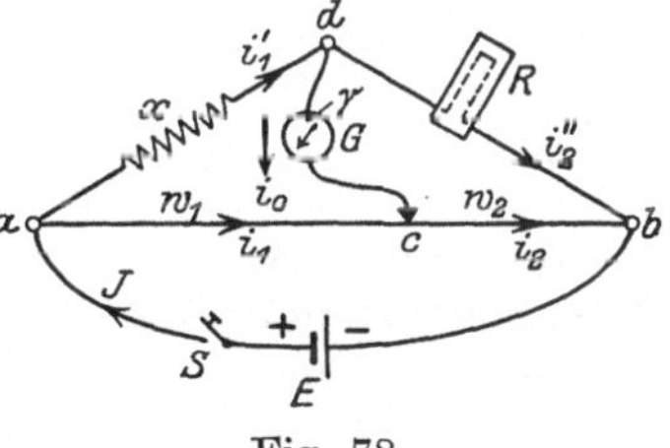

Fig. 78.

den Klemmen a und b ist der „Brückendraht" ausgespannt, ein Draht von möglichst gleichmäßiger Beschaffenheit; dazu eignet sich am besten Platin, der Querschnitt ist unter normalen Verhältnissen etwa 0,5 mm. Das eine Ende des zu messenden Widerstandes x wird mit der Klemme a, das andere bei d mit dem Stöpselrheostaten R (Seite 54) verbunden, der weiter noch an Klemme b angeschlossen ist. An a und b ist ferner die Stromquelle E, meist ein Akkumulator, angelegt. Ein Stromunterbrecher S (Stromschlüssel) gestattet, den Strom nach der Messung auszuschalten, wodurch schädliche und störende Erwärmung der Leiterteile vermieden wird.

Der Brückendraht ist mit einem Gleitkontakt c versehen, der, in steter metallischer Berührung mit dem Draht, längs der Brücke verschoben werden kann. Dieser Schleifkontakt ist mit dem Galvanometer G verbunden, dessen andere Klemme zu der Verbindungsstelle d, zwischen x und R führt.

Bei Stromschluß tritt bei a sowie bei b Stromverzweigung ein, und im allgemeinen wird in allen Leiterteilen, also auch durch den Galvanometerzweig Strom fließen. Wenn aber das Potential bei c das nämliche ist wie bei d, dann wird das Galvanometer Stromlosigkeit anzeigen. Die Potentialwerte aber hängen offenbar ab von dem Verhältnis der vier Widerstände x, R, $\overline{a\,c}$ und $\overline{c\,b}$ und durch passende Wahl derselben, d. h. durch Regulierung von R und Verschiebung des Gleitkontakts läßt sich Potentialgleichheit erreichen. In diesem Falle, also für $i_0 = 0$ besteht die Beziehung

$$\frac{x}{R} = \frac{\overline{a\,c}}{\overline{c\,b}}$$

woraus sich x ohne weiteres berechnet.

Die Richtigkeit dieser Beziehung folgt aus dem II. Kirch-hoffschen Satz: „Die in einem unverzweigten geschlossenen Leitersystem herrschenden elektromotorischen Kräfte (also Stromquellen, wie galvanische Elemente u. a.) sind gleich der Summe der Produkte aus Stromstärke und Widerstand in den einzelnen Leiterteilen." Dabei ist das Vorzeichen, also die Stromrichtung zu berücksichtigen. Nach Fig. 78 ist: für den Stromkreis a d c

$$i_1'x + i_0\,\gamma - i_1\,w_1 = 0$$

desgleichen für d b c

$$i_2''\,R - i_0\,\gamma - i_2\,w_2 = 0$$

und für $i_0 = 0$ wird $i_1' = i_2''$, $i_1 = i_2$, daher

$$\frac{x}{R} = \frac{w_1}{w_2}.$$

γ ist der Widerstand des Galvanometers.

Zur Beurteilung der Genauigkeit der Meßresultate sind folgende Gesichtspunkte maßgebend: Zunächst ist ersichtlich, daß die Empfindlichkeit in dem Maße zunimmt, als die an a und b angelegte Spannung wächst. Beträgt diese z. B. 2 Volt, so würde die Verschiebung am Schleifkontakt c von etwa 10 mm am Galvanometer einen bestimmten Ausschlag hervorrufen, falls man vorher auf $i_0 = 0$ einreguliert hatte. Den gleichen Ausschlag würde man aber auch erhalten, wenn die Spannung 10 mal größer wäre und die Verschiebung um 1 mm vorgenommen würde, da in diesem Falle der Strecke von 1 mm auf dem Brückendraht das gleiche Potentialgefälle entspricht, wie im ersteren derjenigen von 10 mm. Daraus würde sich die Forderung ergeben, möglichst hohe Spannungen an die Brückenklemmen zu legen. Es ist indessen zu beachten, daß höhere Spannung einen stärkeren Strom bedingt, wenn nicht der Widerstand des Schließungskreises ebenfalls wächst. Daraus folgt, daß man höhere Spannungen nur benutzen darf, wenn der zu messende Widerstand selbst groß ist, so daß der in ihm und vor allem auch in dem Rheostaten fließende Strom etwa 0,005 Ampere nicht übersteigt. Ebenso muß der Widerstand des Brückendrahtes genügend hoch sein, um zu starker Erwärmung vorzubeugen. Eine einfache Rechnung nach dem Ohmschen Gesetz gibt uns ohne Schwierigkeit Aufschluß über die zu treffende Anordnung.

So kann man mit der Wheatstoneschen Brücke Widerstände von beträchtlicher Höhe messen, auch liefert die Methode gute Resultate beim Messen von Widerständen mittlerer Größe und solcher von kleinerem Betrage. Mit der Empfindlichkeit des Galvanometers nimmt naturgemäß die Empfindlichkeit der Brückenmessung zu; am besten eignen sich Instrumente mit großer Spannungsempfindlichkeit (s. S. 11), da ja der Ausschlag von der Potentialdifferenz zwischen c und d abhängt.

Aus leicht ersichtlichen Gründen, z. B. wegen des Eigenwiderstandes der Zuleitungen, der Übergangswiderstände an den Klemmen usw. versagt die Brückenmethode zur Bestimmung kleiner Widerstände von etwa $^1/_{10}$ Ohm und darunter. Solche Messungen kommen vor bei der Prüfung von Kabel, dicken Stäben usw.; hier sind besondere Methoden erforderlich, die wir später besprechen.

Viele Firmen bauen Widerstandsmeßapparate, die Brückendraht, Galvanometer und Rheostaten in einem Instrument vereinigen. So veranschaulicht Fig. 79 einen kompletten Hartmann & Braunschen Apparat. Aus dem schon angeführten Grunde, nämlich um den Widerstand des Brückendrahtes zu erhöhen, ohne den Durchmesser zu sehr zu

Fig. 79.

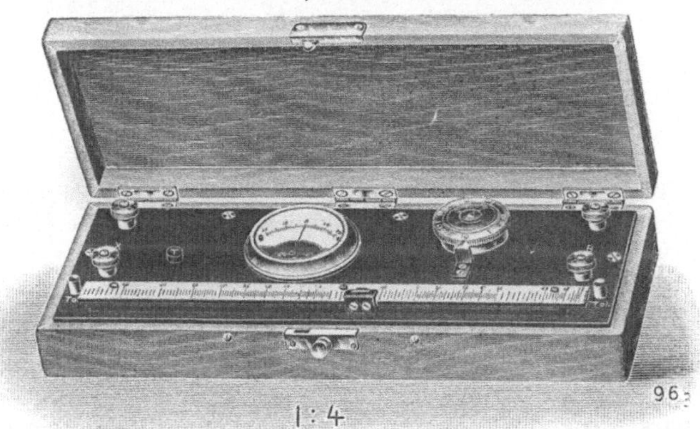

Fig. 80.

beschränken, ist der Draht sehr lang gewählt und, um ihn im kleinen Raum unterzubringen, in 10 Windungen schraubenförmig auf eine Walze aufgewunden. Die Walze, aus Marmor, besitzt seitlich eine 100 teilige Trommelteilung mit Index. Der Gleitkontakt ist durch das unten sichtbare Röllchen vertreten, das längs einer Skala läuft und so die Zahl der Windungen kennzeichnet. Man erkennt, daß die Ablesungen am Index mit dieser Zahl zu multiplizieren sind, um die Kontaktstelle zu erhalten. Der Apparat enthält im übrigen noch Stöpselwiderstände von 1, 10, 100, 1000 und 10000 Ohm.

Bei anderen Apparaten ist der Brückendraht über die Peripherie einer großen Schieferplatte (oder Serpentinscheibe usw.) gespannt (vgl. auch Fig. 82), während der Gleitkontakt auf einem um den Mittelpunkt drehbaren Hebel sitzt.

Eine sehr handliche Meßbrücke der eben genannten Firma veranschaulicht Fig. 80. Die Teilung unter dem gerade ausgespannten Brückendraht gibt das bereits ausgerechnete Verhältnis $\frac{a}{b}$ an. Mit dieser Brücke lassen sich Widerstände in den Grenzen 0,1—20000 Ohm messen. An die mit x bezeichneten Klemmen legt man den unbekannten

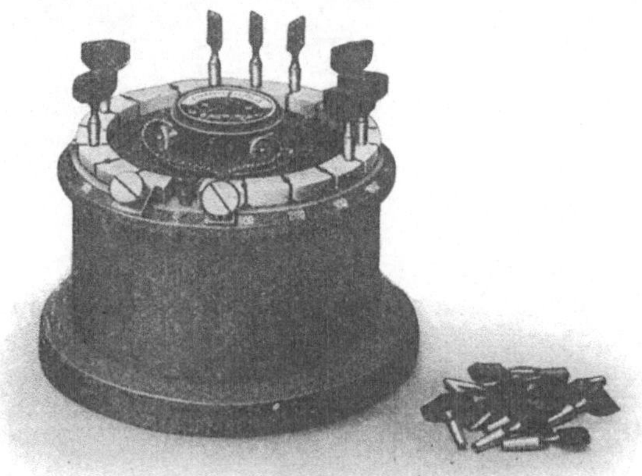

Fig. 81.

Widerstand, an B die Batterie. Alles übrige, Drehspulgalvanoskop Kurbelrheostat (rechts vom Galvanometer) usw. ist im Instrumentenkasten eingebaut.

Eine abweichende Bauart veranschaulicht Fig. 81. Bei dieser Ausführung (Siemens & Halske) ist der Brückendraht durch im Kreise herum angeordnete Stöpselwiderstände ersetzt, die den Betrag von 500 Ohm erreichen; man hat also den Vorzug eines hohen Brückenwiderstandes.

Apparate wie die zuletzt besprochenen, die alle wesentlichen Teile der Brücke in sich vereinigen, eignen sich ausgezeichnet für den praktischen Betrieb, sei es im Laboratorium, sei es bei technischen Arbeiten. Im letzteren Falle finden sie vielfach Anwendung bei Prüfung defekter Leitungen, besonders von Kabelleitungen, man nennt sie deshalb auch Instrumente zur Fehlerortsbestimmung. Fig. 82 stellt einen solchen Siemensschen Fehlerortsprüfer dar: man erkennt den Brückendraht mit Teilung $\left(\dfrac{a}{b}\right)$ am Umfange einer Serpentinscheibe. Seitlich ist das

Galvanometer sichtbar, vorn sieht man die Anschlußklemmen und die Kurbeln der Rheostaten; die Mitte enthält das Schaltungsschema.

Die Fehlerortsmessung, d. h. die Ermittlung der Stelle etwa eines Kabelkurzschlusses wird in der Weise vorgenommen, daß man zunächst den Widerstand einer bekannten Länge des Kabels oder einer Kabelader ermittelt. Ist z. B. bei einem doppeladerigen Kabel an irgendeiner Stelle Kurzschluß eingetreten, so hat man, nach Abschaltung der Be-

Fig. 82.

triebsspannung und etwa eingeschalteter Maschinen u. dgl. den Widerstand an einer Stelle zwischen den beiden Adern zu messen und kann daraus auf Grund der Kenntnis des Widerstandes pro Längeneinheit die Entfernung bis zur Kurzschlußstelle berechnen. Ähnlich verfährt man bei Erdschluß oder in solchen Fällen, bei denen die Kabelader mit dem Panzer des Kabels Schluß hat. Das angegebene Instrument gestattet den Fehlerort bei einem 50 m langen Kabel von 100 qmm Querschnitt bis auf ± 1,0 m festzulegen.

Durch passende Verbindung der einzelnen Teile derartiger auf dem Wheatstoneschen Brückenprinzip beruhenden Apparate ist es möglich,

sowohl Strom-, als auch Spannungs- und Widerstandsmessung vorzunehmen. Ein solches „Universalinstrument" (auch wohl Universal-
galvanometer genannt), wie es die Firma Siemens baut, führt uns die
Fig. 83 vor Augen. Als Galvanometer dient ein Präzisions-Milli-Volt-
Amperemeter von 1 Ohm Widerstand (s. a. S. 53). Der Brückendraht
ist kreisförmig ausgespannt. Unterhalb der Skala sind die Schaltungs-

Fig. 83.

schemata übersichtlich zusammengestellt. Stromstärken und Spannungen von 0—0,15 Ampere resp. 0—0,15 Volt lassen sich messen, indem
man die Verbindung an den hierzu bezeichneten Klemmen vornimmt.

Fig. 83 a.   Fig. 83 b.

Durch geeignete Nebenschluß- sowie Vorschalt-Widerstände, die teils in.
Instrument eingebaut sind, teils separat mitgeliefert werden, Fig. 83 a u. b,
kann der Meßbereich bis 1500 Ampere resp. 600 Volt erweitert werden. Will
man Widerstände messen, so werden die aus dem betreffenden Schaltungsschema ersichtlichen Verbindungen vorgenommen, worauf man die Messung nach der Brückenmethode ausführt. Auch Fehlerortsbestimmung
und Isolationsmessung (s. S. 81) kann man mit diesem Instrument
ausführen.

Widerstand von Elektrolyten.

Wir haben bisher nur solche Fälle behandelt, bei denen der Leiter beim Stromdurchgang keine chemischen Veränderungen erfährt; das letztere ist aber stets bei den Elektrolyten der Fall (vgl. auch S. 200), es bilden sich Zersetzungsprodukte und es findet Polarisation statt, d. h. die zwecks Stromzuführung in den Elektrolyten eingetauchten oder mit ihm verbundenen Elektroden (Platinbleche) werden zum Sitz einer elektromotorischen Kraft, die der angelegten Spannung entgegenwirkt und den Strom aufzuheben sucht. Bei Benutzung der Wheatstoneschen Brücke kann daher im Galvanometerstromkreis Stromlosigkeit herrschen, wenn auch die Bedingungen, wie sie die Brückenschaltung fordert, nicht erfüllt sind, die Messung wird also illusorisch. Man hilft sich, indem man als Stromquelle Wechselstrom nimmt, der infolge der hin- und hergehenden Stromimpulse das Auftreten der Polari-

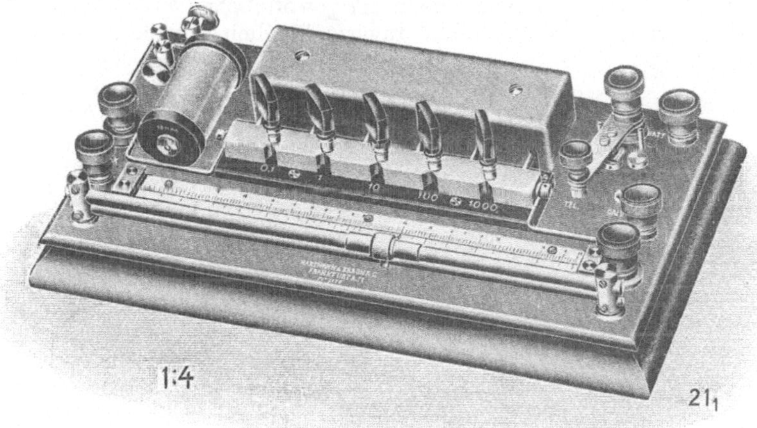

Fig. 84.

sation verhindert. Freilich kann man dabei kein Galvanometer benutzen, da diese Instrumente aus naheliegenden Gründen auf Wechselstrom nicht reagieren. Meist schaltet man hier an Stelle des Galvanometers ein Telephon: die rasch aufeinander folgenden Stromimpulse regen die Telephonmembran an und man vernimmt ein summendes Geräusch, das in ein Tonminimum übergeht, wenn die der Nullstellung des Galvanometers entsprechende Stellung des Schleifkontaktes erreicht ist. Selten verschwindet der Ton vollständig. Es liegt dies daran, daß völlige Stromlosigkeit im Mittelleiter nur dann eintritt, wenn nicht allein das Widerstandsverhältnis, sondern auch das Kapazitäts- sowie auch das Selbstinduktionsverhältnis der einzelnen Leiterteile gleichzeitig die Bedingungen des Brückengesetzes erfüllen.

Fig. 84 veranschaulicht die Kohlrauschsche Universalmeßbrücke von Hartmann & Braun. Der Schleifdraht, im Verhältnis $\frac{a}{b}$ geteilt, ist vorne sichtbar, dann folgen die Stöpselwiderstände. Links erblickt man den Induktionsapparat, der den Wechselstrom liefert, rechts den Schalter, der es gestattet, durch Umlegen entweder die Brücke für Gleichstrom, also für metallische Leiter, oder für Wechselstrom, also für Elektrolyten zu benutzen.

Ebensowenig wie man Leiter der letzteren Gruppe mit Gleichstrom messen kann, können die der ersteren mit Wechselstrom gemessen werden, da in diesem Falle der durch die Selbstinduktion der Leiter bedingte „scheinbare Widerstand" (s. S. 144) den wirklichen „Ohmschen" Widerstand überlagert, so daß dieser unter Umständen sogar gegen den ersteren verschwindet (Drosselspule, S. 144).

Kleine Widerstände.

In den Fällen, bei denen die in der gewöhnlichen Wheatstoneschen Brückenschaltung auftretenden unvermeidlichen Übergangswiderstände (Einklemmstellen) gegenüber dem zu messenden ins Gewicht fallen, muß die Brückenmethode dahin erweitert werden, daß der Einfluß dieser Widerstände sowie auch der der Zuleitungen verschwindet. Am besten wird dies bei der Thomsonschen Doppelbrücke erreicht, deren Anordnung aus Fig. 85 hervorgeht. Die hier in Frage stehenden Widerstände besitzen meist Stabform, z. B. Lichtkohle, genau gearbeitete

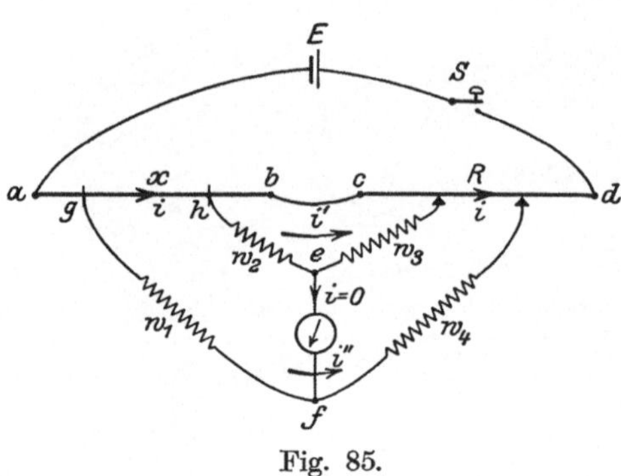

Fig. 85.

Metallstäbe zur Bestimmung des spezifischen Widerstandes, dicke Kabel u. dgl. Sie werden an den Stellen g und h eingeklemmt, so daß die Länge zwischen den schneidenförmigen Klemmstellen genau bekannt ist. Der Widerstand dieses Stückes sei x. Der Brückendraht c—d ist auf einer 100teiligen Skala ausgespannt, der Draht selbst genau kalibriert oder so gearbeitet, daß seine Länge dem Widerstand proportional ist. Auf dem Draht schleifen zwei Kontakte; der von diesen eingeschlossene Widerstand R ergibt sich aus der Kenntnis des Gesamtwiderstandes zwischen c und d. w_1 bis w_4 sind Rheostatenwiderstände, und zwar ist für die Messung $w_1 = w_2$, $w_3 = w_4$ zu machen. Das Verhältnis von $\dfrac{w_1}{w_3}$ sei $\dfrac{1}{10}$, $\dfrac{1}{100}$ oder $\dfrac{1}{1000}$, je nach der Größe des zu prüfenden Widerstandes.

Es ist

$$\frac{x}{R} = \frac{w_1}{w_4}, \quad x = R\,\frac{w_1}{w_4}.$$

Der Beweis folgt aus dem II. Kirchhoffschen Satz (s. a. S. 72), denn es ist

$$x\,i + w_2\,i' - w_1\,i'' = 0$$
$$R\,i + w_3\,i' - w_4\,i'' = 0$$

oder

$$\frac{x}{w_1} \cdot \frac{i}{i''} + \frac{w_2}{w_1}\,\frac{i'}{i''} = 1$$

und

$$\frac{R}{w_4}\,\frac{i}{i''} + \frac{w_3}{w_4}\,\frac{i'}{i''} = 1$$

und da

$$\frac{w_2}{w_1} = \frac{w_3}{w_4}$$

so ist

$$\frac{x}{w_1} = \frac{R}{w_4}$$

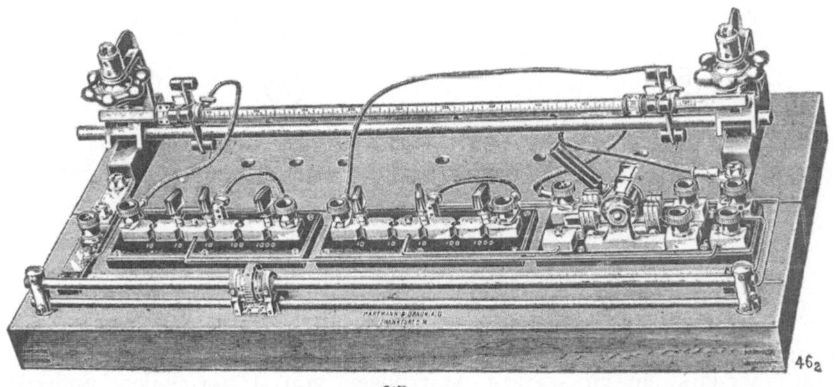

Fig. 86.

Während bei der gewöhnlichen Brückenschaltung der Übergangswiderstand der Einklemmstellen die Messung beeinflußt, kann er bei der Doppelbrücke nur die verhältnismäßig hohen Zweigwiderstände w_1 bis w_4 vergrößern; dieser Zuwachs verschwindet praktisch völlig in dem Verhältnis $\dfrac{w_1}{w_4}$.

Die in Fig. 86 abgebildete Doppelbrücke von Hartmann & Braun gestattet Widerstände im Betrage von 0,000001 Ohm zu messen. Die Brücke ist so eingerichtet, daß Rheostaten, Klemmvorrichtung, Schalter usw. zu einem einzigen Apparat vereinigt sind. Ein Schaltungsschema, das wie üblich dem Apparat beigegeben ist, erleichtert die Vornahme der erforderlichen Verbindungen. Als Galvanometer eignet sich am besten ein Drehspulinstrument von geringem Widerstand (etwa das auf S. 28 beschriebene).

Indirekte Methode zur Widerstandsbestimmung.

Diese Methode beruht auf der Anwendung des Ohmschen Gesetzes. Danach ist der zu bestimmende Widerstand

$$W = \frac{e}{J} \quad \text{(Fig. 87)}.$$

Man mißt also die Stromstärke J und die Spannungsdifferenz e (nicht E!) zwischen den Enden des Widerstandes W. Die Messung wird natürlich um so genauer, je größer die Empfindlichkeit der Instrumente ist; am besten eignen sich zu dem vorliegenden Zweck Präzisions-Volt- resp. Amperemeter (s. S. 37ff). Das Voltmeter muß aber einen hohen Widerstand besitzen, damit der durch das Instrument fließende Strom i gegen den Hauptstrom J verschwindet. Im andern Falle muß entsprechend korrigiert werden.

Die zulässige Stärke des Stromes J richtet sich nach der Beschaffenheit von W. Keinesfalls darf die Stromstärke so hoch sein, daß der Leiter erhitzt wird. Sehr empfehlenswert ist es, einen Regulierwider-

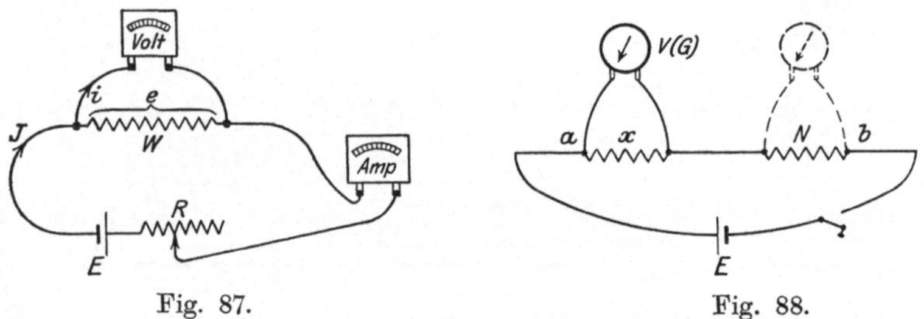

<table>
<tr><td>Fig. 87.</td><td>Fig. 88.</td></tr>
</table>

stand R, etwa ein Schieberrheostat einzuschalten. Dadurch läßt sich einerseits ein zu starkes Anwachsen von J vermeiden, andererseits kann man die Stromstärke auf 0,1, 1, 10 usf. Ampere einregulieren, so daß das Voltmeter zahlenmäßig direkt den Widerstandswert angibt.

Hat man kein geeignetes Amperemeter zur Hand, so kann man auch, falls man über einen Normalwiderstand für hinreichende Belastung verfügt, mit einem Präzisions-Voltmeter allein auskommen. Fig. 88 erläutert dies. Man schaltet den Widerstand x in Reihe mit dem Normalwiderstand N. Die Spannung zwischen a und b sei so, daß keine zu starke Erwärmung von x und N eintritt, im übrigen aber ist sie möglichst hoch zu halten. Legt man das Voltmeter einmal an x und liest die Spannung E_x ab, darauf an N und notiert E_n, so hat man offenbar

$$\frac{x}{N} = \frac{E_x}{E_n}, \quad x = \frac{E_x}{E_n} \cdot N$$

Man erkennt übrigens, daß es nicht nötig ist, wirklich die Voltwerte einzusetzen, es genügen die Skalenteile. Ebenso erhellt, daß man das Voltmeter durch ein Galvanometer ersetzen kann, was sich wegen der erhöhten Empfindlichkeit bei der Messung kleiner Widerstände empfiehlt. Sehr zweckmäßig ist die Benutzung eines Differentialgalvanometers (S. 20). Die beiden Spulen des Instrumentes werden an Stelle des Voltmeters gleichzeitig an x und N, Fig. 88 geschaltet, doch so, daß der Strom an den einander zugekehrten Spulenenden gleiche Pole erzeugt, also auf den Magneten keine ablenkende Kraft ausübt. Die Nullstellung prüft man vorher in der aus der Skizze in Fig. 89 ersichtlichen Weise, indem man die Spulen symmetrisch schaltet und den von E gelieferten Strom durch den Widerstand W auf das der Empfindlichkeit des Instrumentes entsprechende Maß einreguliert. Etwa eintretende geringe Ausschläge bringt man leicht durch Annähern oder Entfernen einer Spule auf die Nadel zu oder von ihr ab zum Verschwinden. Nach der Justierung des Instrumentes schaltet man wie oben angegegeben und reguliert mittelst eines Stöpsel- oder Kurbelrheostaten, der die Stelle des Normalwiderstandes N vertritt, auf die Nullstellung ein. Dann ist offenbar

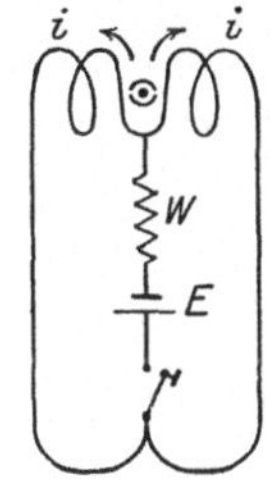

Fig. 89.

$$x = R.$$

Ohmmeter, Isolationsprüfer.

Diese Instrumente beruhen auf dem Prinzip der indirekten Methode und gestatten es, die Widerstandswerte ohne weiteres an der Skala abzulesen. Sie sind nach dem Drehspulsystem konstruiert und werden entweder mit dem zu messenden Widerstand in Serie oder parallel zu ihm geschaltet (Fig. 90 a und b). Unter der Voraussetzung einer bestimmten Spannung E, über deren Größe entsprechende Bezeichnungen

Fig. 90 a.   Fig. 90 b.

am Instrument Aufschluß geben, und die zwischen Widerstand und Instrument (a) oder zwischen Widerstand und dem parallel geschalteten Instrument (b) angelegt wird, erfolgt ein bestimmter Ausschlag des Zeigers, der Größe des Widerstandes x entsprechend. Die Teilung ist in Ohm resp. Kiloohm, Mikroohm usw. vorgenommen. Ein derartiges Siemenssches Instrument für Laboratorium und Werkstatt veranschaulicht die Fig. 90 c.

Wie man sieht, sind die Angaben der Instrumente der beschriebenen Art nur dann genau, wenn die vorgeschriebene Spannung E angelegt wird. Man kann sich aber innerhalb der für das Instrument vorgeschriebenen und dem Meßbereich entsprechenden Grenze von einer bestimmten Spannung unabhängig machen, wenn das Drehspulsystem mit gekreuzten Spulen ausgerüstet wird. Fig. 91 erläutert das Prinzip: wir betrachten die beiden zu dem beweglichen System vereinigten

Fig. 90 c.

rechteckigen Spulen (in der Zeichnung von oben als Linien gesehen) s_1 und s_2; sie sind hintereinander geschaltet, so daß der Strom i beide

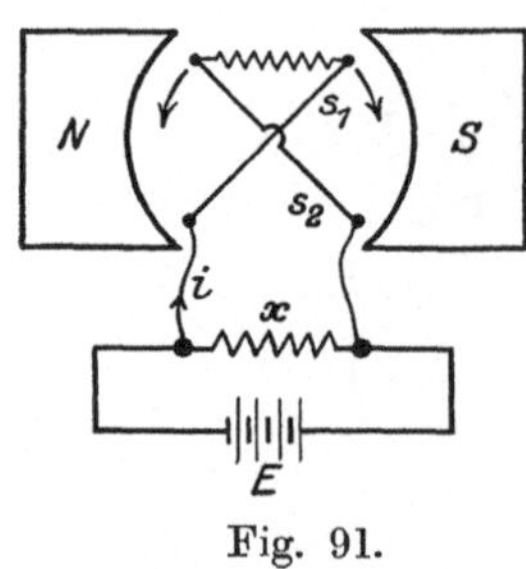

Fig. 91.

durchfließt, doch so, daß etwa s_1 ein Drehmoment rechts herum, s_2 das entgegengesetzte erfährt. Außer vom Strom i hängt aber die ablenkende Kraft noch von der Zahl der Windungen ab. Ist diese bei s_2 doppelt so groß wie bei s_1, so wird s_2 mit der doppelten Kraft abgelenkt wie s_1, d. h. die resultierende Kraft wird immer gleich der Differenz der Einzelantriebe sein. Man sieht leicht ein, daß die Differenz unabhängig ist von dem Strome i, also der an x anliegenden Spannung, denn, bezeichnen wir die Antriebskraft mit a_1 resp. a_2, die Windungszahl mit n_1, n_2, so ist offenbar

$$\frac{a_1}{a_2} = \frac{i\,n_1}{i\,n_2} = \frac{n_1}{n_2}, \text{ also}$$

$$a_1 - a_2 = \frac{n_1}{n_2}\,a_2 - a_2$$

d. h. der Strom i verschwindet in der Differenz.

Isolationsprüfer. Auf dem gleichen Prinzip wie die Ohmmeter beruhen die Isolationsprüfer, nur kommt es bei diesen Instrumenten weniger auf exakte Angabe der Ohmwerte an, als vielmehr darauf, den Isolationswiderstand, der ja ein sehr hoher sein soll, seiner Größenordnung nach anzugeben. Als Stromquelle dient entweder die vor-

Fig. 92.

handene Netzspannung, 110 oder 220 Volt, oder man erzeugt die erforderliche Spannung mittelst eines Kurbelinduktors (s. S. 94). Nach Herstellung der erforderlichen Verbindung gibt der Zeigerausschlag die Werte in Kilohm (1000 Ohm). Ist z. B. die Isolation eines Kabels gegen Erde zu prüfen, so legt man die Kabelader an die mit „Kabel" bezeichnete Klemme (Fig. 92 S u. H), während die andere Klemme mit der Erde (Wasserleitungshahn u. dgl.) verbunden wird. Indem man die Kurbel des Induktors betätigt, liest man den

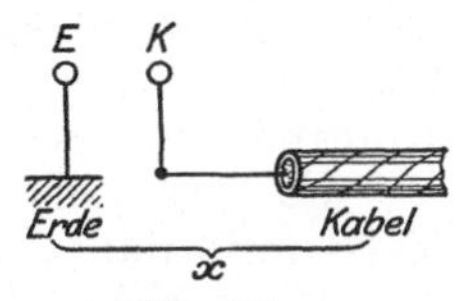

Fig. 93 a.

zwischen Kabel und Erde herrschenden Isolationswiderstand x ab. Die Schaltung zeigt Fig. 93 a.

Ganz analog verfährt man natürlich, wenn der Isolationswiderstand zwischen der Kabelpanzerung und der Kabelader zu prüfen ist, indem die Erde durch den Panzer ersetzt wird. Es ergibt sich ganz allgemein der Isolationswiderstand zwischen zwei Leitern, indem man die entsprechenden Teile an *E* und *K* anlegt.

6*

Etwas genauere Werte erhält man, wenn man statt der Spannung des Kurbelinduktors, die ja von der Zahl der Kurbelumdrehungen abhängt (gewöhnlich ca. drei pro Sekunde), etwa vorhandene Netzspannung anlegt. Die Schaltung ist aus Fig. 93 b ersichtlich; zur Vorsicht schaltet man eine Glühlampe L ein, um Kurzschluß zu vermeiden. Wie zu ersehen, liegt auch hier die Spannung 220 Volt zwischen Kabelader und Erde (durch das Instrument), so daß dem Isolationswiderstand entsprechend ein stärkerer oder schwächerer Strom den Zeigerausschlag bewirkt. Der Isolationswiderstand soll sehr hoch sein und erreicht Werte bis zu 10^6 Ohm und darüber [1]).

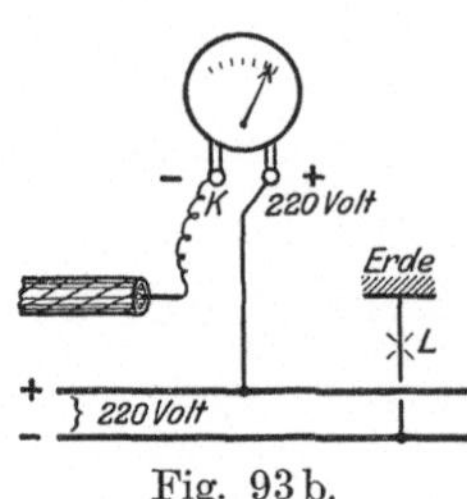

Fig. 93 b.

Zum Schlusse sei noch bemerkt, daß man ähnliche Apparate in einfacher Ausführung, sog. Leitungsprüfer baut, die dazu dienen, Leitungsschluß, das sind schadhafte Stellen an Leitungsschnüren u. dgl., schnell aufzufinden.

III. Einrichtung, Hilfsmittel und Sicherheitsvorkehrungen elektrischer Anlagen und Laboratorien[1]).

Bevor wir die Übungen im Laboratorium und im Maschinenraum besprechen, müssen wir uns über die Einrichtung unserer Arbeitsstätte einen sicheren Überblick verschaffen, sowie auch die Hilfsmittel und Sicherheitsvorkehrungen kennen lernen, die uns als unentbehrliche Werkzeuge zur Hand sein müssen.

Ein sehr wichtiger Bestandteil ist die Schalttafel, deren Zweck im wesentlichen der ist, den Strom, so wie er in den verschiedenen Spannungen und Arten geliefert wird, sicher zu den Arbeits- oder Verbrauchsstellen hinüber zu leiten (Linienwähler), ev. unter Einschaltung von Widerständen und Instrumenten. Um dieser Forderung zu entsprechen, besitzt die Tafel, sofern sie Experimentierzwecken dient, eine Einrichtung, die eine weitgehende Verteilung der elektrischen Energie gestattet; sofern sie den Bestandteil einer festen Anlage darstellt, z. B. einer elektrischen Zentrale, enthält sie Schalter, Instrumente, Sicherungen usw., die zur Kontrole und Bedienung bestimmter Maschinen und Leitungen dienen.

Für den Laboratoriumsbetrieb kommt die erste Art in Frage. Die Tafel muß daher ausgerüstet sein mit

1. Anschlüssen für die Stromquellen,
2. Anschlüssen für die Apparate, wie Amperemeter, Voltmeter, Widerstände usw.,
3. Anschlüssen für die Stromabnahme.

Sehr gut bewährt sich dazu eine Stromverteileranlage, deren Einrichtung aus Fig. 94 zu ersehen ist.

---

[1]) Vgl. hierzu die Vorschriften für die Errichtung und den Bau elektrischer Starkstromanlagen nebst Ausführungsregeln. Herausgegeben vom Verein deutscher Elektrotechniker. Verlag Jul. Springer, Berlin.

Die Stromquellen sind, nachdem deren Leitungen am oberen Teil der Tafel über Ausschalter und Sicherungen geführt sind, an Stöpselhülsen angeschlossen, von denen der vordere mit einem Isolier-

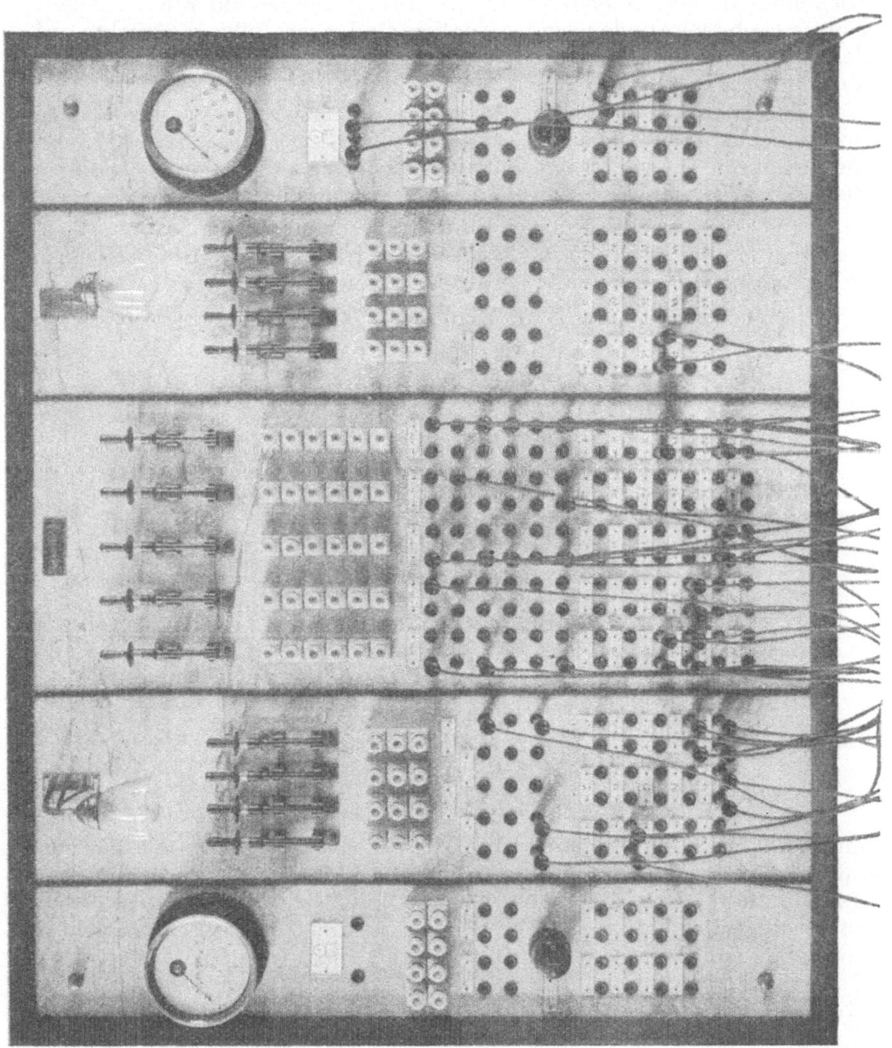

Fig. 94.

ring versehene Teil in der Mitte der Tafel sichtbar ist.   Entsprechende Bezeichnungsschilder geben über die Stromart Aufschluß. Um den Strom von derselben Quelle gleichzeitig zu mehreren Arbeitsstellen leiten zu können, sind Parallelanschlüsse vorgesehen: so sehen wir beispielsweise im mittleren Teil der Tafel je sechs untereinander liegende

Anschlußpaare von je 30 Volt Spannung. Der untere Teil der Tafel enthält die Abnahme- resp. Verteilerstellen, wobei auch wieder je zwei zugehörigeStöpsellöcher bezeichnet sind, die mit entsprechend bezeichneten Klemmen an den Arbeitsstellen, im Arbeitszimmer oder am Experimentiertisch, verbunden sind. Endlich sind noch links und rechts auf der Tafel Anschlußhülsen für Instrumente, Volt- und Amperemeter usw. angebracht.

Die leitende Verbindung zwischen den Hülsen der Stromquelle und denen zum Arbeitsplatz geschieht durch biegsame Kabelschnüre, die an ihren Enden federnde (aufgeschlitzte) Stöpsel tragen, die in die Stöpselhülsen hineinpassen. Dies veranschaulicht Fig. 95.

Eine verbesserte Form der Stöpsel, die einen sicheren Kontakt gewährleisten und namentlich da unentbehrlich sind, wo Kontaktleisten vor und hinter der Tafel leitend verbunden werden sollen, veranschaulicht Fig. 96, ein Fabrikat der Firma Siemens & Halske. Der

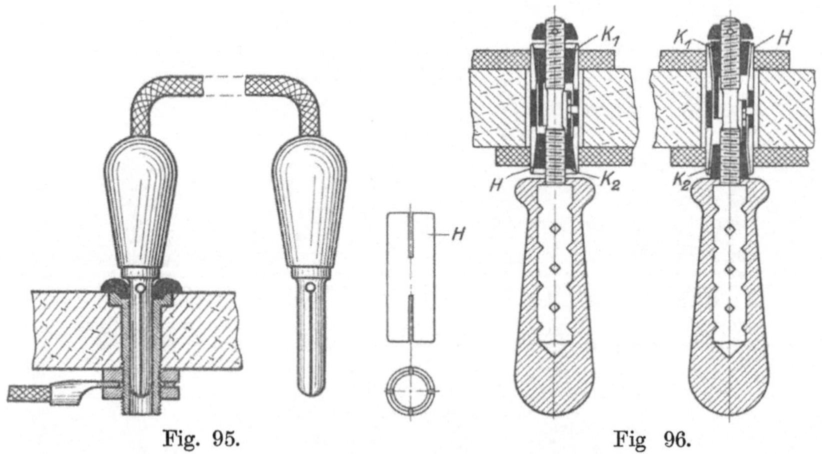

Fig. 95.   Fig 96.

mit dem Griff verbundene Schaft besitzt Rechts- und Linksgewinde mit konischen Muttern K_1 und K_2. Eine federnde Hülse H, die oben und unten mit einer entsprechenden konischen Ausbohrung versehen ist, ist über die Mutter gesteckt. Steckt man den Stöpsel ein, so genügt eine kurze Drehung des Handgriffs, um die beiden Konen in den federnden Teil von H einzupressen und damit eine sichere Verbindung der beiden Kontaktleisten zu bewerkstelligen. Die Konstruktion findet auch mit Kabelanschluß Verwendung, wie dies die Fig. 97 veranschaulicht, die Stöpsel besitzen dann einen Ansatz zum Einlöten des Kabels.

Eine sehr sinnreiche Klemmvorrichtung zum Anschluß von Drähten an Schalttafeln usw. sei gleich hier auch erwähnt, es ist das die Siemenssche Zangenklemme (nach Feußner), die in Fig. 98 dargestellt ist. Der kreuzförmig aufgespaltene Anschlußbolzen ist oben konisch abgedreht, darunter trägt er ein Gewinde. Die Mutter b, die mit Isolierumkleidung versehen ist, preßt beim Niederschrauben den Konus zusammen und klemmt den vorher eingeschobenen Draht fest. Die Verbindung ist ausgezeichnet und eignet sich besonders zu solchen Arbeiten, bei denen kleine Übergangswiderstände gefordert werden.

Gute Kontakte sind überhaupt Grundbedingung bei allen Arbeiten mit elektrischen Strömen. Man überzeuge sich daher vor jedem Versuch von sicherer, gut metallisch blanker Verbindung. Bei Arbeiten mit schwachen Strömen sind mangelhafte lose Berührungsstellen eine stete Quelle von Störungen und Fehlern. In der Starkstromtechnik können schlechte Verbindungen unheilvolle Folgen haben. Da der elektrische Widerstand an solchen Stellen groß ist, so tritt hier unter Umständen sehr starke Erwärmung auf, dadurch lockert sich nicht selten die Verbindung noch mehr, es tritt Funkenbildung ein, Brand-

Fig. 97.

stellen entstehen oder der Draht löst sich plötzlich, trifft beim Niederfallen andere Leiterteile und der schlimmste Kurzschluß ist oft die Folge.

In erster Linie müssen die Klemmschrauben gut angezogen sein. Bei dünnen Drähten genügen Schrauben mit Rändel (Kordelschrauben), bei dauernder Verbindung Schnittschrauben. Bei dicken Drähten werden meist Schrauben mit Sechskant verwandt, die mit einem Schrau-

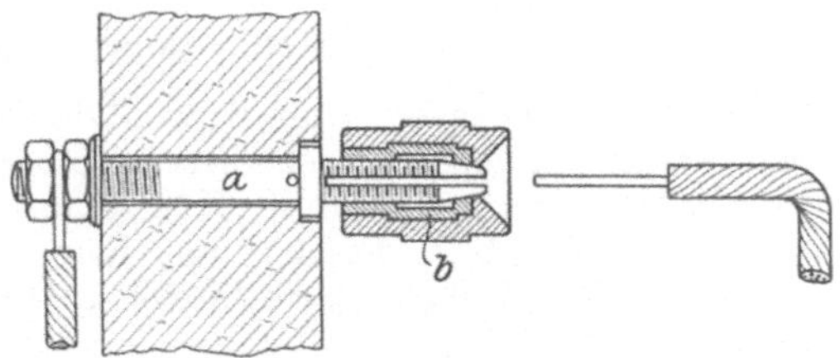

Fig. 98.

benschlüssel anzuziehen sind. Die vorher zu prüfende Belastung gibt ein Maß für die Stärke der Drahtsorte, und zur Beurteilung diene folgende Tabelle.

Tabelle. 5.

Für frei gespannte isolierte Leitungen

Dauer-Belastung in Ampere	Drahtquerschnitt qmm
7,5	0,5
9,0	0,75
11,0	1,0
14,0	1,5
20,0	2,5

Dauer-Belastung in Ampere	Drahtquerschnitt qmm
25,0	4,0
31,0	6,0
43,0	10,0
75,0	16,0
100,0	25,0

Die Daten entsprechen den Vorschriften des Verbandes deutscher Elektrotechniker [1]). Spulendrähte müssen wegen der mangelnden Ventilation andere Dimensionen erhalten, die Verhältnisse richten sich nach dem jeweiligen Fall.

Ebenso wie die dauernden müssen auch vorübergehende Verbindungen sicheren Kontakt gewährleisten. Vorübergehenden Stromschluß bezwecken alle Schalter. Meist sind diese so konstruiert, daß die Teile, die den Stromschluß bewirken, bei der Betätigung federnd ineinander greifen oder aufeinander gleiten, so daß sie automatisch blank gehalten werden. Beim Ausschalten findet aber stets Funkenbildung statt, die um so stärker auftritt, je langsamer die Unterbrechung vor sich geht. Es sollen daher nur Momentschalter benutzt werden, bei denen durch Federdruck die Trennung sofort erfolgt, sowie die leitenden Teile außer Berührung kommen. Für starke Belastung an Schalttafeln usw. verwendet man am besten Hebelschalter. Sehr praktisch für den Laboratoriumsgebrauch sind Hebelschalter, die auf eine Schraubzwinge befestigt sind und leicht am Arbeitstisch angebracht werden können.

Sicherungswesen.

Das Sicherungswesen umfaßt wohl den wichtigsten Teil einer elektrischen Anlage, indem dadurch diese selbst vor Schaden bewahrt bleibt, falls aus irgendeinem Grunde Kurzschluß oder Überlastung eintritt, und ferner die üblen Folgen von Kurzschlüssen vermieden werden, die namentlich früher zu zahlreichen Feuersbrünsten Veranlassung gaben.

a) **Schmelzsicherungen.** Wir können zwei Arten von Sicherungen unterscheiden, solche, die elektromagnetisch betrieben werden, und solche, bei denen die Stromwärme eine Unterbrechung der gefährdeten Leitung bewirkt. Betrachten wir zunächst die wichtigste von beiden, die Schmelzsicherung. Der Grundgedanke ist äußerst einfach und naheliegend: jede Leitung erwärmt sich bei Überlastung (Joulesches Gesetz: $Q = J^2 . W$). Bringt man in die Leitung einen Metallstreifen von relativ niedrigem Schmelzpunkt, so schmilzt das Metall bei Überlastung an der Stelle durch, die Leitung ist unterbrochen, die Gefahr beseitigt. So einfach dieser Gedanke auch ist, so hat doch erst die jüngste Zeit nach langen Versuchen ein wirklich zuverlässiges Sicherungssystem geschaffen. Die älteren Sicherungsstreifen bestanden aus Bleidraht, der in eine mit Metallgewinde und Sockel versehene Patrone aus

---

[1]) l. c. Seite 84.

Steingut eingelötet war, die in eine der Glühlampe entsprechende Fassung eingeschraubt
wurde. Der Bleidraht war einerseits mit dem
Fuß, andererseits mit dem Gewinde verlötet:
der Strom mußte seinen Weg über ihn hinweg nehmen, so wie durch den Glühfaden
einer Glühlampe.

Bei der durch die zunehmende Aus-
breitung der Elektrizität notwendig ge-
wordenen Spannungserhöhung bot aber die
Sicherung in dieser einfachen Form nicht
den genügenden Schutz. Zunächst war der
Bleidraht unzweckmäßig. Wenn auch der
Schmelzpunkt niedrig liegt, so besitzt doch
dieses Material einen allzu hohen spezifischen
Widerstand, so daß der Draht erhebliche
Stärke erhalten muß, soll er sich nicht schon
durch den eigenen Betriebsstrom zu stark
erhitzen. Infolge der großen Masse verbunden mit der verhältnismäßig großen
spezifischen Wärme bedarf es daher schon
erheblicher Wärmezufuhr, ehe der Draht
abschmilzt, die Sicherung arbeitet zu träge.
Man nimmt deshalb heute als Material
Silber. Freilich liegt der Schmelzpunkt
höher als der des Bleies, hinsichtlich der
Leitfähigkeit verhalten sich dagegen die
beiden Metalle

$$\frac{\mathrm{Ag}}{\mathrm{Pb}} = \frac{21}{1,6},$$

d. h. Silber leitet etwa 13 mal besser als
Blei, sein Querschnitt kann daher 13 mal
geringer sein. Das Abschmelzen erfolgt hier
fast momentan bei Kurzschluß oder Überbelastung.

Aber auch der Bau der Patrone ge-
nügte nicht. Bei der heute üblichen Spannung von 220 Volt erfolgt das Abschmelzen
explosionsartig, so daß die Patrone sehr
solide gebaut sein muß, um dem Druck
stand zu halten. Ferner mußte eine Einrichtung getroffen werden, die es verhindert,
in Leitungen Patronen einzuschrauben, die
für stärkere Ströme bestimmt sind, es war
endlich noch wünschenswert, die durch-
gebrannte Patrone äußerlich kenntlich zu
machen, um ein schnelles Auswechseln zu
ermöglichen.

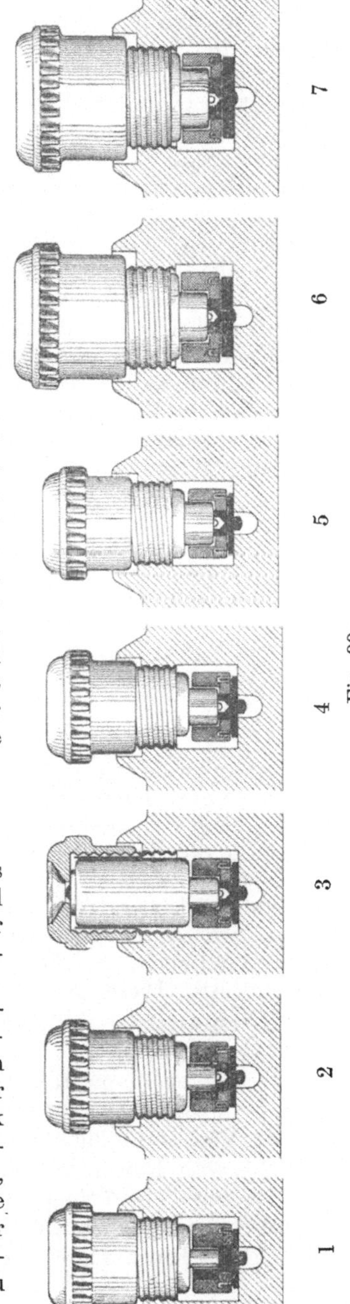

Es entstanden nun im Laufe der Jahre eine Unmenge der verschiedensten Systeme, die alle mehr oder weniger den gestellten Forderungen gerecht wurden. Mit diesem System, das jeder Einheitlichkeit entbehrt, war und ist noch heute der große Nachteil verknüpft, daß das Auswechseln von Sicherungspatronen insofern erschwert ist, als nur die zugehörige Patrone verwandt werden kann und das dazu passende System dem Inhaber einer Anlage oft genug selbst unbekannt ist. Der Händler aber ist in die unangenehme Lage versetzt, eine Unmenge von Patronen der verschiedensten Systeme auf Lager zu halten, um den Konsumenten zu befriedigen.

Es ist daher ein großer Fortschritt der neuesten Zeit, daß auch auf diesem wichtigen Gebiete Einheitlichkeit angestrebt wird, und zwar kehrt man wieder zur alten Edisonfassung in Verbindung mit einer zylinderförmigen Patrone zurück. Die Vereinigung der Elektrizitätswerke hat im Einklang mit den Vorschriften des Verbandes deutscher Elektrotechniker im Jahre 1909 als Norm für den Bau der Sicherungen folgendes festgesetzt: Zweiteilige Schraubstöpsel, bestehend

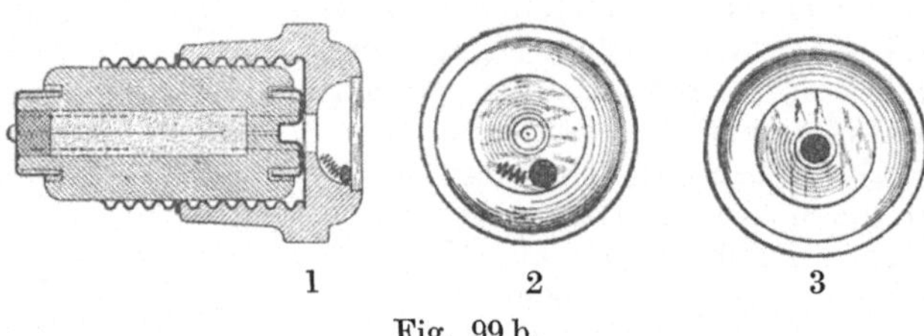

Fig. 99 b.

aus starkwandiger Zylinderpatrone und Schraubkopf, geprüft gegen Durchschlag und Isolationsfehler bis zu einer Spannung von 500 Volt, versehen mit einer vorn sichtbaren Kennvorrichtung. Dem Vorgehen der Siemens-Schuckert-Werke, der Allgemeinen Elektrizitäts-Gesellschaft, der Firma Voigt & Haeffner schlossen sich bald eine große Zahl in- und ausländischer Firmen an. Es sei das System aus der Ausführung der Siemens-Schuckert-Werke hier beschrieben, welches unter der Bezeichnung Normal - Diazed bekannt ist. Dieser Name kennzeichnet den Bau, nämlich

Normal: für normale Stromstärken, 6, 10, 15, 20, 25, 35, 60 Ampere;

Dia: von diametral, d. h. im Durchmesser des Fußsockels behufs Unverwechselbarkeit abgestuft;

Z: von zweiteilig, bestehend aus Patrone und Stöpselkopf;

Ed: von Edisonstöpsel.

Fig. 99 a, 1—7 zeigt in Ansicht und Schnitt die Einrichtung von Patrone und Fassung, sie sind z. T. farbig gehalten und zwar beziehen sich die Farben auf die auf dem Kopf der Patrone angebrachte Kennmarke, wobei die Zahlen, um das Gedächtnis zu erleichtern, möglichst den Farben der Briefmarken angepaßt sind:

Patrone für:

6 Ampere   5 Pfg.-Marke   grün,
10   ,,   10   ,,   rot,
20   ,,   20   ,,   blau,
25   ,,   25   ,,   gelb.

Fig. 99 b gestattet einen Blick in das Innere einer durchgebrannten Patrone: Der innere Hohlraum ist mit trockenem Quarzsand u. dgl. ausgefüllt, oben und unten ist der durchgeschmolzene Sicherungsdraht punktiert angedeutet, während der in der Mitte sichtbare parallel gespannte Draht die Kennmarke hält, die mittelst einer Spiralfeder daran befestigt ist und oben in die Vertiefung hineingezogen wird. Beim Schmelzen der Schmelzdrähte löst sich die Verbindung und die Marke fällt hinab unter das Deckglas (1 und 2)[1]).

Wie unter Dia erwähnt, sind die Patronenfüße im Durchmesser abgestuft, die Füße passen in entsprechende Formstücke hinein, so daß die Hauptforderung erfüllt ist: Unmöglichkeit der Verwendung einer Patrone höherer Stromstärke in Sicherungselemente für geringere Belastung.

Zum Auswechseln soll man stets vorschriftsmäßige Patronen verwenden, da sonst die Anlage gefährdet ist und großer Schaden entstehen kann. Deshalb soll man sich auch davor hüten, durch irgendeinen Kunstgriff beschädigte Patronen zu reparieren oder gar Fuß und Kopf von außen her durch Drähte zu verbinden.

b) Elektromagnetisch betriebene Sicherungen, sog. Automaten.

Diese Sicherungen finden vorwiegend bei Maschinenanlagen Verwendung; man unterscheidet Minimum- und Maximum-Ausschalter, je nach der Verwendungsart. Beide beruhen darauf, daß der Betriebsstrom einen mit dem Schalthebel verbundenen Elektromagneten erregt, der bei Überbelastung infolge der starken anziehenden Kraft den Hebel ausrückt, bei Unterbelastung den vorher angezogenen Hebel freigibt, der dann durch Federkraft oder Belastung zurückschnellt und die Leitung unterbricht.

2. Kapitel.

Die elektrischen Gleichstrommaschinen.

a) Dynamomaschinen.

Im galvanischen Element, der Voltaschen Säule, besitzen wir ein Mittel, elektrischen Strom zu erzeugen. Nach Entdeckung dieser Stromquelle ging man daran, das Wesen des elektrischen Stromes zu erforschen und die Gesetze zu ergründen, die diese wunderbare Naturkraft regeln. Sorgfältige und mühevolle Versuche führten auch bald zu der Erkenntnis über den Zusammenhang der wichtigen in Betracht kommenden Größen,

---

[1]) Mit gütiger Erlaubnis des Verfassers Herrn P. H. Perls aus dem Aufsatz: Versuche mit zweiteiligen Schmelzstöpseln, Elektrot. Zeitschr. 1910, H. 33.

der dann in bestimmt ausgesprochenen Sätzen einen festen Ausdruck fand. Waren aber diese bescheidenen Stromquellen ausreichend, um der Forschung zu dienen, und sind sie auch heute noch im Schwachstrombetrieb massenhaft im Gebrauch, so konnten sie unmöglich den Bedarf der elektrischen Energie decken, den wir in der Starkstromtechnik benötigen, einer Technik, die auf Grund der gewonnenen Erkenntnis mächtig einsetzte und zu Errungenschaften führte, ohne die unser modernes Leben undenkbar wäre. Und wie alles im großen maschinell betrieben, erzeugt wird, so konnte auch die Elektrizität nur allgemeine Verbreitung finden, wenn sie in fast unerschöpflicher Menge durch Maschinenkraft geliefert wurde. Auch ließ die Natur uns hierbei nicht im Stich: Michael Faraday entdeckte in den Jahren 1830 bis 1835 durch eine Reihe glänzender Versuche die Erscheinungen der Induktion, deren feste Formulierung zu dem eminent wichtigen Induktionsgesetz führte: „Bewegt man einen in sich geschlossenen Leiter durch ein elektrisches oder magnetisches Kraftfeld derart, daß dabei Kraftlinien geschnitten werden, so entsteht in dem Leiter ein elektrischer Strom." Denken wir uns nun einmal einen Magneten (Fig. 100), dessen Wirkungssphäre durch die Kraftlinien, längs deren Bahn die Wirkung sich erstreckt, gekennzeichnet ist, denken wir uns ferner eine Spule, die auf einer Achse A irgendwie befestigt ist und bei der Rotation derselben durch das Feld bewegt wird, so haben wir nach obigem Satze eine Maschine vor uns, die einen elektrischen Strom erzeugt, solange wir die Achse in Umdrehung versetzen. Freilich führt uns diese Überlegung nur das

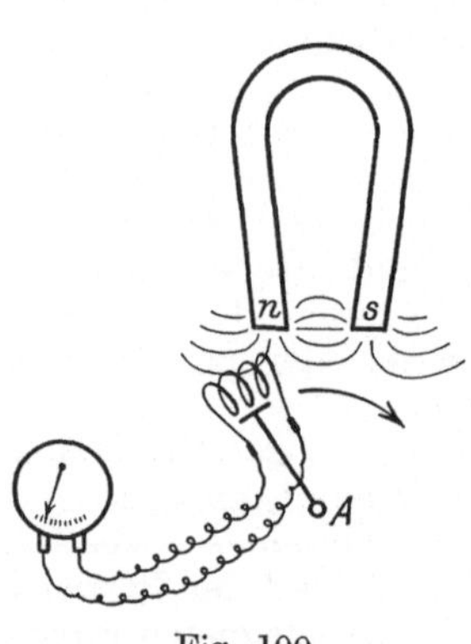
Fig. 100.

Prinzip vor Augen, aber dieser prinzipielle Gedanke, so einfach er ist, liegt allen unseren Stromerzeugern, den Dynamomaschinen, auch Generatoren genannt, zugrunde, mögen sie äußerlich noch so kompliziert aussehen. Allerdings treten an die Technik eine Reihe von Forderungen heran, um dieses einfache Prinzip auf eine wirklich brauchbare Maschine anzuwenden. Eine Reihe von Fragen sind zu beantworten: Wie kann man dem rotierenden System, dem Anker der Maschine den Strom entnehmen und ihn dem äußeren Leitungsnetz übermitteln, wie kann man den Strom, der in unserem einfachen Falle offenbar etwas Pulsierendes darstellt, in kontinuierlichen Gleichstrom verwandeln, wie kann man die wichtige Forderung erfüllen, mit möglichst kleiner Arbeitsleistung den größten elektrischen Effekt zu erzielen?

Die ersten beiden Fragen wollen wir zunächst beantworten, die letzte ergibt sich später, bei Besprechung der Versuche an den Maschinen.

Eine der einfachsten Maschinen zur Erzeugung von elektrischem Strom ist die magnetelektrische mit Siemensschem Doppel-T-Anker. Denken wir uns eine Anzahl Stahlmagnete aufeinandergelegt (Lamellenmagnet), so daß sich zwischen den Polen ein möglichst kräftiges Magnetfeld befindet. Wie Fig. 101 a zeigt, sind die Pole ausgedreht, so daß eine Art Hohlzylinder entsteht, in den der doppel-T-förmige Anker A konzentrisch hineinpaßt und, durch Lager unterstützt, sich frei darin drehen kann. Dreht man z. B. den Anker in der Pfeilrichtung, so werden die Ankerköpfe, da sie unmittelbar an den Polen vorbeirotieren, durch magnetische Induktion ebenfalls magnetisch, sie erhalten Pole, deren Stärke und Vorzeichen fortwährend wechseln. Bringt man in die Aussparungen des Ankers Drahtwindungen (in der Figur ist der Deutlichkeit halber nur eine Windung eingezeichnet), so befinden sich diese bei der Drehung in einem Kraftfeld von stets wechselnder Stärke. Dies ist gleichbedeutend mit dem Schneiden von Kraftlinien des Feldes, und in den Windungen müssen Ströme entstehen. Die Figur veranschaulicht die einfache Vorrichtung, den erzeugten Strom dem Anker zu entnehmen: isoliert auf der Achse sitzen zwei getrennte Scheiben (Schleifringe) s_1 und s_2, von denen die eine mit dem Anfang, die andere mit dem Ende des Spulendrahtes verbunden ist. Gegen die Schleifringe drücken zwei Federn, die sog. Bürsten f_1 und f_2, die den Kontakt während der Drehung des Ankers erhalten und die mit den Drähten des äußeren Stromkreises verbunden sind. Der Strom, den wir so entnehmen, wechselt aber offenbar immerfort seine Richtung, es ist Wechselstrom. Denn, fragen wir einmal nach der Richtung, in der in einem gegebenen Augenblick der Strom fließt, so gibt uns das Lenzsche Gesetz Aufschluß: „Der induzierte Strom hat stets eine solche Richtung, daß er die Bewegung, die ihn hervorruft, zu hemmen sucht." Nun ist aber unser Doppel-

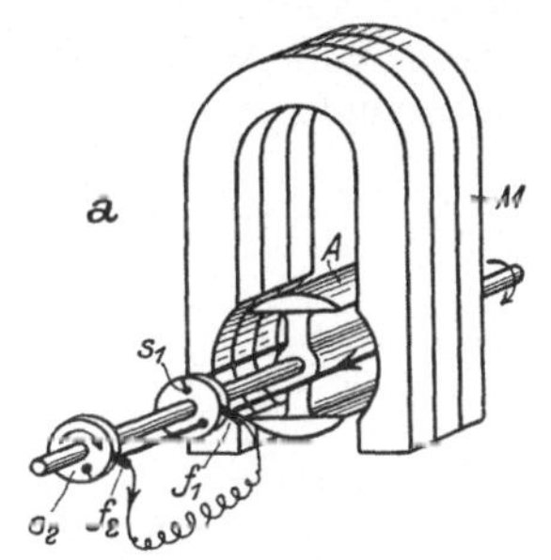

Fig. 101 a.

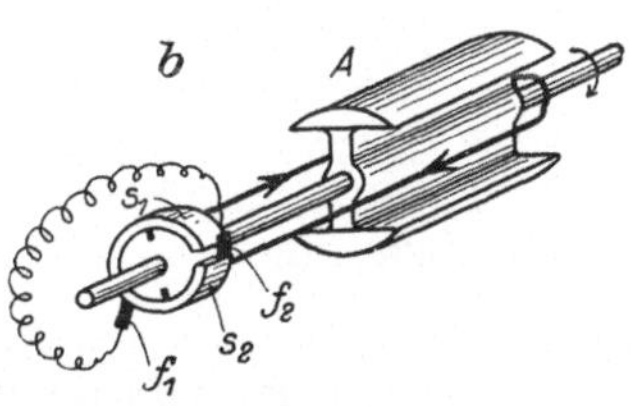

Fig. 101 b.

T-Anker nichts anderes als ein einfacher Elektromagnet, der erzeugte Strom muß daher in dem sich etwa dem Südpol S nähernden Polansatz ebenfalls einen Südpol hervorrufen. Das Umgekehrte gilt natürlich von dem entgegengesetzen Pol, und man erkennt sofort, daß bei einer vollen Umdrehung die Polansätze des Ankers einmal ihr Vorzeichen wechseln, d. h. auch der Strom wechselt einmal seine Richtung.

Es ist indessen leicht, durch einen einfachen Kunstgriff auch Gleichstrom der Maschine zu entnehmen. Zur Erläuterung dient der Teil b in Fig. 101, in welchem der Anker für Gleichstrom besonders gezeichnet ist. Der Stromabnehmer, der Kommutator, besteht hier aus einem Schleifring, der aus zwei getrennten und gegeneinander isolierten Segmenten s_1 und s_2 besteht. Die Bürsten f_1 und f_2 stehen da, wo die Richtungsänderung des Stromes stattfindet, also zwischen Nord- und Südpol.

Da in der oberen Ankerhälfte, wie auch in der unteren bei entsprechender Stellung im Felde der Strom immer dieselbe Richtung hat, etwa die des Pfeiles, so wird der entnommene Strom auch im äußeren Stromkreis immer in bestimmter Richtung fließen, d. h. wir haben Gleichstrom. Allerdings ist dieser Strom nicht in der Weise kontinuierlich, wie etwa bei einem galvanischen Element, denn es ist klar, daß der Strom beim Wechsel im Anker von einem Nullwerte in dem Maße anwächst, als die Windungen sich dem Maximum der magnetischen Feldstärke nähern, also sich den Polen gegenüber befinden, um dann wieder auf Null zu sinken: man spricht von pulsierendem Gleichstrom.

Wie schon auf S. 83 erwähnt, finden diese Maschinchen in der Schwachstromtechnik vielfach Verwendung, so namentlich zur Betätigung von Weckern an Fernsprechapparaten oder zur Auslösung von Alarmglocken u. dgl. auch in solchen Fällen, wo man vorübergehend höhere Spannung zu Meßversuchen benötigt. Den galvanischen Elementen gegenüber besitzen sie den Vorzug, daß sie sehr zuverlässig sind, keiner Wartung bedürfen und nicht das Auswechseln wesentlicher Bestandteile wie beim Element verlangen. Sie werden mittelst Zahnradvorgelege durch Kurbel angetrieben und sind deshalb in der Technik unter dem Namen „Kurbelinduktor“ bekannt.

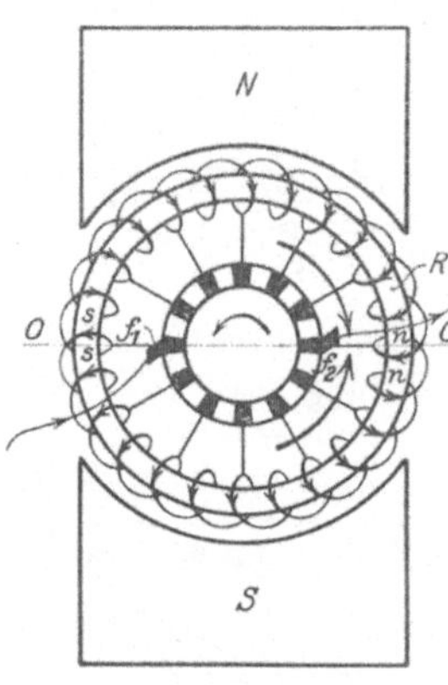

Fig. 102.

Obwohl bei allen Dynamomaschinen, da sie stets Polpaare, also Nord- und Südpol enthalten, im Anker Wechselstrom erzeugt wird, kann man diesen doch, wie wir gesehen haben, mittelst des Kommutators gleichrichten. Durch passenden Ausbau des letzteren kann man aber den Strom in nahezu völlig gleichförmigen Gleichstrom verwandeln.

Dies wurde zuerst von dem Italiener Pacinotti[1] angegeben und dann später durch Gramme[2] konstruktiv durchgeführt und allgemein verbreitet. Der Anker wird daher Pacinottischer, häufiger aber Grammescher Ring genannt. Das Prinzip des Ankers mit Kommutator ist aus Fig. 102 zu ersehen: Auf dem Eisenring R, der etwa vermittelst Speichen auf einer Achse sitzt, befindet sich eine isoliert aufgewundene Drahtspirale ohne Anfang und Ende. Bei der Drehung wird in den oberen Windungen ein Strom erzeugt, dessen Richtung etwa durch die kleinen Pfeile angedeutet sei, der also den durch den großen Pfeil angedeuteten Verlauf nimmt. Für die untere Ringhälfte gelten genau die gleichen Beziehungen in umgekehrtem Sinne, und es ist klar, daß beide

---

[1] Antonio Pacinotti, Dr. math. 1864 Prof. d. Physik in Bologna und an anderen Plätzen.

[2] Zénobe Gramme, geb. 1826 in Belgien als Sohn eines Tischlers, war zuerst Modellschreiner, u. a. bei Ruhmkorff in Paris; als erfinderischer Kopf konstruierte er die ersten brauchbaren magnetelektrischen Maschinen mit Ringanker.

Ströme, von der Stelle f_1 ausgehend, sich bei f_2 treffen: dies sind die Stellen, an denen die Stromabnahme erfolgen muß; die Richtung durch $f_1 f_2$ wird neutrale Zone genannt (O—O).

Da man den Strom nicht direkt den Windungen entnehmen kann, bringt man auf der Achse ein besonderes Maschinenelement, den Kommutator, auch Kollektor genannt, an. Derselbe hat so viel unter sich und gegen die Achse isolierte Kupferlamellen, als Windungen resp. Spulen vorhanden sind. Die Lamellen sind mit den Windungsgruppen leitend verbunden. Auf den Lamellen, die auf einem Zylindermantel befestigt sind, schleifen die Abnahmebürsten f_1 f_2, die demnach während der Drehung den Strom entnehmen. Es ergibt sich ohne weiteres, daß der so entnommene Strom ein Gleichstrom sein muß, der um so kontinuierlicher fließt, je mehr Spulen resp. Lamellen vorhanden sind.

Auf die konstruktiven Einzelheiten kommen wir später zurück. Vorerst wollen wir einmal untersuchen, welche Bedingungen für die möglichst günstige Ausnutzung des Magnetfeldes zu erfüllen sind. Zu dem Zwecke denken wir uns ein Magnetfeld N—S Fig. 102, das durch ausgebohrte Polschuhe den Anker möglichst umschließt. Betrachten wir den Feldbereich, so gibt uns der Verlauf der Kraftlinien darüber Aufschluß. Die Kraftlinie gibt uns immer die Richtung der wirkenden magnetischen Kraft an der betrachteten Stelle des Feldes, eine kleine Magnetnadel z. B. stellt sich in die durch sie gekennzeichnete Richtung ein. Die Zahl der Kraftlinien gibt uns die Stärke des Magnetfeldes an irgendeiner Stelle an. Im allgemeinen verlaufen diese Linien in Kurven. Sehr anschaulich geht

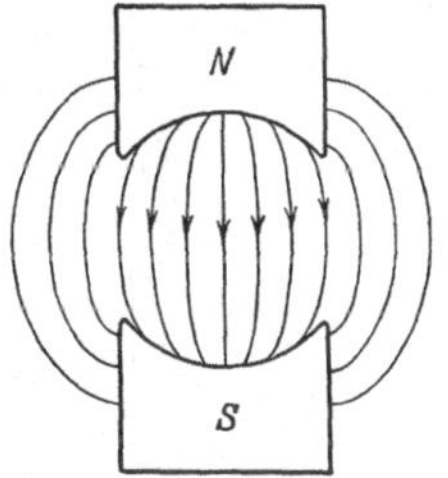

Fig. 103.

dies aus einem sehr einfachen Versuch hervor: Legt man auf den Magneten ein Blatt weißes Papier und streut feines Eisenpulver auf, so ordnet sich dieses zu bestimmten Figuren an, wenn man das Ganze leicht erschüttert. So wird etwa der Kraftlinienverlauf in unserem Beispiel durch Fig. 103 dargestellt. Nach Übereinkunft nimmt man den Sinn der wirkenden Kraft immer von Nord nach Süd, wie dies die Pfeile andeuten. Bringen wir in ein solches Magnetfeld einen Ring, bestehend aus einer in sich geschlossenen Drahtspule, wie in Fig. 102, und betrachten dann die Verhältnisse genauer, so erkennen wir sogleich, daß eine derartige Maschine zur Stromerzeugung sehr unvollkommen wirken wird. Zunächst ist augenfällig, daß ein großer Teil der Kraftlinien für die beabsichtigte Wirkung verloren geht, sie zerstreuen sich in den umgebenden Raum. Da nun nach dem Induktionsgesetz die Höhe der erzeugten Spannung abhängt von der in einer bestimmten Zeit geschnittenen Zahl der Kraftlinien, so wird man danach trachten müssen, diese Streuung des Feldes nach Möglichkeit zu vermeiden, d. h. die Linien gewissermaßen zusammenzudrängen an jene Stelle, wo sie wirken sollen, je dichter dort die Kraftlinien, um so größer die Wirkung. Man hat zur Kennzeichnung der Stärke eines Magnetfeldes den Begriff der Kraftliniendichte eingeführt und versteht darunter die Anzahl der Kraftlinien pro qcm. Diese Einheit ist gleichbedeutend mit der absoluten Gaußschen [1]) oder C. G. S.-Einheit.

Der einfache Spulenring im Magnetfeld hat ferner noch den weiteren Nachteil, daß, ebenso wie die auf der äußeren Peripherie befindlichen Windungen, auch die nach innen zu gekehrten induziert werden, und da natürlich in beiden die Ströme die gleiche Richtung haben, etwa nach vorn gerichtet sind, so heben sie sich auf, der Ring liefert keinen Strom.

Windet man aber die Spule auf einen eisernen Ring, so werden sowohl die Kraftlinien konzentriert, als auch so abgelenkt, daß die inneren Windungen nicht von ihnen beeinflußt werden. Dies veranschaulicht Fig. 104. Der innere Ring R bietet den Kraftlinien einen viel geringeren Widerstand als dies bei Luft der Fall ist: sie verdichten sich in der Nähe des Ringes, füllen den Zwischenraum zwischen diesem und den Polen, während sie im Innern des Ringes infolge der Brechung so gut wie gar nicht vorhanden sind (Schirmwirkung). Die magnetische Leitfähigkeit wird Permeabilität genannt; in exakter Fassung verstehen wir darunter folgendes: Das Experiment lehrt, daß eine Spule, ein sog. Solenoid sich genau wie ein Magnet verhält, wenn man Strom durch sie hindurch schickt. Ohne sonst etwas zu ändern, kann man diese magnetische Wirkung noch bedeutend verstärken, wenn man in die Spule einen Kern aus Eisen hineinsteckt. Nun verstehen wir unter Permeabilität irgendeines Körpers das Verhältnis der Kraftlinienzahl einer Spule, wenn der betreffende Körper als Kern hineingesteckt ist, zu der Zahl ohne den Kern. Man bezeichnet sie gewöhnlich mit μ [2]), es ist eine Größe, die nicht eigentlich eine feststehende Konstante ist, sondern von der erregenden magnetischen Wirkung, also von der Zahl der Amperewindungen abhängt [3]).

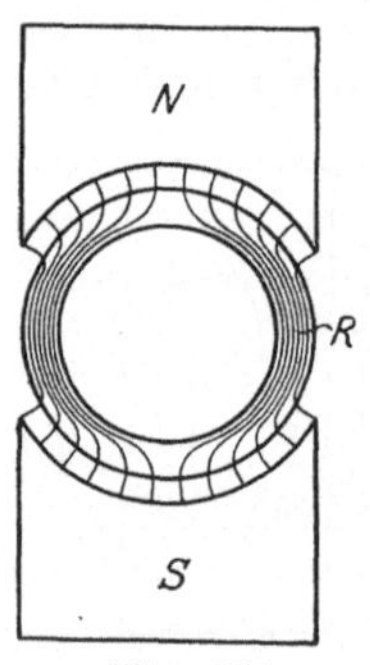

Fig. 104.

Um einen Begriff über die Größenordnung von μ zu geben, sei erwähnt, daß bei mittlerer Erregung die Zahl der Kraftlinien im weichen Schmiedeeisen etwa 1000 mal größer ist als in Luft: $\mu = 1000$. Das würde also in unserem Falle ganz roh ausgesprochen besagen: das Feld ist durch den Eisenring 1000 mal dichter geworden. Es gelingt indessen auf diese einfache Weise nicht, die Streuung ganz zu beseitigen, vielmehr bleibt diese noch in erheblichem Maße bestehen. Diese für die Wirkung verlorenen Kraftlinien stellen natürlich einen Verlust dar, da sie ja auch auf Kosten der Erregung erzeugt werden müssen. Die ältesten Maschinen mit offener Bauart leiden alle sehr stark unter diesem Mangel, man verwendet deshalb heute ausschließlich das geschlossene System. Fig. 105 a—d gibt schematisch die Eisenkörper, so wie sie sich allmählich entwickelt haben. Die eingezeichneten Linien veranschaulichen den Kraft-

---

[1]) Nach K. F. Gauß, geb. 1777 zu Braunschweig, gest. 1855 in Göttingen, daselbst seit 1807 Prof. der Mathematik. S. a. S. 193.

[2]) Neuerdings spricht man von magnetischer Durchlässigkeit.

[3]) Siehe auch die Ausführungen über Magnetismus, S. 193 ff.

linienverlauf, den Induktionsfluß. a stellt die Edisonform dar,
b die Form der Grammemaschine, beide sind unvollkommen, c und d
dagegen als geschlossene Systeme liefern den besten Nutzeffekt, d stellt
ein vierpoliges Maschinengerüst dar.

Der Induktionsfluß erstreckt sich bei den modernen Typen mit
Ausnahme des engen Zwischenraums zwischen Pol und Ankerkern aus-

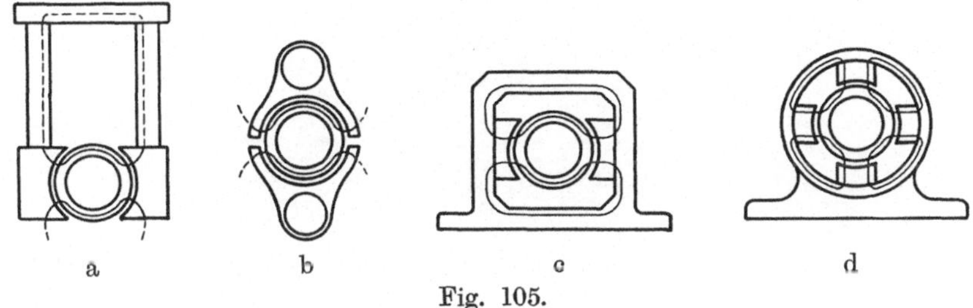

Fig. 105.

schließlich auf das Eisen. In den Figuren ist, wie das mit Ausnahme
des sog. Kurbelinduktors (S. 93) ausschließlich geschieht, elektromagnetische Erregung angenommen, auch ist angedeutet, daß zur Ver-

Fig. 106.

stärkung der Wirkung nicht nur ein Polpaar, sondern deren zwei und
mehr angewendet werden können. Die Wicklungsspulen werden auf
die Polansätze (Feldmagnete) aufgeschoben. Fig. 106 und 107 veranschaulichen zwei Siemens-Schuckertsche vierpolige Maschinen für
geringere und größere Leistung.

Wir haben bisher unseren Betrachtungen den Ringanker zugrunde
gelegt. Dieser hat aber noch einen Nachteil, der darin besteht, daß
die inneren Windungen, da sie ja keine Kraftlinien schneiden, zur Strom-

erzeugung nicht ausgenützt werden, sie stellen vielmehr einen unnötigen Widerstand dar, der vom Hauptstrom durchflossen werden muß, und der

Fig. 107.

dessen Spannung schwächt, daher einen Verlust bedingt. Dieser Verlust wird vermieden bei dem Trommelanker, mit dem heute alle normaltypigen Dynamomaschinen ausgerüstet werden, der noch den Vorzug einfacher Bauart besitzt und leichter zu bewickeln ist. Das Prinzip dieses Ankers soll Fig. 108 erklären. Die Windungen (nur eine ist eingezeichnet) sind in Form eines Rechtecks um den zylinderförmigen Ankerkern herumgelegt. Die dem Nord- und Südpol entsprechende induzierende Wirkung erfolgt so, daß die Ströme sich addieren. Anfang und Ende jeder Spule sind mit zwei benachbarten Kommutatorlamellen verbunden. Im übrigen erfoglt der Stromlauf zu den Bürsten genau so wie beim Ringanker.

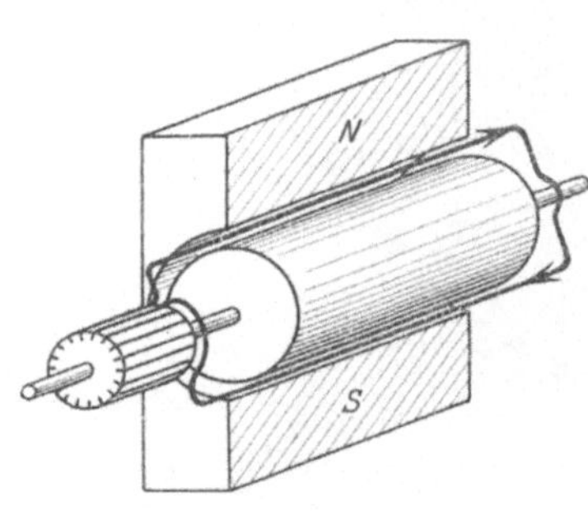

Fig. 108.

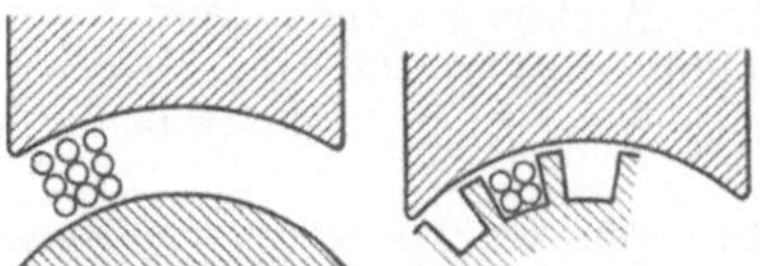

Fig. 109 a u. b.

Die Felddichte in dem für die induzierende Wirkung maßgebenden Raum, also zwischen Ankereisen und Polschuhen, ist um so größer, je geringer der Zwischenraum ist. Bringt man die einzelnen Lagen der Spulen

direkt auf dem Ankereisen an, etwa wie Fig. 109 a zeigt, so muß die
Spule sehr sorgfältig gewickelt werden, um ein Schlagen auf der Peripherie des Ankers zu vermeiden, auch müssen die Drahtlagen behufs Aus-
nützung des Raumes fest aufeinander liegen, möglichst dünn isoliert
werden, und endlich ist das Ganze mit starken Bändern zu versehen, um
bei der hohen Peripheriegeschwindigkeit ein Abschleudern zu verhindern.
Man verwendet deshalb heute, besonders bei den kleineren Maschinen-
typen, fast ausschließlich den Nutenanker, dessen Form in Fig. 109 b
veranschaulicht ist. Der Anker ist mit einer der Spulenzahl entsprechenden Anzahl von Nuten versehen, in die die Windungen hineingebettet
werden, wo sie einen festen, soliden Halt haben. Natürlich müssen auch
hier die Lagen gegen das Abschleudern gesichert werden, da erhebliche
Zentrifugalkräfte auftreten. Das geschieht derartig, daß der Anker
an mehreren Stellen quer zu den Windungen mit blankem Kupferdraht
fest umwickelt wird, deren einzelne Lagen darauf miteinander verlötet
werden. Diese Querwicklung, die also nur zum mechanischen Teil der

Maschine gehört, liegt auch, zur Verkleinerung des Luftraumes, in einer
kleinen Ausdrehung. Die Isolation
gegen den Ankerkörper geschieht
durch Glimmer. Fig. 110 zeigt schematisch den Schnitt durch einen
Trommelanker. Dazu ist noch folgendes zu bemerken. Ebenso wie die
Kupferwindungen, rotieren auch die
Eisenteile des Ankers im Magnetfelde,
es müssen daher auch in diesen Ströme
entstehen. Würde man den Kern aus
massivem Eisen machen, etwa aus
Gußeisen, so entstehen Ströme, die
keine bestimmte Richtung haben, da

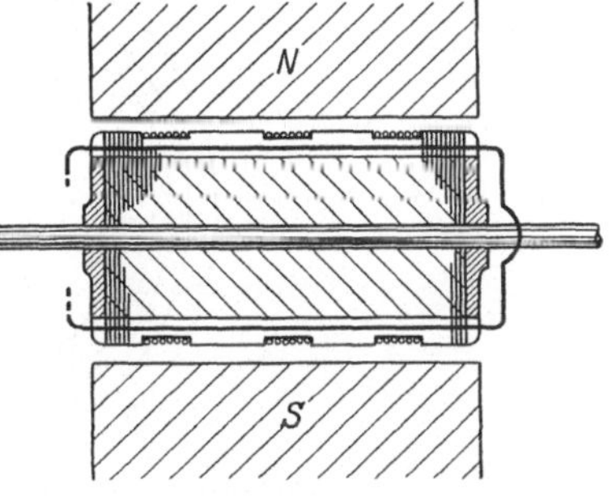

Fig. 110.

ihnen ein bestimmt gerichteter Leiter fehlt. Diese Ströme wirbeln vielmehr im Innern des Ankereisens hin und her, man nennt sie deshalb
Wirbelströme oder auch Foucaultsche Ströme, nach Foucault,
der ihre Wirkung genauer untersuchte.

Für die Maschine würden diese Ströme äußerst schädlich wirken,
denn, abgesehen davon, daß zu ihrer Erzeugung Arbeit erforderlich ist,
verwandelt sich diese so erzeugte elektrische Energie, da sie sich nicht
anders betätigen kann, in Wärme, die stark genug auftreten würde,
um den Anker zu verbrennen. Schon Gramme war diesem Mißstand
entgegengetreten, indem er den Ankerkern aus ausgeglühten, mit einer
Oxydschicht behafteten Drähten anfertigte, die er zu einem Ring auf-
spulte. Diese in ihrer Längsrichtung durch das Feld bewegten Drähte
werden in nur sehr geringem Maße induziert, da die Kraftlinienzahl
durch die von ihnen gebildete Ebene nicht geändert wird und die Quer-
richtung wegen der isolierenden Oxydschicht zwischen den einzelnen
Lagen nicht in Betracht kommt.

Diese etwas primitive Konstruktion wird heute nicht mehr angewandt. Man bildet vielmehr den Ankerkern dadurch, daß man eine große Anzahl Scheiben aus gut ausgeglühten Eisenblechen (schwedisches Eisen) quer zur Achse durch zwei kräftige Endplatten zusammenpreßt, wie dies in Fig. 110 angedeutet ist. Die einzelnen Eisenlamellen sind mit Schellackfirnis und Papier überzogen, wodurch eine hinreichende Isolation zustande kommt, die das Auftreten der Wirbelströme wirksam verhindert[1]).

Bei den großen Maschinen, deren Anker zwei, drei und mehr Meter im Durchmesser besitzt, und die immer vielpolig ausgeführt werden, wird auch der Trommelanker zu einem Ring ausgebildet, die Trommelwicklung beibehalten. Die Pole der Feldmagnete sind meist an der inneren Peripherie eines großen gußeisernen Ringes angebracht, wie dies Fig. 111 veranschaulicht. Die zwischen je zwei Polen liegenden Teile

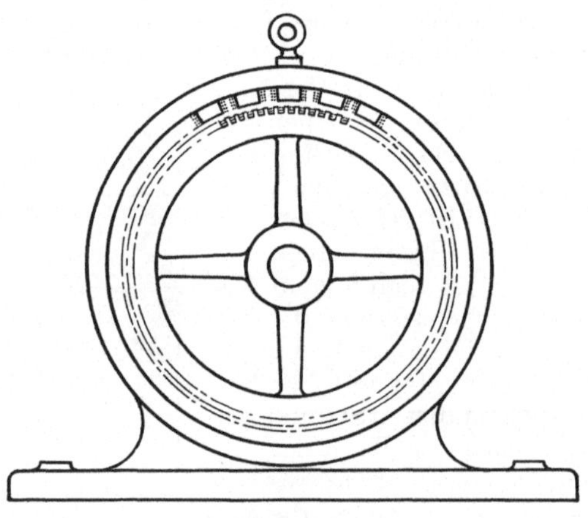

Fig. 111.

des Ankers bilden gewissermaßen eine Maschine für sich, so daß auch an diesen Stellen Bürsten als Stromabnehmer liegen müssen. Zwischen je zwei Bürsten haben wir also eine elektromotorische Kraft, und wir können, genau so wie bei galvanischen Elementen, die erzeugte Spannung durch Hintereinanderschalten summieren, also auf Spannung schalten, und haben dann die Stromstärke der einzelnen Spule, oder wir können durch Parallelschalten die Ströme summieren und haben dann die Spannung der einzelnen Spule; endlich kann man natürlich auch Kombinationsschaltung vornehmen, sowie die zum Dreileitersystem (s. S. 189) notwendige Spannungsteilung.

Übrigens kann man die gewünschte Schaltung auch im Anker selbst ausführen, man würde dann mit weniger, ja mit zwei Bürsten auskommen, man zieht jedoch meist vor, viele Bürstenpaare anzuwenden, da bei dieser Bauart die abzunehmende, zum Teil beträchtliche Energie

---

[1]) Siehe auch legiertes Blech, Seite 195.

Fig. 112.

auf mehrere Abnahmestellen verteilt wird, wodurch Kollektor und Bürsten geschont werden.

Fig. 112 gibt die Ansicht einer derartigen Maschine der Siemens-Schuckert-Werke. Man erkennt den zum eigentlichen Maschinengestell ausgebildeten Spulenring, im Innern den Anker mit Kollektor und den im Kreise herum verteilten Bürsten. Letztere sitzen sämtlich auf einem gußeisernen, konzentrisch verschiebbaren sternförmigen Bürstenhalter. Die Verstellung, also die Einstellung auf funkenlosen Gang (s. S. 105) geschieht mit einem Handrad.

Wir haben unsere Betrachtungen immer unter der Voraussetzung geführt, daß das induzierende Magnetfeld vorhanden sei, ohne die Frage zu erörtern, wie die Magnete erregt werden. Es war früher schon erwähnt, daß man wegen der überlegenen Wirkung die Dynamomaschine stets mit Elektromagneten ausrüstet. Es erscheint freilich auf den ersten Blick sonderbar, einen Stromerzeuger zu konstruieren, der erst dann Strom zu liefern imstande ist, nachdem man ihm zuerst Strom zur Magneterregung zuführt. Und doch ist die Lösung außerordentlich einfach. Dies hat zuerst Werner v. Siemens gezeigt, indem er im Jahre 1867 das Dynamoprinzip aufstellte. Werner v. Siemens sagte sich, daß man das Magnetgerüst einer Dynamomaschine durch Fremdstrom, entnommen etwa einer starken galvanischen Batterie, erregen kann. Hat man aber Eisen, selbst weiche Eisensorten, einmal magnetisiert, so bleiben stets Spuren von Magnetismus zurück: remanenter Magnetismus. Diese Spuren von Magnetismus werden aber hinreichen, um im Anker der Maschine einen, wenn auch sehr schwachen Strom zu erzeugen. Der Gedanke von Siemens war nun der, diesen zunächst schwachen Strom durch die dickdrähtige Erregerwicklung (auch Feldwicklung genannt) der Maschine zu leiten, ehe er in den äußeren Stromkreis gelangt. An Fig. 113 läßt sich der Stromlauf verfolgen. Der zunächst infolge des remanenten Magnetismus erzeugte schwache Strom verstärkt den Magnetismus. Sofort wird dadurch der Ankerstrom stärker, mit diesem wieder der Magnetismus usf., bis dieser seine größte Stärke erreicht hat, das Eisen gesättigt ist.

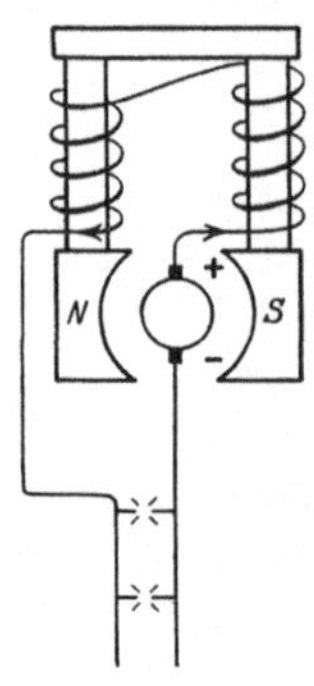

Fig. 113.

Jetzt wollen wir die Verhältnisse etwas genauer betrachten. Offenbar tritt die Erregung der Maschine erst dann ein, wenn der äußere Stromkreis belastet ist, wenn etwa Lampen eingeschaltet werden. Weiter erkennt man, daß der Erregerstrom sich mit der Belastung ändert, und damit auch die Magnetisierung. Wird diese stärker, so wächst die Spannung an den Bürsten, also auch die Netzspannung, so daß diese abhängig ist von der Zahl der eingeschalteten Lampen, Motoren usw. Da nun konstante Spannung eine notwendige Bedingung für die Elektrizitätsverteilung ist, so ergibt sich die Unmöglichkeit, derartige Maschinen direkt zum Betrieb zu benützen.

Die zuletzt besprochenen Maschinen, bei denen der Hauptstrom in einer dickdrähtigen Wicklung von möglichst geringem Widerstande die Magnetschenkel umfließt, nennt man Hauptschlußmaschinen. Da bei ihnen der Verbrauchsstrom mit der Magnetwicklung hintereinander, in Reihe oder Serie geschaltet ist, so nennt man sie auch Serienmaschinen.

Es gibt aber noch eine andere Möglichkeit, die Magnete zu erregen, wenn man nämlich, parallel zum Hauptstrom, von den Bürsten einen Zweigstrom zu den Magneten führt, wie dies Fig. 114 zeigt. Dieser Zweigstrom, der ja nicht zum eigentlichen Betrieb gehört, soll von möglichst geringer Stärke sein, damit er keinen wesentlichen Verlust verursacht. Um dennoch ein starkes Magnetfeld zu erhalten, nimmt man die Wicklung aus vielen Windungen dünnen Drahtes, denn die Magnetisierung ist proportional dem Produkt aus Stromstärke und Windungszahl.

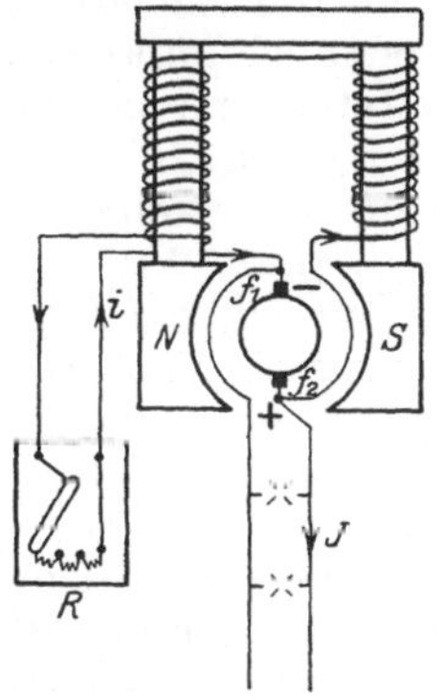

Wir wollen auch hier die Verhältnisse genauer betrachten. Offenbar ist die Erregung an sich unabhängig davon, ob der äußere Stromkreis belastet ist oder nicht. Indessen arbeitet auch diese Maschine nicht mit konstanter Klemmenspannung. Denn, nehmen wir an, die Maschine sei schwach belastet, so herrscht an den Klemmen die volle Maschinenspannung, die Maschine ist also voll erregt. Wächst nun die Belastung, so wächst der Ankerstrom (wir setzen gleichbleibende Tourenzahl voraus), daher sinkt die Klemmenspannung, denn, nennen wir den Ankerwiderstand W, den Hauptstrom J,

Fig. 114.

so vermindert sich die Klemmenspannung E um den Betrag J . W, die jeweilige von der Belastung abhängige Klemmenspannung E_1 ist daher

$$E_1 = E - J . W,$$

wo $E_1 < E$ ist, wegen des Spannungsabfalls im Anker. Es folgt also, daß hier mit zunehmender Netzbelastung die Spannung der Maschine sinkt, da der Erregerstrom i naturgemäß auch mit abnehmender Klemmspannung sinkt.

Da wir nun zwischen Hauptschluß- und Nebenschlußmaschine zwei entgegengesetzte Verhältnisse haben, so lag der Gedanke nahe, beide Wicklungsarten miteinander zu verbinden: es entstand die Verbund- oder Compoundmaschine. Man wickelt die Maschine zum Teil nach dem Hauptschlußsystem, darüber ist dann die Nebenschlußwicklung gewunden. Durch passende Abmessungen gelingt es zu bewirken, daß der Magnetisierungseffekt beider Wicklungsarten sich so ergänzt, daß innerhalb der Betriebsgrenzen die Klemmspannung konstant bleibt, also unabhängig ist von der äußeren Belastung (vgl. auch „Charakteristiken" S. 120 ff.).

Diese Maschinen eignen sich gut zur direkten Versorgung eines Verteilungsnetzes mit Strom. Dennoch trifft man in den Zentralen meist die Nebenschlußmaschine an. Der Grund hierzu liegt darin, daß heute jedes Elektrizitätswerk für Gleichstrom mit einer Akkumulatorenbatterie ausgerüstet ist, die den erzeugten Strom zum Teil aufspeichert, um ihn bei Bedarf abzugeben. Die Nebenschlußmaschine läßt sich mittelst des Nebenschlußregulators R, Fig. 114, leicht auf diejenige Spannung einregulieren, die dem jeweiligen Spannungszustand der Batterie entspricht, wenn diese geladen werden soll. Weiter bietet die Nebenschlußmaschine der Serienmaschine gegenüber den Vorteil, daß sie nicht umpolarisiert werden kann, wenn etwa aus irgendeinem Grunde der Batteriestrom rückwärts zur Maschine strömt und diese als Motor antreibt (s. a. Gleichstrommotoren). Dies kann dann eintreten, wenn die Maschinenspannung unter die der Batterie sinkt und die Sicherheitsschalter (s. Automat, S. 91) versagen. Es gibt aber auch Fälle, in denen man absichtlich den Batteriestrom zur Maschine leitet, wenn man sie etwa als Motor antreibt, um den zum Betriebe dienenden Gasmotor, Dieselmotor od. dgl. in Gang zu setzen. Als Motor läuft die Nebenschlußmaschine im gleichen Sinne wie als Dynamo. Daß diese Verhältnisse zutreffen, ergibt sich ohne Schwierigkeit aus einem näheren Studium der Skizze in Fig. 114, denn, wie bei den Elektromotoren eingehend besprochen wird, muß der Ankerstrom beim Motor die entgegengesetzte Richtung haben, die er haben würde, wenn man die Maschine als Dynamo antreibt, bei gleichbleibenden Polen. Dies ist, falls der Strom rückwärts fließt, wegen der Verzweigung an den Bürsten bei der Nebenschlußmaschine der Fall, nicht aber bei der Serienmaschine: dort kehren Anker und Magnetstrom gleichzeitig ihre Richtung um, die Maschine würde dabei in umgekehrter Richtung als Motor laufen und die Antriebsmaschine u. a. beschädigen.

Die Regulierung der Nebenschlußmaschine auf konstante oder auf irgendeine verlangte Spannung geschicht in einfacher Weise dadurch, daß man in den Nebenschluß einen passenden Kurbel- oder Schieberwiderstand, den sog. Nebenschlußregulator einschaltet, mit dem man den Magnetisierungsstrom reguliert. Dies ist in Fig. 114 links angedeutet. Die Regulierung auf konstante Spannung kann auch automatisch erfolgen. Es ist dies namentlich da von Vorteil, wo eine ständige Überwachung fehlt und die Netzbeanspruchung starken Schwankungen unterliegt, die z. B. häufig eintreten in Betrieben mit Motoren hoher Leistung, die plötzlich ein- und ausgerückt werden. Betrachten wir hier nur das Prinzip der Reguliermethode: man legt an die Netzspannung ein sog. Kontaktvoltmeter, dessen Meßbereich sich nur über die Grenzspannung erstreckt, bei 220 Volt etwa von 215—225 Volt. Sinkt die Spannung auf 215, so berührt der Zeiger des Voltmeters hier einen Anschlag, der den Kontakt eines Relaisstromkreises schließt, wodurch ein Motor eingeschaltet wird, der die Kurbel des Regulierwiderstandes derart verschiebt, daß stärkere Magnetisierung eintritt, also die Spannung zunimmt, bis sie den normalen Wert erreicht. Das Umgekehrte gilt natürlich von der oberen Grenze.

Es sei endlich noch die Fremderregung erwähnt. Hier erfolgt die Erregung der Spulen nicht durch den eigenen Maschinenstrom, sondern von einer geeigneten fremden Stromquelle, meist von der Netzspannung aus. Natürlich soll der Erregerstrom möglichst schwach sein, man verwendet daher immer Nebenschlußwicklung, also Spulen mit vielen Windungen dünnen Drahtes. Die Fremderregung ist immer bei den Hochspannungsmaschinen nötig, da man den hochgespannten Strom, 1000—2000 Volt nicht den Maschinenteilen zuführen will, wenn dies nicht unbedingt nötig ist. Sie ist ferner bei solchen Stromerzeugern oder Generatoren vorzuziehen, die für verschiedene Spannung gebaut sind, also bei möglichst gleichbleibender Ökonomie etwa 110 oder 220 Volt liefern sollen. Endlich ist Fremderregung stets bei Wechselstromdynamos nötig.

Die Gleichstromdynamo besitzt eigentlich nur einen empfindlichen Teil, nämlich den Kommutator; diesem und den Bürsten muß man besondere Aufmerksamkeit widmen. Wir sahen, daß die Bürsten an der sog. neutralen Zone, also dort, wo die Ströme der oberen und unteren Ankerhälfte zusammenfließen resp. sich verteilen, aufliegen sollen. Beim Betrieb der Maschine tritt nun leicht Funkenbildung, das sog. Feuern an der Kontaktstelle auf, eine Erscheinung, die bei älteren Maschinen nicht ganz vermieden werden kann und die man erst neuerdings durch einen Kunstgriff vollständig behoben hat. Indem man mittelst einer passenden Vorrichtung die Bürsten konzentrisch im Kreise herum verschiebt, läßt sich zunächst das Feuern auf ein Minimum beschränken. Da indessen, wie wir sehen werden, diese Minimumstellung von der Belastung abhängt, so ist es im Betriebe

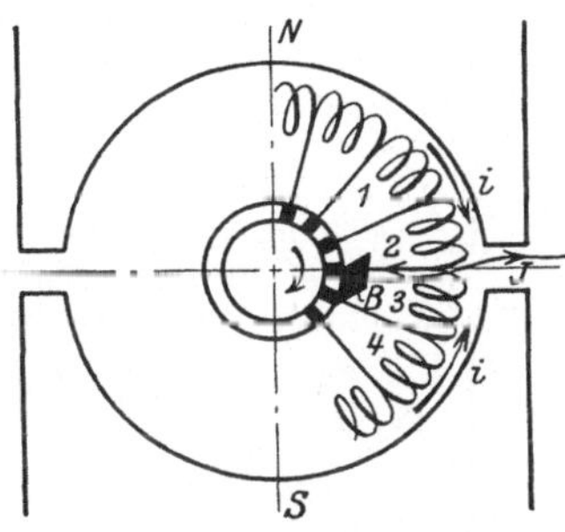

Fig. 115.

erforderlich, bei starken Stromschwankungen den Kontakt zu überwachen und eine entsprechende Bürstenverschiebung vorzunehmen.

Fragen wir nun einmal nach der Ursache der Funkenbildung. Zunächst ist klar, daß die Stromabnehmerbürsten so aufliegen müssen, daß die folgende Kommutatorlamelle bereits berührt ist, bevor die vorangehende verlassen wird, da sonst Stromunterbrechung und natürlich erst recht Funkenbildung eintreten würde. Betrachten wir dies an Fig. 115. Der Kommutator und ein Teil der Spulen sind hier schematisch im Magnetfeld N—S dargestellt. Durch Spule 1 und 2 fließt der Strom von oben, durch 4 von unten zur Bürste B und von da zum äußeren Stromkreis. Der Hauptstrom fließt aber nicht durch Spule 3, da diese durch die Bürste kurz geschlossen ist, in der Spule sinkt daher plötzlich der Strom auf Null, um im nächsten Augenblick, wenn sie in die Lage von 4 gelangt, wieder zur vollen Stärke anzuwachsen. Da sich dieser Vorgang in außerordentlich kurzer Zeit abspielt, so entsteht in der kurz geschlossenen Spule infolge der Selbstinduktion eine E.M.K. von erheblicher Spannung, so daß, wenn nunmehr der Kurzschluß beim Verlassen der Bürste aufgehoben wird, starke Funkenbildung eintritt. Wie schon oben angedeutet, hilft man sich in der Weise, daß man die

Bürsten in der Drehrichtung des Ankers verschiebt. Dadurch kommt die kurzgeschlossene Spule in das Feld des zunächst folgenden Magnetpols, der nun auf die Spule in einem der Selbstinduktion entsprechenden entgegengesetzten Sinne einwirkt und den Extrastrom kompensiert. Da aber der Selbstinduktionsstrom der Kurzschlußspule von der Stärke des jeweiligen Maschinenstromes abhängt, so ist klar, daß mit veränderlicher Stromstärke im Anker die Bürsten mehr oder weniger stark in das kompensierende Feld hineingeschoben werden müssen.

Durch Einführung der Wende- oder Kompensationspole hat man erreicht, daß die Kompensierung völlig selbsttätig vor sich geht. Man bringt nämlich an die Stelle der neutralen Zone einen Hilfspol s (Fig. 116), der vom Hauptstrom umflossen wird, und zwar im gleichen Sinne erregt, wie der folgende Hauptpol, also in unserer Skizze als Südpol. Man sieht sofort, daß dieser Hilfspol um so stärker kompensierend wirkt, als der Hauptstrom anwächst, also der zunehmenden Induktionswirkung der kurzgeschlossenen Spule stets entsprechend entgegenarbeitet.

Durch passende Dimensionierung und außerdem noch durch Zuhilfenahme von Kohlebürsten kann man die Funkenbildung vollständig vermeiden.

Die Kohlebürsten haben den früher üblichen Bürsten aus Kupfergeflecht gegenüber eine Reihe von Vorzügen. Da sie aus verhältnismäßig hartem Material bestehen, ist ihre Abnützung gering; sie schmiegen sich gleichmäßig und exakt der Komutatorfläche an, wodurch

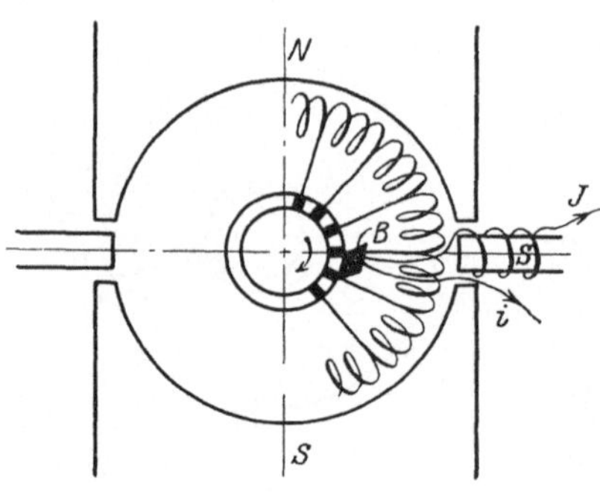

Fig. 116.

auch diese geschont wird. Die bei den Metallbürsten auftretende Faserbildung, die zum Feuern Anlaß gibt, fällt hier fort und endlich gestattet das Material ein leichtes Einfetten des Kommutators mit einem Spezialfett, das als Hauptbestandteil Vaseline enthält.

b) Elektromotoren.

Nirgendwo tritt die Umwandelbarkeit einer Energieart in die andere so augenfällig zutage wie bei der Dynamomaschine und dem Elektromotor. Wir sahen, wie wir unter Aufwand von mechanischer Arbeit Elektrizität erzeugen können, und wir werden jetzt sehen, daß dieselbe Maschine, die vorher als Dynamo Gleichstrom lieferte, nunmehr, indem wir Gleichstrom hineinschicken, als Motor mechanische Arbeit leistet. Ja, wir sehen noch mehr: Bestimmen wir den Wirkungsgrad (S. 108 ff.) der Maschine als Dynamo und als Motor und setzen die auftretenden Verluste bei Berechnung der Energien in Rechnung, so zeigt sich, daß beide Energiearten einander genau äquivalent sind, ein schöner Beweis für das Gesetz von der Erhaltung der Energie.

Da nun der Elektromotor nichts anderes ist als eine Dynamomaschine, die mit Strom versorgt wird, so können wir uns mit der Beschreibung kurz fassen und die Fig. 102 auch hier unseren Betrachtungen zugrunde legen.

Nehmen wir an, wir leiten an den Bürsten f_1 und f_2 Strom in den Anker der Maschine, so ist klar, daß beide Ringhälften als Elektromagnete erregt werden, die, halbkreisförmig, mit den gleichnamigen Polen in der neutralen Zone o — o aufeinander liegen: ob sich dabei der Anker dreht oder nicht, immer bleiben an dieser Stelle die Pole n—n und s—s bestehen, d. h. der Anker erhält unter dem beständig wirkenden Einfluß der abstoßenden Kräfte S und N gegen s s resp. n n, sowie der anziehenden Kräfte S und N gegen n n resp. s s, einen Antrieb, die Maschine läuft als Motor.

Es fragt sich noch, wie verhalten sich die Motoren hinsichtlich der Felderregung. Was die Hauptschlußmaschine anlangt, so wird der Drehsinn der Welle als M o t o r umgekehrt sein wie als D y n a m o, wie man auch den Strom hineinführt. Denn die Figur läßt erkennen, daß der Antrieb als Dynamo linksläufig erfolgen muß. Dies fordert das L e n z sche Gesetz [1]), nach dem der erzeugte Strom stets so wirkt, daß er die Bewegung, die ihn hervorruft, zu hemmen sucht (vgl. die Pole!). Anders, wie wir sahen, als Motor; eine Änderung der Stromrichtung ändert auch zugleich den Sinn der Pole, die Antriebsverhältnisse bleiben dieselben. Will man den Drehsinn der Dynamo als Motor beibehalten, so ist eine Schaltung vorzunehmen, die verhütet, daß die Pole ihr Vorzeichen wechseln. Das nämliche gilt für die Compoundmaschine hinsichtlich der Hauptwicklung, die Nebenschlußwicklung muß so geschaltet werden, daß sie den erzeugten Magnetismus unterstützt, ihm nicht entgegenarbeitet.

Die Nebenschlußdynamo läuft als Motor angetrieben stets im gleichen Sinne wie als Dynamo, denn, führen wir etwa an der Bürste f_2 (Fig. 114) Strom ein, so verzweigt sich dieser hier genau so, als ob der Strom aus dem Anker der als Dynamo laufenden Maschine kommen würde, die Pole behalten daher ihr Vorzeichen, während der Anker selbst vom entgegengesetzten Strom durchflossen wird, es bilden sich in der rechten Ankerhälfte die Pole s s, in der linken n n aus (Fig. 102), daher Linkslauf. Schickt man dagegen den Strom an Bürste f_1 in die Maschine, so wird der Anker vom Strome im gleichen Sinne durchflossen, wie als Stromerzeuger, die Magnete werden hingegen umpolarisiert, auch hier ist der Drehsinn beibehalten.

Aus diesen Betrachtungen ergibt sich leicht das Mittel, den Drehsinn nach Belieben vorzuschreiben (Reversierbarkeit von Motoren), indem man Felderregung und Anker passend zueinander schaltet. Ebenso folgt, daß man die Nebenschlußmaschine zum Laden von Akkumulatoren ohne weiteres benutzen kann, die Serienmaschine nicht (vgl. S. 104).

---

[1]) Aus diesem Gesetz folgt auch die R e c h t e - H a n d - R e g e l: Bringt man den Zeigefinger der rechten Hand in die Richtung der Kraftlinien (N → S), den Daumen in die Richtung der Bewegung, so gibt der Mittelfinger die Stromrichtung an.

3. Kapitel.

Übungen an Gleichstrommaschinen[1]).

a) Dynamomaschinen.

Bestimmung des Wirkungsgrades einer Dynamomaschine.

1. Mechanische Methode (Hilfsmotormethode). Es ist eine vierpolige Dynamomaschine vorhanden, die bei einer Spannung von 150 bis 170 Volt 35 Ampere liefert und für eine Leistung von etwa 6 KW. gebaut ist[2]). Wir ermitteln den Wirkungsgrad, d. h. das Verhältnis der entnommenen zur aufgewandten Energie und stellen uns außerdem die Aufgabe, das maximale Güteverhältnis festzustellen, zu untersuchen, bei welcher Stromstärke (Belastung) unter normaler Spannung die Dynamo am wirtschaftlichsten arbeitet. Zu dem Zwecke treiben wir sie mit einem Motor an, dessen Wirkungsgrad bekannt ist und benutzen dazu den Motor, dessen Bremskurve in Fig. 134 auf S. 130 gegeben ist. Wir können

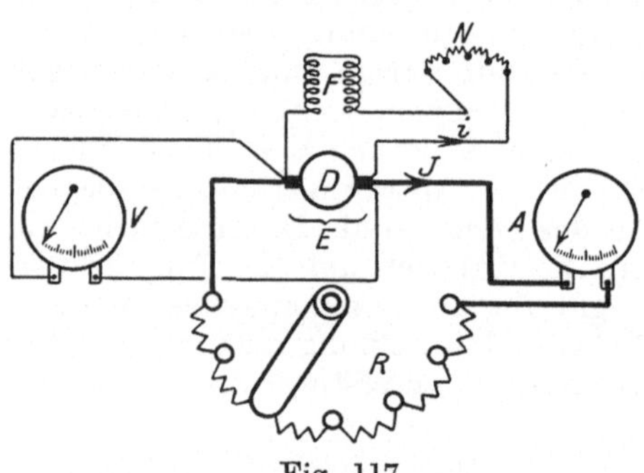

Fig. 117.

daraus die an der Riemenscheibe abgegebene Energie als Funktion der aufgewendeten elektrischen entnehmen.

Die Dynamo wird in das Prüffeld gebracht, d. h. zu unserer Arbeitsstätte, die es gestattet, Maschinen auf dem sog. Maschinenrost provisorisch zu verankern (falls es sich nicht um die Nachprüfung einer bereits vorhandenen Maschine handelt) und wo alle erforderlichen Instrumente teils auf besonderer Tafel montiert, teils tragbar, sowie feste oder transportable Widerstände vorhanden sind. Wir entwerfen ein Schaltungsschema (Fig. 117). Dadurch wird die Ausführung der Arbeiten wesentlich erleichtert und es werden Fehler vermieden. Falls solche, zumal bei komplizierten Anlagen, doch eingetreten sind, so sind sie leicht durch Vergleich mit der Skizze aufzufinden.

In den Hauptstromkreis schalten wir den Regulierwiderstand R sowie das Amperemeter A. Mit R können wir den Stromkreis künstlich belasten, also die Stromstärke J variieren. Die Klemmenspannung E der Maschine wird am parallel zu den Bürsten geschalteten Voltmeter V abgelesen. Mit dem Nebenschlußregulator N, in die Feldwicklung F eingeschaltet, halten wir die Spannung in den normalen Grenzen. Der Antriebsmotor muß stets auf konstante Tourenzahl einreguliert werden.

---

[1]) Siehe auch Normalien für Bewertung und Prüfung von elektrischen Maschinen und Transformatoren, herausgegeben vom Verband Deutscher Elektrotechniker, sowie Erläuterungen dazu von G. Dettmar. Beides im Verlag von Jul. Springer, Berlin.
[2]) KW = Kilowatt, siehe die Ausführungen S. 123 ff.

Die Versuchsresultate stellen wir in einer Tabelle übersichtlich zusammen, wobei wir die Daten für die „primäre" Energie, d. h. für den Motor in analoger Weise durch Einschalten von Instrumenten gewinnen.

In der Tabelle bedeuten:

W_p = primäre Watt, d. h. Wattbedarf des Motors.

W_v = an der Riemenscheibe des Motors verfügbare Watt, entnommen der Kurve S. 130.

J = Stromstärke der Dynamo.

E = Klemmenspannung der Dynamo.

W_s = sekundäre Watt = Wattleistung der Dynamo.

$$\eta = \text{Wirkungsgrad} = \frac{W_s}{W_v}{}^1)$$

n = Tourenzahl der Dynamo.

Tabelle 6.

W_p	W_v	J	E	W_s	η	n
2250	1400	3,0	160	480	0,36	1720
3180	2150	6,8	155	1050	0,52	1720
3870	2650	9,7	155	1500	0,60	1720
4250	2850	11,5	150	1725	0,64	1720
4830	3300	14,5	150	2175	0,70	1720
5885	3950	19,2	140	2690	0,71	1720
7660	5000	23,8	140	3280	0,69	1720

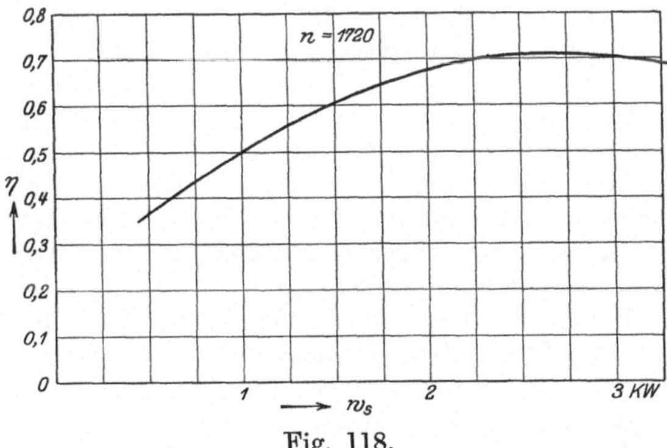

Fig. 118.

Indem wir die Werte für η als Funktion der Nutzleistung W_s graphisch auftragen, erhalten wir die Kurve in Fig. 118. Die Kurve zeigt, daß unsere Dynamo zwischen 2—3 Kilowatt am wirtschaftlichsten arbeitet; bei einer mittleren Klemmenspannung von 150 Volt würde man daher die Maschine bei 15—20 Ampere am vorteilhaftesten ausnützen. Hat man eine elektrische Anlage einzurichten, so gibt die Kurve des Wirkungsgrades ein anschauliches Bild darüber, ob die Ma-

---

^{1}) Abzüglich etwa 5% für Riemenverlust infolge Schlüpfung, Steifigkeit usw.

schine den Betriebsverhältnissen in ökonomischer Weise gerecht wird. Weiter zeigt uns die Kurve, daß wenigstens $30^0/_0$ der aufgewandten Energie verloren geht und es ist die Frage von Interesse, wodurch diese Verluste bedingt sind.

Die, wie bei jeder Umwandlung, nicht zu vermeidenden Verluste setzen sich aus Einzelverlusten zusammen, die teils mechanischer, teils elektrischer und magnetischer Natur sind. Die mechanischen Verluste rühren her von der Lagerreibung, von der Übertragung durch Riemen oder Kupplung, sowie auch von dem Luftwiderstand, obwohl dieser seinerseits den elektrischen Verlust verringert. Ja, man versieht sogar nicht selten den Anker mit Ventilatorflügel, um so einen kräftigen Luftzug längs des Ankers durch das Motorgehäuse zu erzielen und eine energische Kühlwirkung herbeizuführen. Denn: die elektrischen und magnetischen Verluste äußern sich in schädlicher Erwärmung von Anker und Magnetgehäuse. Der elektrische oder sog. Kupferverlust wird durch den Widerstand der Windungen verursacht, es tritt ein Spannungsverlust auf: e = J . W, und dieser Spannungsverlust multipliziert mit der Stromstärke gibt die verlorene Arbeit

$$A = e \cdot J = J^2 \cdot W$$

die in Form von Wärme auftritt, wie es das Joulesche Gesetz verlangt. Natürlich ist die zur Magneterregung bei Nebenschlußmaschinen erforderliche elektrische Energie bei Berechnung des Wirkungsgrades zu berücksichtigen, ebenso wie der Kupferverlust bei den mit Wendepolen versehenen Maschinen.

Ähnlich liegen die Verhältnisse bei dem sog. Eisenverlust; dieser wird sowohl durch die nicht ganz zu vermeidenden Wirbelströme als auch durch die Hysteresis bedingt. Die letztere Erscheinung, das Nacheilen des Magnetismus, rührt davon her, daß das Ankereisen bei dem fortwährenden schnellen Wechsel von Nord- und Südfeld nicht die Stärke des Magnetismus erlangt, der im Ruhezustande der Stellung im Felde entsprechen würde. Der Hysteresisverlust, der namentlich auch in der Wechselstromtechnik eine bedeutende Rolle spielt, ist nahezu proportional der Zahl der Polwechsel — der Perioden — des Eisens im Felde und dem Eisengewicht. Das Wesen der Hysteresis ist im Kapitel über Magnetismus eingehend besprochen, und es sei hier auf die dortigen Ausführungen verwiesen (S. 195).

Es mag noch der Ankerrückwirkung gedacht werden; sie hat ihre Ursache darin, daß der Ankerkern durch die aufliegenden vom Strome durchflossenen Windungen auch magnetisch erregt wird und Kraftlinien erzeugt. Dadurch wird das eigentliche Magnetfeld der Maschine etwas modifiziert; ein Wattverlust entsteht indessen durch diese Erscheinung nicht.

2. Leerlaufmethode. Im Prüffeld befindet sich eine Siemens-Schuckert-Dynamo neuester Bauart mit Wendepolen. Die Maschine ist für eine Höchstleistung von ca. 30 KW. gebaut, aber so eingerichtet, daß ihre Klemmenspannung in weiten Grenzen variabel ist. Sie besitzt zu diesem Zwecke Fremderregung. Zunächst untersuchen wir die

Maschine sowohl bei verschiedener Stromstärke als auch bei verschiedener Klemmenspannung und stellen dann wieder die Resultate in einer Tabelle übersichtlich zusammen.

Der Wirkungsgrad ergibt sich durch die Ermittlung der zum Leerlauf erforderlichen Größen, wobei wir unter Leerlauf den Betrieb der Maschine verstehen, während sie bei normaler Klemmenspannung keinen Strom liefert und der Anker die normale Tourenzahl erreicht hat. Dieser Versuch, der im betriebswarmen Zustande vor sich gehen soll, nachdem also die Maschine bei Belastung mehrere Stunden gearbeitet hat (Dauerprobe), gestaltet sich einfach so, daß man sie als Motor laufen läßt und die zugeführte elektrische Energie ermittelt. Diese dient offenbar zur Überwindung der Lagerreibung, von Luftwiderstand usw. Rechnet man die abgegebene Energie hinzu, so ergibt sich die zum Betriebe erforderliche Aufnahme und daraus der Wirkungsgrad

$$\eta = \frac{\text{Abgabe}}{\text{Aufnahme}}.$$

Nachdem der Generator[1]) drei Stunden lang bei einer Belastung von etwa 15 KW. gelaufen, wurden die Leerlaufsversuche angestellt. Durch geeignete Erregung ließ sich die Klemmenspannung zwischen der untersten und obersten Grenze verändern. Bei jedem Versuch mußte festgestellt werden:

J = Betriebsstrom,
E = Klemmenspannung,
i = Erregerstrom für die Feldmagnete (Nebenschluß),
e = Spannung an den Klemmen der Nebenschlußwicklung.

Die Tourenzahl n war konstant zu halten. Zur Klemmenspannung E ist zu bemerken, daß zu den abgelesenen Werten eine Korrektion hinzukommt, die allerdings meist vernachlässigt werden kann. Diese Korrektion rührt her: 1. von dem Spannungsverlust, bedingt durch den Widerstand W im Anker, 2. von dem Spannungsverlust an den Bürsten. Dieser beträgt 1,8 Volt (durch Versuch ermittelt), jener errechnet sich leicht aus J und W:

$$\varepsilon = J \,.\, W.$$

Da J im Mittel etwa 6 Ampere beträgt, W etwa 0,1 Ohm, so ist ε in unserem Falle eine sehr kleine Größe, die wir, ebenso wie den Verlust an den Bürsten, hier vernachlässigen können (nicht aber bei Belastung, s. später).

Aus den ermittelten Daten ergibt sich folgende

Tabelle 7.

J	E	i	e	Watt = J.E + i e	n
7,1	140	0,47	30,5	1010	1700
6,5	155	0,55	35,5	1025	1700

[1]) Üblicher Ausdruck für Dynamos größerer Leistung.

J	E	i	e	Watt = J.E + ie	n
5,2	195	0,71	46,5	1050	1700
4,9	220	0,83	54,0	1120	1700
4,6	280	1,25	81,0	1390	1700
4,8	330	2,00	129,0	1840	1700
5,1	360	2,70	175,0	2310	1700
5,4	375	3,30	214,0	2730	1700

Für die Berechnung des Wirkungsgrades der Maschine ist die Kenntnis des Leerlauf-Wattverbrauches bei einer bestimmten Klemmenspannung erforderlich. Wir tragen daher beide Größen in ihrer Abhängigkeit voneinander in einem Koordinatensystem auf; das ergibt die Kurve in Fig. 119.

Die Kurve gibt uns außerdem das Mittel an die Hand, die elektrischen und magnetischen Verluste von den mechanischen zu trennen; denn, verlängern wir den unteren Teil der Kurve bis zur Ordinatenachse, so gibt der Schnittpunkt den Anteil der aufzuwendenden Arbeit, der nur auf mechanischen Verlusten beruht, da ja die Maschine hier stromlos sein würde. Im vorliegenden Falle kommen auf diesen Teil etwa 800 bis 900 Watt.

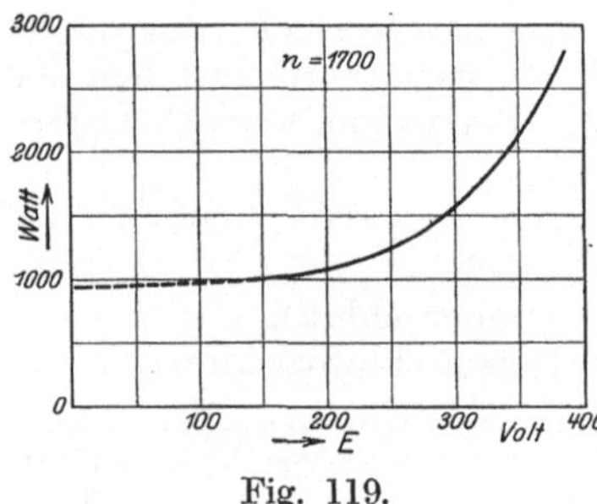

Fig. 119.

Nunmehr nehmen wir den Belastungsversuch vor, indem wir bei bestimmter Klemmenspannung E den Strom J variieren und daraus die Watt berechnen. Bezeichnen wir mit

V_1 = Leerlaufverlust aus obiger Kurve,
V_{cu} = Kupferverlust in Anker, Wendepolwicklung und an den Bürsten,
so ist der Wirkungsgrad

$$\eta = \frac{J.E}{J.E + V_1 + V_{cu}}$$

Zu bemerken ist, daß der zur Erregung des Nebenschlusses dienende Energieaufwand in V_1 enthalten ist. V_{cu} berechnet sich aus dem Widerstand des Ankers und der Wendepole, es ist:

$$W_a = 0,081$$
$$W_p = 0,032$$
$$\overline{W_a + W_p = 0,113.}$$

Dies gibt zunächst den Spannungsverlust

$$\varepsilon_1 = J.0,113,$$

dazu kommt der Spannungsverlust der Bürsten

$$\varepsilon_2 = 1,8 \text{ Volt,}$$

mithin der Wattverlust

$$V_{cu} = (\varepsilon_1 + \varepsilon_2)\,J.$$

Einen Überblick über die Verhältnisse gibt

Tabelle 8.

n = 1700

J	E	J × E	V_1	V_{cu}	η
75	190	14750	1150	750	0,88
50	290	14500	1500	370	0,88
75	290	21750	1500	750	0,91
100	290	29000	1500	1300	0,92
125	290	36250	1500	1750	0,93

Wie die Tabelle zeigt, handelt es sich hier um eine Maschine von einem mittleren Wirkungsgrad von 90%, d. h. deren Verlust bei mittlerer Belastung nur 10% beträgt. Dieser günstige Effekt wird nur bei größeren Maschinen erreicht und dadurch, daß die elektrischen und magnetischen Verhältnisse auf das genaueste gegeneinander abgewogen werden.

Es mag noch erwähnt werden, daß außer den meßbaren Verlusten noch die zusätzlichen auftreten, die vom Bau der Maschine abhängen und ihre Ursache in lokaler Erwärmung, starker Ankerrückwirkung u. dgl. haben. Sie sind verhältnismäßig gering und da ihre exakte Ermittlung nicht möglich ist, werden sie meist vernachlässigt oder schätzungsweise angegeben.

3. Indikatormethode. Nicht selten tritt der Fall ein, daß die beiden beschriebenen Methoden versagen, wenn z. B. Dynamo und Antriebsmaschine fest miteinander gekuppelt sind. Ist die letztere eine Kolbenmaschine, so kann man aus der indizierten Leistung die Verluste der Dynamo wenigstens angenähert ermitteln, indem man ein Indikatordiagramm der Maschine aufnimmt.

Es sei zunächst die physikalische Bedeutung der Methode beschrieben. Bekanntlich arbeiten die Kolbenmaschinen derart, daß der Arbeitszylinder bei Beginn des Hubes unter Druck gesetzt und der Kolben infolge der Expansion des eingeschlossenen Gases in die Endstellung verschoben wird. Ob die Antriebsmaschine mit Dampf, Gas, Öl, Benzin od. dgl. betrieben wird, ist für den prinzipiellen Vorgang im Zylinder gleichgültig.

Die auf die Kurbel übertragene Arbeit ergibt sich aus dem Kolbendruck, multipliziert mit dem Kolbenweg. Es sei

P = Kolbendruck in kg,
h = Kolbenhub in m,
n = Umdrehung pro Min.,
L = Leistung,

so ist

$$L = \frac{P \cdot 2\,h\,n}{60 \cdot 75}\,PS = \frac{P \cdot 2\,h\,n}{60 \cdot 102}\,KW^{1})$$

für die Dampfmaschine, und

$$L = \frac{P \cdot \frac{h}{2}\,n}{60 \cdot 75}\,PS = \frac{P \cdot \frac{h}{2}\,n}{60 \cdot 102}\,KW^{1})$$

für eine Viertakt-Gasmaschine.

Dabei ist indessen vorausgesetzt, daß der Druck P während des ganzen Hubes konstant bleibt; das ist aber wegen der Expansion und Kompression nicht der Fall, der Druck nimmt vielmehr stetig ab. Diese **Druckverteilung im Zylinder graphisch aufzuzeichnen ist Aufgabe des Indikators.** Betrachten wir zunächst die Wirkungsweise an Fig. 120.

Es sei C der Arbeitszylinder der Maschine, der am oberen Teil einen Gewindestutzen hat, in den der Hahn H eingeschraubt werden kann.

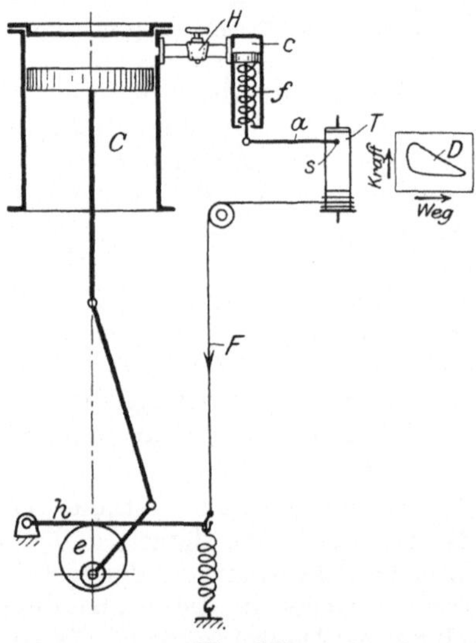

Fig. 120.

Durch eine zweite Verschraubung kann der Indikator mit dem Hahn verbunden werden. Der Indikator besteht im wesentlichen aus dem Zylinder c mit Kolben und aus der Schreibtrommel T. Der Kolben wird durch eine geeichte Feder nach oben gedrückt. Die Kolbenstange trägt unten den Arm a, der mit dem Schreibstift bei s versehen ist; dieser Stift wird mit leichtem Druck gegen das auf die Trommel gewundene Papier gedrückt. Die Trommel ist um eine Achse drehbar, wird aber durch eine Feder in der Endstellung zurückgehalten. Unten ist der Faden F herumgeschlagen, der über eine Rolle geführt und etwa unter Vermittlung eines Exzenters e und des Hebels h der Kolbenstange der Maschine analoge Bewegungen ausführt: dadurch wird die Trommel um die Achse gedreht und der Papierbelag unter dem Schreibstift hinweg bewegt.

Bei Aufnahme des Indikatordiagramms öffnet man den Hahn H und stellt damit die Verbindung zwischen beiden Zylindern her, in denen nun gleiche Druckverhältnisse vorhanden sind. Der im Zylinder herrschende Druck überträgt sich auf den Kolben in c, dessen Feder f so geeicht ist, daß der Verschiebung von 1 mm des Schreibstifts die Kraft

---

[1]) Über die Bedeutung von KW als mechanisches Maß s. S. 123.

von 1 kg pro qcm entspricht. (Natürlich können auch andere Verhältnisse gewählt werden.)

Unter dem gleichzeitigen Einfluß der beiden Bewegungen von
Trommel und Schreibstift zeichnet sich das Arbeitsdiagramm D auf.
Da die Ordinatenwerte den augenblicklichen Drucken entsprechen, die
Abszissenwerte der entsprechenden Kolbenstellung, so ist der von der
Kurve umschlossene Flächeninhalt proportional der in C geleisteten
Arbeit = Kraft × Weg.

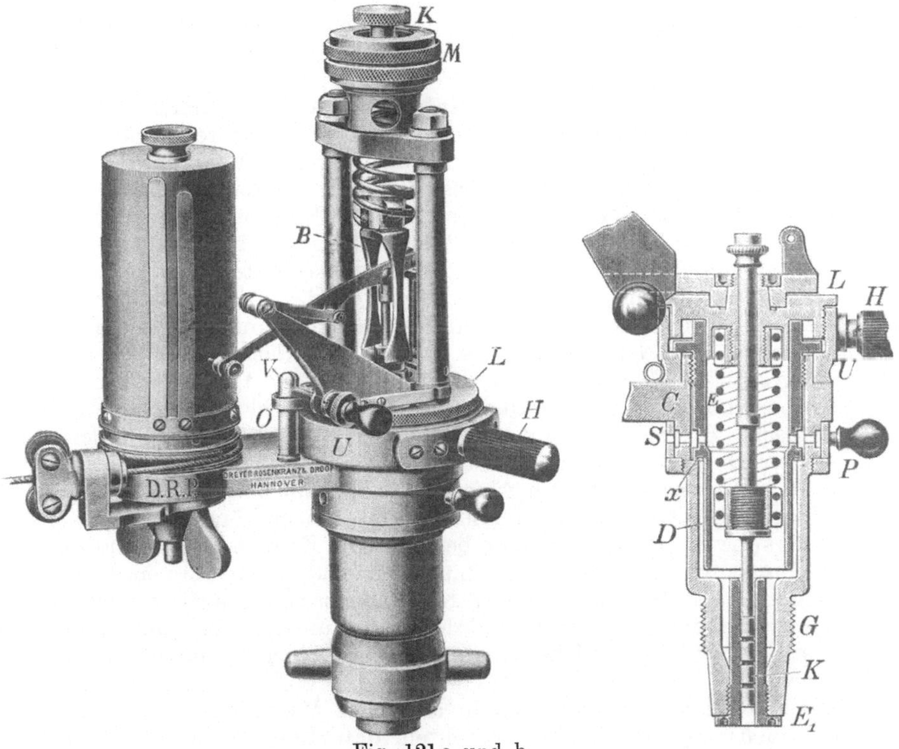

Fig. 121 a und b.

Bei der Berechnung ist der durch die Abszisse dargestellte Weg
mit der Verhältniszahl (Reduktionsfaktor) des wirklichen Weges =
Kolbenhub zu diesem Weg zu multiplizieren. Es sei

Q = Querschnitt des Arbeitskolbens in qcm,
J = Inhalt des Diagramms in qmm,
R = Reduktionsfaktor [1]),
n = Umdrehungen der Maschinenwelle (Tourenzahl) pro Min.,

---

[1]) D. h. 1 mm Weglänge auf der Abszisse (Fig. 120) entsprechen x Meter
Kolbenweg.

8*

so ist die indizierte Leistung

$$L_i = \frac{Q \cdot J \cdot R \frac{n}{2}}{60 \cdot 75} \text{ PS} \quad \ldots \ldots \ldots \quad 6)$$

$$= \frac{Q \cdot J \cdot R \frac{n}{2}}{60 \cdot 102} \text{ KW.}$$

für den Viertaktmotor, für die Dampfmaschine, bei der die Kraft bei jedem Hube wirkt, also bei einer Umdrehung zweimal, wird n mit 2 multipliziert.

Wenden wir uns nun zur Aufnahme des Diagramms an einem 25 pferdigen Gasöl-Dieselmotor der Deutzer Gasmotorenfabrik. Dazu benutzen wir einen Indikator der Firma Dreyer, Rosenkranz & Droop, Hannover. Fig. 121 a gibt die Ansicht des Indikators mit außen angeordneter Feder Fig. 121 b zeigt im Schnitt die Einrichtung mit innen liegender Feder; der Kolben K wird durch diese in seiner tiefsten Stellung gehalten, um ihn zu verschieben, ist eine bestimmte Kraft notwendig, abhängig vom Druck im Zylinder und von der Federspannung. Das Spiel des Kolbens wird durch ein Zwischenglied auf den Schreibhebel übertragen, der den Schreibstift trägt. Die Schreibtrommel besitzt zwei gestreckte Blattfedern, die das aufgewundene Papier festklemmen. Die sonst noch aus den Figuren ersichtlichen Hebel und Teile betreffen technische Einzelheiten, auf die wir nicht näher eingehen wollen.

Der Dieselmotor dient zum Antrieb des Gleichstromgenerators von ca. 30 KW., der im vorigen Abschnitt schon auf anderem Wege untersucht wurde. Auf Grund von Indikatormessungen können wir zunächst den Eisenverlust der Dynamo bestimmen. Zu dem Zwecke indizieren wir vorerst bei Leerlauf, dann nehmen wir Diagramme bei verschiedener Erregung, also bei verschiedener Klemmenspannung auf: der jeweilige Unterschied zwischen diesen und dem Leerlaufdiagramm gibt uns offenbar die Arbeit, die zur Überwindung der Eisenverluste aufzuwenden ist.

Nimmt man ferner Diagramme auf bei Vollbelastung und in den Zwischenstufen, so kann man in ähnlicher Weise die Kupferverluste berechnen; allerdings ist zu beachten, daß diese Methode nicht ganz streng gilt, da ein Teil der aus den Diagrammen berechneten Arbeitsdifferenz bei Leerlauf und Belastung auf Kosten der Antriebsmaschine zu setzen ist, da deren Eigenaufwand von der Belastung abhängt.

Als Beispiel für die praktische Ausführung lassen wir den Motor mit abgenommenem Riemen bei normaler Tourenzahl leer laufen und indizieren die zum Leerlauf benötigte Energie[1]). Sodann wird die Maschine belastet und abermals indiziert. Die Differenz aus beiden Leistungen gibt, abgesehen von den vorhin erwähnten Abweichungen, offenbar den Betrag, der lediglich zum Antrieb des Generators und zur Erzeugung

---

[1]) Ist die Antriebsmaschine mit der Dynamo fest verkuppelt, so ist die Arbeit für Lagerreibung und Luftwiderstand an der Dynamo zu vernachlässigen oder schätzungsweise auf Grund von Erfahrungsunterlagen einzusetzen.

des Stromes dient. Nehmen wir dazu die Energie für die Felderregung (da Fremderregung!), so ist dies die Aufnahme, die Abgabe wird leicht durch Messung von Strom und Klemmenspannung ermittelt.

Es wurden folgende Diagramme erhalten:

I. Für den Leerlauf:

$$L_i = 10,2 \text{ PS}$$

II. Bei Belastung:

$$J = 75 \text{ Ampere,}$$
$$E = 190 \text{ Volt.}$$
$$L_i = 34,1 \text{ PS.}$$

Die Leistung ist nach Gleichung 6 berechnet.

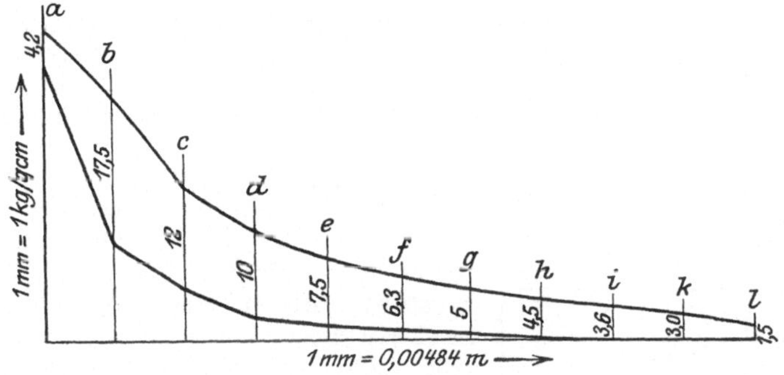

Fig. 122 a.

Zum näheren Verständnis der beiden Diagramme Fig. 122 a und b betrachten wir zunächst kurz die Arbeitsweise des Motors. Der Betriebs-

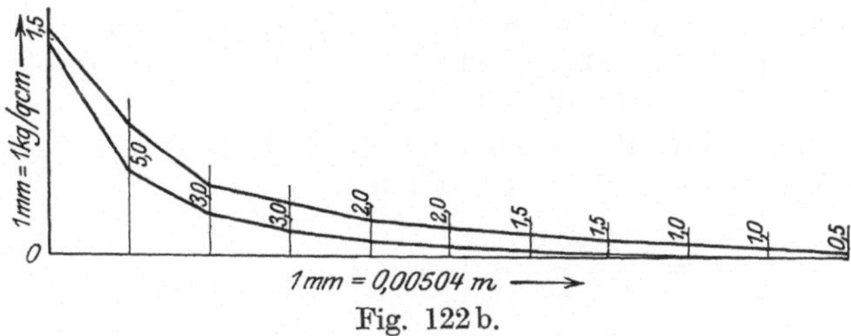

Fig. 122 b.

stoff, das Gasöl, wird dem Arbeitszylinder mittelst einer Druckpumpe in feinem Strahle zugeführt. Da gleichzeitig auch Luft vorhanden ist, so entsteht ein dem Knallgas ähnliches Gasgemisch. Die Einspritzung oder Ladung erfolgt bei der Höchststellung des Kolbens, nachdem dieser vorher beim Niedergang ein Quantum Luft angesaugt und beim Rückgang komprimiert hat: unterer Kurvenzug des Diagramms. Die erhebliche Kompressionswärme genügt, das Gemisch zu entzünden.

Nunmehr beginnt der Arbeitshub, indem der Druck des explodierten Gases den Kolben niederdrückt. Dieser Vorgang ist durch den oberen Kurvenzug a—1 veranschaulicht: von einem Anfangsdruck von etwa 36 Atmosphären (1 Atm. = 1 kg Druck pro qcm) — Diagramm a — nimmt der Druck erst stärker, dann allmählich ab, bis der Kolben seinen Hub vollendet hat. Bei der nun folgenden rückläufigen Bewegung werden die verbrauchten Gase durch ein sich öffnendes Ventil ausgestoßen, der Druck ist nahezu = 0, wie die unterste gerade Linie des Diagramms veranschaulicht. Beim dritten Kolbenspiel folgt Ansaugen von Luft durch das Ansaugeventil, während sich der Auspuff schließt; hier wird der Druck schon etwas negativ, die Kurve deckt sich mit der untersten Geraden (Abszissenachse). Beim Rückgang des Kolbens, also bei dem vierten Hub wird die Luft komprimiert und es erfolgt, wie oben schon beschrieben, die Ladung, die Explosion und das Spiel beginnt von neuem.

Das Ausmessen des Diagramms geschieht am einfachsten mit einem Harfenplanimeter. Es ist dies eine auf Pauspapier gleichmäßig geteilte Fläche, die auf das Diagramm gelegt wird, wodurch dieses in eine Anzahl trapezförmiger Gebilde zerlegt wird, deren Inhalt leicht berechnet werden kann und deren Summe den Gesamtinhalt ergibt. Bequemer in der Handhabung und für die Berechnung sind rostartig ausgebildete Planimeter aus Metallstäben, die in gleichem Abstand auf zwei parallele Leisten 1 1 genietet sind (Fig. 123). Durch Verschieben der Leisten kann man den Abstand der Stäbe der Länge des Diagramms anpassen und die Fläche in parallele Abschnitte einteilen. Die Zahl der Stäbe ist so gewählt, daß die Abszisse in 10 gleiche Teile geteilt wird, wodurch sich die Rechnung vereinfacht. Die Unregelmäßigkeiten in der Krümmung werden durch Gerade ausgeglichen, die so eingezeichnet sind (vgl. Fig. 122 a und b), daß der Flächenvergrößerung eine entsprechende Verminderung entgegensteht.

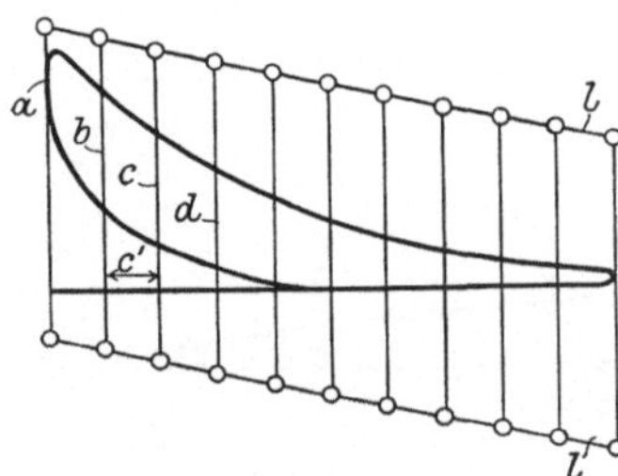

Fig. 123.

Bezeichnen wir die Ordinaten mit a, b, c, d usf., den zehnten Teil der Abszisse mit c', so ist offenbar

$$J = \left(\frac{a + z}{2} + b + c + \ldots + y\right) c'$$

wenn z den letzten, y den vorletzten Ordinatenwert darstellt.

Als Differenz für die Arbeitsleistung berechnet aus den beiden Diagrammen erhalten wir rund 24 PS. Es ist klar, daß bei geringer Belastung, so bei Leerlauf, die Methode an Zuverlässigkeit verliert, da die Fehler beim Ausmessen des Diagramms hier einen stärkeren Einfluß ausüben. Immerhin dürfte die Genauigkeit genügen, um ein Urteil über den Wirkungsgrad zu gewinnen. Nach den mitgeteilten Daten berechnet sich dieser zu

$$\eta = \frac{75 \cdot 190}{24 \cdot 736 + 30} = 0,83\,[1])$$

wobei der Energiebetrag von 30 Watt im Nenner die Erregung darstellt i = 0,7 Ampere bei ca. 45 Volt Spannung.

Die Leerlaufmethode ergab (S. 113) für die nämliche elektrische
Energie den Wirkungsgrad von $88^0/_0$, einen wahrscheinlich genaueren
Wert. Die Differenz von $5^0/_0$ rührt wohl davon her, daß bei Vollbelastung
der Motor für den Leerlauf etwas mehr Energie benötigt als bei Nicht-
belastung, so daß die Nutzleistung etwas unter 24 PS. zurückbleibt.

4. Die dynamometrische Methode. In die Riemenübertragung einer
älteren Siemensschen Hauptschlußmaschine wurde das auf S. 131 beschriebene Dynamometer eingeschaltet und bei zunehmender Belastung
die übertragene Arbeit ermittelt, wobei für den Riemenverlust etwa $5^0/_0$
in Abzug gebracht wurden. Der Versuch ergab die

Tabelle 9.

J	E	W	L (PS.)	η
5,0	28,5	140	0,43	0,44
10,5	35,0	370	0,75	0,67
14,5	42,5	620	1,15	0,73
20,0	49,0	980	1,80	0,74
24,0	53,0	1270	2,20	0,78
31,5	54,0	2230	4,00	0,76
40,5	55,0	2580	4,75	0,74
51,0	53,0	2700	5,40	0,68

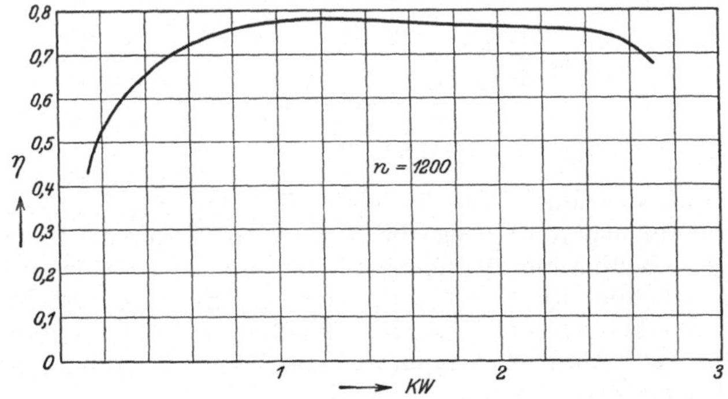

Fig. 124.

Die Kurve in Fig. 124 gibt ein anschauliches Bild über den
Verlauf des Wirkungsgrades, der einen verhältnismäßig hohen Wert
erreicht. Wie die Kurve weiter zeigt, ändert sich das Güteverhältnis
nur sehr wenig in einem ziemlich ausgedehnten Belastungsbereich.

---

[1]) Über die Umrechnung mechanischer Energie in elektrische und umgek.
s. S. 123.

Bestimmung der äußeren Charakteristik von Dynamomaschinen.

Allgemein versteht man unter Charakteristik die graphische Darstellung der Abhängigkeit der wichtigsten bei dem Betrieb der Maschinen vorkommenden Größen, wie dies beispielsweise im letzten Abschnitt geschehen ist. Die äußere Charakteristik gibt ein Bild über die Betriebsverhältnisse der Dynamo, die Abhängigkeit von Strom und Spannung bei konstanter Tourenzahl. Wir untersuchen die drei wichtigsten Fälle:

1. an der Hauptschlußmaschine,
2. an der Nebenschlußmaschine,
3. an der Verbundmaschine.

1. Hauptschlußmaschine.

Als Beispiel diene die Versuchsreihe, gemessen an der vorhin beschriebenen Siemensschen Trommelmaschine; die Werte für J und E sind der Tabelle 9 zu entnehmen. Tragen wir die zugehörigen Werte

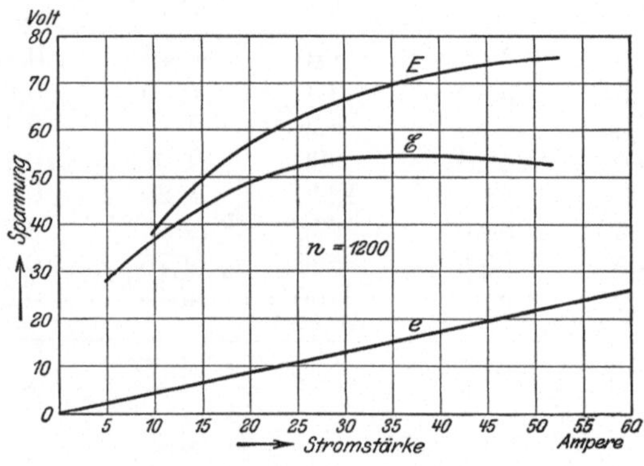

Fig. 125.

graphisch auf, so erhalten wir die Kurve E in Fig. 125 für die Abhängigkeit der Klemmenspannung, also der Netzspannung von der Stromstärke J (Belastung). Bedingung für die Netzversorgung mit Strom ist konstante Spannung, wie auch die Stromstärke sich ändern möge; die Kurve zeigt uns, daß dies bei unserer Maschine zwischen 25 und 50 Volt ziemlich erreicht ist. Unterhalb 25 Ampere ist die Maschine völlig unbrauchbar, da hier beispielsweise je nach der Zahl der eingeschalteten Lampen diese zu hell oder zu dunkel brennen würden.

Von der Klemmenspannung E ist zu unterscheiden die elektromotorische Kraft E. Diese ist bei Stromabgabe stets größer als E, da wegen des Spannungsverlustes im Anker und in der Magnetwicklung (Kupferverlust), bedingt durch deren Widerstand W, eine Schwächung eintritt, die von der Stromstärke J abhängt:

$$e = J \cdot W, \text{ und}$$
$$E = E + e.$$

Die Kurve für die E.M.K. erhält man leicht, wenn man zur Abszissenachse die jeweiligen Werte von e als Ordinaten aufträgt. W wird im betriebswarmen Zustande gemessen und ist konstant, daher wird der Verlust als gerade Linie dargestellt. Die Ordinatenwerte addiert zu den entsprechenden der E-Kurve gibt die Kurve für E. Für W ergab sich der Wert 0,44 Ohm.

2. Nebenschlußmaschine.

Wir benutzen die Zahlen der Tabelle 6 für J und E der dort behandelten Siemens-Schuckert-Maschine. In der graphischen Darstellung bringen wir außer der E-Kurve auch durch Einzeichnen der E-Kurve den Kupferverlust im Anker zur Anschauung. Der Ankerwiderstand betrug 0,3 Ohm.

Die Kurve der Fig. 126 lehrt, daß hier die Spannung mit zunehmender Belastung abfällt, um etwa 22 Volt. Die Nebenschlußmaschine ver-

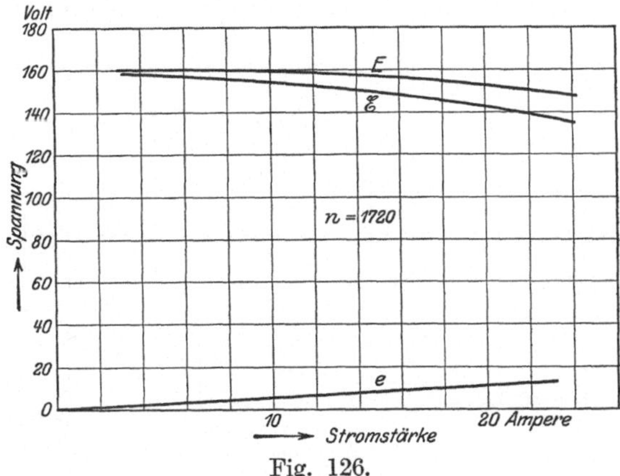

Fig. 126.

hält sich also umgekehrt wie die mit Hauptschluß im vorigen Beispiel. Sehen wir jetzt, wie durch Vereinigung beider Wicklungsarten sich ihre entgegengesetzten Fehler verhalten.

3. Verbund- (Compound) Maschine.

Tabelle 10.

J	E
30	65
26	67
21	70
17,5	71
14,0	72
11,0	73
8,4	73,5

J	E
6,0	74
5,0	74,5
4,0	75
3,0	75,5

Wir benutzen Tabelle 10 für J und E und konstruieren die E-Kurve, ferner aus Anker- und Hauptschlußwiderstand, W = 0,48 Ohm, die $\mathscr{E}$-Kurve. Das ergibt Fig. 127; sie lehrt: die Compoundierung ist nicht völlig geglückt, die Klemmenspannung sinkt mit wachsender Belastung gleichförmig, im ganzen um etwa 10 Volt, während die E.M.K. einen fast gleichbleibenden Wert behält. Es überwiegt also die Nebenschlußwicklung, man würde daher die Hauptschlußwicklung etwas stärker zu wählen haben oder danach trachten, W zu verkleinern.

Die richtigen Verhältnisse werden meist vor der endgültigen Festlegung einer Maschinentype durch Auflegen von Probewicklungen er-

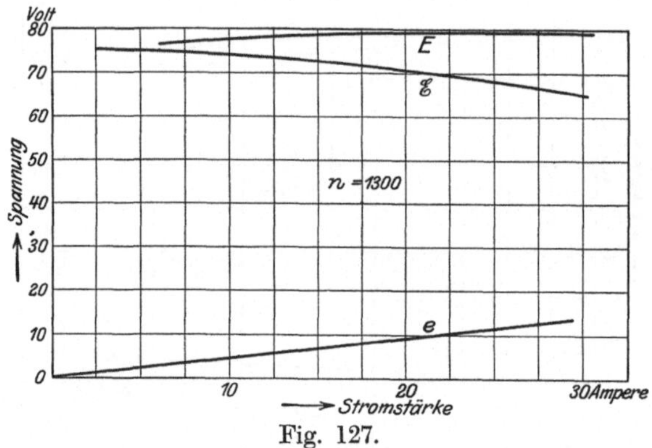

Fig. 127.

mittelt. Übrigens sind, wie wir gesehen haben, sowohl die Nebenschluß wie auch die Verbundmaschinen immer mit einem Nebenschlußregulier widerstand ausgerüstet, mit dem man leicht die Spannung innerhalb der hier verzeichneten Grenzen konstant erhalten kann.

b) Elektromotoren.

Wirkungsgrad eines Elektromotors.

Allgemein verstehen wir unter dem Wirkungsgrad eines Motors das Verhältnis der entnommenen Energie zu der aufgewandten; er ist stets ein echter Bruch, da natürlich die Umwandlung Verluste mit sich bringt. Zur Bestimmung des Wirkungsgrades müssen wir zwei Energie arten miteinander vergleichen, die mechanische und die elektrische. Es ist daher notwendig, die erstere in die letztere oder umgekehrt, diese in jene umzurechnen.

Was zunächst die elektrische Arbeitsleistung anlangt, so stellt sich diese dar durch das Produkt aus Stromstärke und Spannung. Nennen wir die Arbeit A, die übrigen Größen J resp. E, so hat man

$$A = k \, J \cdot E \quad \dots \dots \dots \dots \quad 7)$$

k, die Proportionalitätskonstante hängt von der Wahl der Einheiten ab, sie wird gleich eins für die Einheitsgrößen Ampere und Volt, die Arbeitseinheit pro Sekunde nennt man Watt (Volt-Ampere).

Die Richtigkeit der obigen Beziehung ergibt sich leicht aus einer kurzen Überlegung. Damit der Strom zustande kommt, ist die Potential-differenz E nötig. Potential ist aber ein Arbeitsbegriff, und hier ver-stehen wir unter der Differenz diejenige Arbeit, die erforderlich ist, um die Einheit der Elektrizitätsmenge von der Stelle niederen zu der-jenigen höheren Potentials zu transportieren. Ist es nicht die Einheit, sondern die der Stromstärke entsprechende Menge, so folgt als Arbeits-ausdruck das Produkt aus beiden, wie oben angegeben.

Ebenso leicht läßt sich die elektrische Energie in mechanische um-rechnen. Wir gehen aus vom Kraftbegriff. Im absoluten Maßsystem gilt als Krafteinheit die Dyne, d. h. die Kraft, die der Masse 1 g die Beschleunigung 1 cm pro Sekunde erteilt. Weiter haben wir als Einheit der Arbeit das Erg: es ist die Arbeit, die die Kraft einer Dyne auf 1 cm Wegstrecke leistet. Das technische Maß ist das Kilogrammeter, dieses enthält $9,81 \cdot 10^7$ Erg, denn als Masse haben wir 1000 g, als Be-schleunigung 981 $\dfrac{\text{cm}}{\text{sec}}$ (Erdbeschleunigung) und als Weg 100 cm, daher $1000 \cdot 100 \cdot 981 = 9,81 \cdot 10^7$.

Der Effekt oder die Leistung ist die Arbeit in der dazu gehörigen Zeit. Die Einheit Erg pro sec ist zu klein, man nimmt den 10 million-fachen Betrag davon und nennt diese Einheit Watt, also

$$1 \text{ Watt} = 10^7 \text{ Erg/sec.}$$

daher

$$1 \text{ Kgm} = 9,81 \text{ Watt,}$$

und da 1 PS. (Pferdestärke) = 75 Kgm, so ist

$$1 \text{ PS.} = 75 \cdot 9,81 = 736 \text{ Watt} = 736 \text{ VA.}$$

(VA Abkürzung für Volt $\times$ Ampere.)

Gewöhnlich drückt man die Leistung nicht durch Watt, sondern das tausendfache, das Kilowatt aus, es ist mithin

$$1 \text{ PS.} = 0,736 \text{ KW.}; \quad 1 \text{ KW.} = 1,36 \text{ PS.}$$

oder in erster Annäherung für das Gedächtnis leichter zu behalten:

$$1 \text{ PS.} = {}^3/_4 \text{ KW.}; \quad 1 \text{ KW.} = {}^4/_3 \text{ PS.}$$

Für rohe Schätzung kann man sich ferner merken: 1 KW. $\cong$ 100 Kgm (genauer = 102 Kgm).

Man erkennt, daß man auch als Einheit der mechanischen Leistung das KW. nehmen kann, und da dieses einheitliche System für die Technik von großer Bedeutung ist, so hat man nach langen Verhandlungen mit den maßgebenden Firmen des In- und Auslandes die Abmachung zustande gebracht, daß der veraltete Begriff der Pferdestärke überhaupt verschwinde und das

$$\text{Kilowatt} = \text{KW.}$$

international als Leistungseinheit gelte.

In Deutschland ist nach den „Normalien für Bewertung und Prüfung von elektrischen Maschinen und Transformatoren"[1]) diese Leistungseinheit seit dem 1. Juli 1914 in Kraft. Es ist daher die Leistung auf den Maschinen in KW. angegeben; um den Übergang zu erleichtern, werden vorläufig noch in den Katalogen beide Bezeichnungen geführt. Die nebenstehende Skala veranschaulicht die Beziehungen beider Einheiten zueinander und dient zur bequemen Umrechnung.

Gehen wir jetzt zum Versuch über. Vorhanden ist eine ca. 6 PS. Schuckertsche Compoundmaschine älterer Bauart mit Flachringanker. Wir stellen uns die Aufgabe zu untersuchen, welche elektrische Energie aufzuwenden ist, um eine bestimmte mechanische Arbeitsleistung innerhalb der 6 PS. (ca. 4,4 KW.) zu erhalten und verfahren dabei so, daß wir dem Motor nacheinander etwa 1, 2, 3 bis 6 PS. entnehmen und den jeweiligen Energieverbrauch feststellen. Bei den Versuchen ist die vorgeschriebene Tourenzahl einzuhalten.

1. Bremsversuch. Zum Versuch benutzen wir, um die an der Riemenscheibe abgegebene mechanische Arbeit zu bestimmen, den Pronyschen Zaun. Das Prinzip ist folgendes (Fig. 128): Die Riemenscheibe R wird durch die Klemmbacken B während des Betriebs gebremst. Mit den Backen ist der Hebel l verbunden, der durch das Gewicht P belastet wird. Dieses Gewicht ist so zu wählen, daß das Kraftmoment dem Drehmoment gerade das Gleichgewicht hält. Der Schwerpunkt des Zauns — ohne P — muß mit dem Zentrum der Maschinenwelle zusammenfallen, zum Ausgleich dient das Gewicht g. Die Bremsarbeit wird in Wärme übergeführt und die Leistung berechnet sich leicht wie folgt:

Nehmen wir zunächst an, mit der Riemenscheibe sei eine Schnurrolle verbunden (punktiert eingezeichnet), deren Radius gleich sei der Länge l des Bremshebels. Dann würde bei einer einmaligen Umdrehung der Scheibe das an einer hinreichend langen Schnur befestigte Gewicht P um die Strecke 2 l π gehoben werden, demnach wäre die Arbeit

$$A = 2 \, l \, \pi \, P,$$

und bei n Umdrehungen, d. h. bei n Touren der Maschine

$$A = 2 \, l \, \pi \, P \cdot n.$$

---

[1]) l. c. S. 108.

Rechnet man die Länge in Meter, das Gewicht in Kilogramm, und ist wie üblich die Tourenzahl als Umdrehungen pro Minute angegeben, so hat man

$$A = \frac{2\,l.\pi\,P.n}{60}\ \text{kgm} \quad \ldots \ldots \ldots \ 8)$$

als Leistung pro Sekunde, und daraus durch Division von 75 resp. 102 die Zahl der PS. resp. KW.

Da man nun das Gewicht P aus leicht ersichtlichen Gründen nicht wirklich heben kann, so wird die Arbeit durch die Bremse in Wärme übergeführt, d. h. man reguliert den Druck der Backen durch Schrauben so, daß bei konstanter Tourenzahl der Hebel l weder nach oben, noch nach unten ausschlägt, vielmehr frei schwingt, also einerseits durch das statische Moment des Gewichts P, andererseits durch das an der Scheibe infolge der Reibungskraft auftretende Moment im Gleichgewicht gehalten wird.

Es ist nun aber klar, daß, zumal bei großen Leistungen, beim Abbremsen enorme Wärmemengen auftreten, die den Versuch erschweren, wo nicht unmöglich machen würden. Durch geeignete Wasserkühlung läßt sich der Übelstand leicht beseitigen. Eine gewöhnliche, möglichst tief ausgedrehte Riemenscheibe kann in der aus Fig. 129 erläuterten Weise passend hergerichtet werden. Die im Schnitt dargestellte Riemenscheibe ist vorne durch eine Scheibe verschlossen, die in der Mitte eine Stopfbüchse S trägt, durch welche die Hülse H hindurchgesteckt ist,

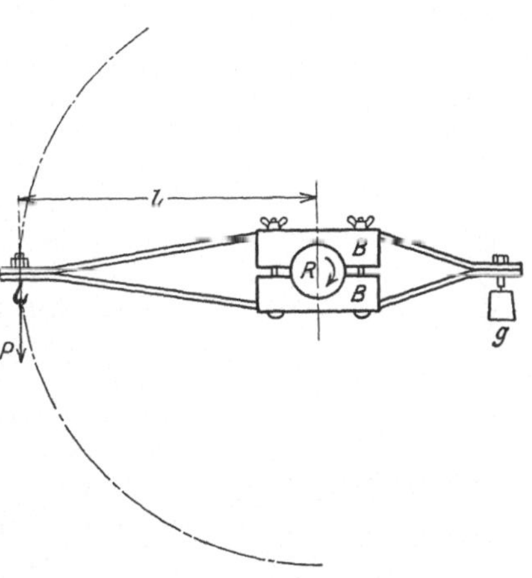
Fig. 128.

so daß diese durch das seitlich angesetzte Rohr R und den Halter A festgehalten wird, wenn die Maschine läuft, wobei die Stopfbüchse das Austreten von Wasser während der Rotation verhindert. Das Wasser tritt durch das Mittelrohr r (verbunden mit R) ein, spült gründlich durch und fließt durch R ab.

Bevor wir den Versuch ausführen, verschaffen wir uns die Meßinstrumente und stellen an Hand einer Schaltskizze, Fig. 132, S. 128, die erforderlichen Verbindungen her. Wir benötigen:

1. Ein Amperemeter, mit einem Meßbereich bis 60 Ampere für den Hauptstrom J (A_1).

2. Ein Amperemeter, bis etwa 5 Ampere zeigend für den Strom i der Nebenschlußwicklung (A_2).

3. Ein Voltmeter, zum Messen der Klemmspannung, bis etwa 150 Volt zeigend (V).

4. Einen Regulier-Anlasser R von etwa 15 Ohm, für 30 Ampere Dauerbelastung in den letzten Windungen.
5. Einen Tourenzähler oder besser einen Drehzahl-Anzeiger (Tachometer).

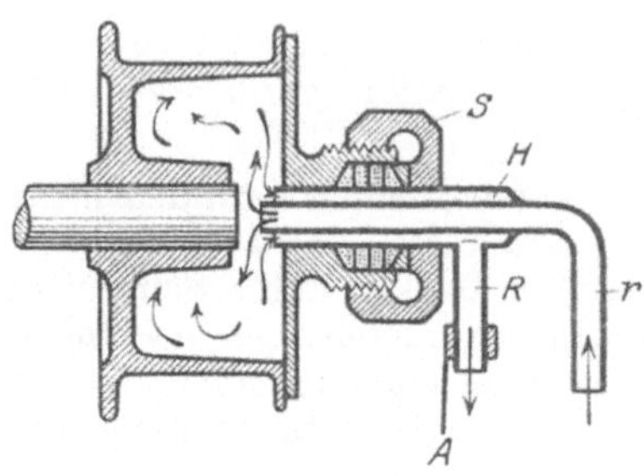

Fig. 129.

Zu 5 sei erläuternd bemerkt:

Der Tourenzähler eignet sich nur dort, wo die Tourenzahl während des Versuchs nicht schwankt, er ist nicht sehr bequem in der Handhabung und benötigt eine Stoppuhr, ist aber im übrigen ein einfaches Instrument, wie Fig. 130 zeigt (Firma Leybold, Cöln). Eine Schraubspindel, die am Ende einen Kegel mit drei scharfen Schneiden besitzt, greift in ein Zahnrad mit 100 Zähnen. Man drückt die Spitze in eine entsprechende Vertiefung der Motorwelle, wodurch sie mitgenommen wird. Es ist ersichtlich, daß bei 100 Umdrehungen das Zahnrad eine Umdrehung vollendet; die Zahlen laufen an dem feststehenden Zeiger vorbei. Das mittlere Zifferblatt steht mit dem äußeren durch eine Übersetzung von 10 : 1 in Verbindung, so daß der kleine Zeiger die vollendeten hundert Umdrehungen anzeigt.

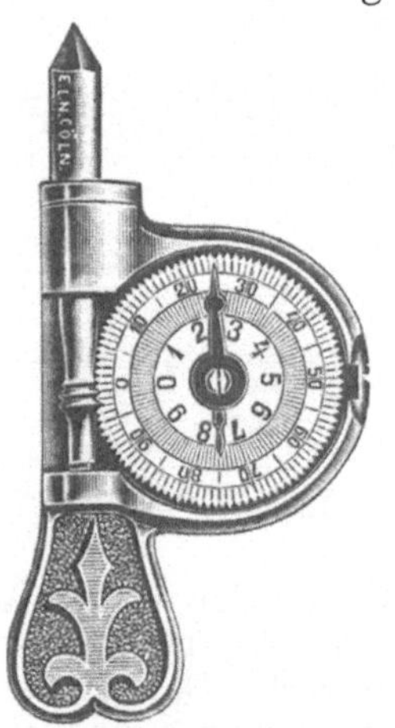

Fig. 130.

Bequemer, aber viel teurer und daher nicht so leicht zu beschaffen sind die Tachometer, die durch Zeigerausschlag direkt die vorhandene Tourenzahl pro Minute angeben, wenn man den auch hier mit dem Instrument verbundenen Schneidenkegel in die Vertiefung der Maschinenwelle eindrückt. Die äußere Ansicht eines Siemensschen Tachometers sehen wir in Fig. 131 a, die Wirkungsweise erläutert die daneben befindliche Skizze (b). Auf dem Schaft A, der durch den Mitnehmerkonus in Umdrehung versetzt wird, sitzt eine schräg gestellte runde Metallscheibe S, die durch zwei Spiralfedern in der geneigten Lage gehalten wird. Wenn aber A in Umdrehung gelangt, so sucht sich infolge der Zentrifugalkraft die Scheibe mit zunehmender Tourenzahl mehr und mehr in die zur Achse senkrechte Lage zu begeben. Diese Bewegung wird mittelst des Hebels h auf die im Schaft verschiebbare Hülse H übertragen, die durch Mitnehmervorrichtung und Hebel das Zahnsegment s um a dreht. Das Segment greift in ein mit der Zeigerachse verbundenes Trieb, wodurch selbst bei geringer Verschiebung ein verhältnismäßig großer Zeigerausschlag erfolgt. Durch passende Wahl der Verhältnisse läßt sich die Skala für direkte Ablesung: Umdrehung pro Minute — eichen.

Um zu erreichen, daß für geringere Umdrehungen sowohl wie auch für mittlere und höhere Tourenzahlen das Instrument die nämliche Empfindlichkeit behalte, läßt sich der Übertragungsmechanismus vermittelst eines Wechselgetriebes entsprechend umschalten, Figur a veranschaulicht dies: durch Verschieben des Knopfes auf dem Schaft des Instrumentes läßt sich der Bereich 100—400, 300—1200 und

$$1000-4000 \ \frac{\text{Umdrehungen}}{\text{pro Minute}} \ \text{einstellen.}$$

Ein Gleichstromelektromotor darf nicht durch einfaches Einschalten eines Schalthebels in Betrieb gesetzt werden, so, wie man

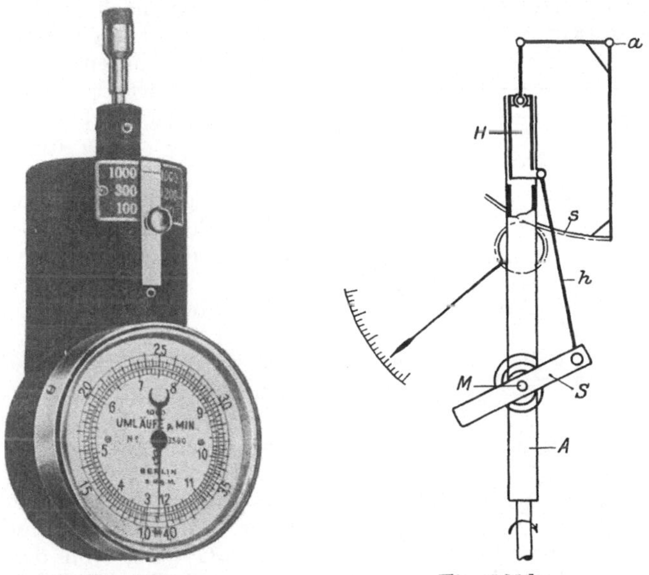

Fig. 131 a. Fig. 131 b.

etwa eine Glühlampe einschaltet (ausgenommen sind Ventilatormotoren kleinster Type u. dgl.). Es ist vielmehr notwendig, dem Ankerstromkreis einen Widerstand vorzuschalten, den man erst allmählich, so, wie die Tourenzahl der Maschine zunimmt, gänzlich ausschaltet. Der Grund hierzu ist einleuchtend. Damit in den Ankerwindungen möglichst geringe Verluste auftreten, muß deren Widerstand, der also zwischen den Bürsten liegt, möglichst gering sein. Denken wir uns nun den Motor mit der Spannung von 220 Volt betrieben, so würde ohne Anwendung eines Vorschaltwiderstandes, des Anlassers, die volle Spannung plötzlich an die Bürsten gelegt und der Anker, dessen Widerstand etwa 0,2 Ohm betrage, kurz geschlossen, d. h. mit einem Strom bis zu

$$J = \frac{220}{0,2} = 1100 \ \text{Ampere}$$

belastet werden, was Beschädigung, oder falls die Sicherungen nicht rechtzeitig einsetzen oder versagen würden, Zerstörung des Ankers und der Anlage zur Folge haben müßte. Der Anlasser verhindert diese unzulässige Belastung; ist die Maschine erst in Gang versetzt, so entsteht in den Windungen des Ankers, da sie sich im Magnetfeld bewegen, eine E.M.K. genau so, wie in jeder Dynamomaschine, eine Kraft, die der angelegten Spannung entgegenarbeitet, und zwar bei völlig ausgeschaltetem Anlasser soweit, daß nur der eigentliche Betriebsstrom des Ankers diesen passieren kann[1]).

Im Zusammenhang mit dem Vorstehenden können wir hier noch eine ungemein günstige Eigenschaft des Gleichstromnebenschlußmotors besprechen. Verfolgen wir nämlich die Vorgänge noch etwas genauer, so erkennen wir, daß eine solche Maschine selbst regulierend wirkt, konstante Tourenzahl anstrebt, daher selbsttätig mehr oder weniger Strom dem Netz entnimmt, je nach der Arbeitsleistung. Denn, tritt etwa stärkere Belastung ein, so sucht der Motor hinter der normalen Tourenzahl zurückzubleiben. Dies bedingt aber ein Abnehmen der im Anker erzeugten elektromotorischen Gegenkraft, sofort steigt der Betriebsstrom im Anker an. Das Umgekehrte gilt natürlich, wenn eine geringere Arbeitsleistung vom Motor verlangt wird.

Die Schaltung eines Gleichstromnebenschlußmotors (resp. einer Verbundmaschine) zeigt Fig. 132. Der von der Leitung kommende Strom J passiert die Sicherungen S und den Doppelhebelschalter H. Von hier werden die Leitungen zur Maschine und zum Anlasser R geführt. Ferner sind noch die zum Bremsversuch nötigen Instrumente eingeschaltet (S. 125).

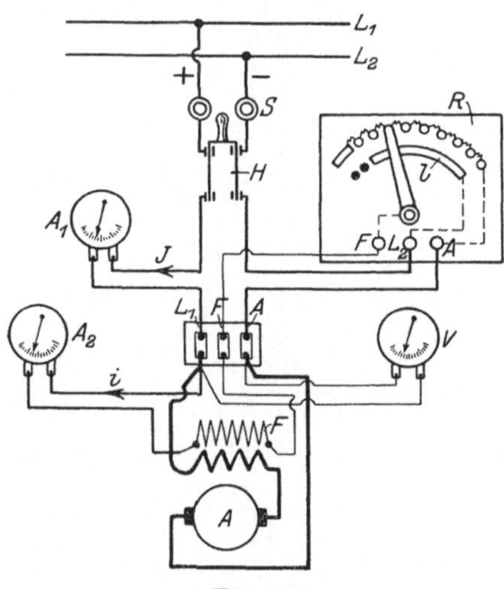

Fig. 132.

Der Klemmbock der Maschine trägt an den drei Klemmen die Bezeichnung: L_1 = erste Leitung, F = Feldwicklung, A = Anker. Die Leitungen sind mit den gleichartig bezeichneten Anschlüssen des Anlassers zu verbinden. Das Einschalten erfolgt von links nach rechts; beim Verfolgen des Stromlaufs erkennen wir folgendes: Die Magnetnebenschlußwicklung ist direkt an das Netz geschaltet und bleibt voll erregt, wie auch die Anlaßkurbel stehen möge. Denn, der von der Leitung L_2 hinübergeleitete Strom gelangt durch das Metallsegment 1 vermittelst einer auf ihm schleifenden Kontaktfeder zum Hebel und von da über

---

[1]) Würde der Motor vollständig verlustfrei arbeiten, so würden angelegte und erzeugte Spannung einander genau gleich sein: der Anker, einmal angestoßen, würde seine Bewegung fortsetzen, ohne Energie zu benötigen.

F zur Wicklung an den anderen Pol L_1, wohingegen der Ankerstrom erst die Windungen des Anlaßwiderstandes passieren muß, ehe er zu A gelangt.

Für gewöhnlich sind die Anlasser, hauptsächlich der Kosten- und Raumersparnis halber, nicht für Dauerbetrieb eingerichtet, man muß daher die Kurbel stets in die Endstellung überführen, um den Widerstand nicht zu gefährden. Bei den Hauptschlußmotoren ist eine Regulierung nur mit eigens zu dem Zwecke gebauten sog. Regulieranlassern möglich, deren Widerstandsdraht so bemessen ist, daß dieser bei Dauerbelastung nicht übermäßig warm wird (vgl. Belastungstabelle S. 62). Die Belastung richtet sich natürlich nach der vom Anker benötigten Stromstärke.

Wenn man innerhalb einer gewissen Grenze die Tourenzahl eines Gleichstromnebenschlußmotors regulieren will, so ist dazu ein Regulierwiderstand nötig, den man in den Stromkreis der Feldwicklung einschaltet, und zwar steigt dabei die Tourenzahl mit zunehmendem Widerstand, also mit einer Schwächung des Erregerstromes. Der Grund ist einleuchtend: Bei normaler Belastung fordert der Anker des Motors eine bestimmte Stromstärke, deren Höhe begrenzt wird durch die im Anker erzeugte elektromotorische Gegenkraft. Schwächt man das Feld, so kann der Anker bei der bisherigen Tourenzahl die erforderliche Gegenkraft nicht mehr erzeugen; da sie von der Peripheriegeschwindigkeit abhängt, so eilt er voraus, die Gegenkraft wächst, bis sich bei der erhöhten Tourenzahl der normale Zustand wieder einstellt.

Der Hauptschlußmotor, dessen Felderregung von dem Ankerstrom abhängt, reguliert nicht selbsttätig auf konstante Tourenzahl, diese nimmt vielmehr bei höherer Leistung, da damit die Feldstärke wächst, ab. Der Motor besitzt aber den Vorzug, daß die Zugkraft gleichzeitig zunimmt, auch ist diese beim Ingangsetzen sehr groß, da die Magnete wegen des starken Ankerstromes vorübergehend stärker erregt werden als im normalen Zustande. Wegen dieser Eigenschaften wird die Hauptschlußmaschine als Bahnmotor und in ähnlichen Betrieben benutzt.

Nach diesen notwendigen Ausführungen können wir nunmehr zum Versuch übergehen. Es sei

$J =$ Hauptstrom,
$E =$ Klemmenspannung,
$i =$ Nebenschlußstrom,
$e =$ Nebenschlußspannung,
$P =$ Bremsgewicht in kg,
$PS_B =$ Pferdekraft, berechnet aus der Bremsleistung,
$PS_E =$ Pferdekraft, berechnet aus der elektrischen Energie,
$W =$ aufgewandte elektrische Energie in Watt, $= E J + e i$,

$$\eta = \text{Wirkungsgrad} = \frac{\text{Abgabe}}{\text{Aufnahme}},$$

$l =$ Hebelarm des Bremszaums $= 0,5$ m.

Die Resultate ergeben folgende

Tabelle 11.

J	E	i	e	P	PS_B	PS_E	W	η
13	91	3	69	1,05	0,75	1,90	1390	0,40
21	96	3	69	2,00	1,80	3,00	2220	0,60
29	104	3	69	3,15	2,85	4,40	3220	0,65
36	108	3	69	4,00	3,65	5,55	4090	0,65
40	111	3	69	4,60	4,15	6,30	4650	0,66
44	114	3	69	5,00	4,55	7,10	5220	0,64
52	118	3	69	6,20	5,60	8,55	6300	0,65
58	124	3	69	7,00	6,35	10,05	7400	0,63

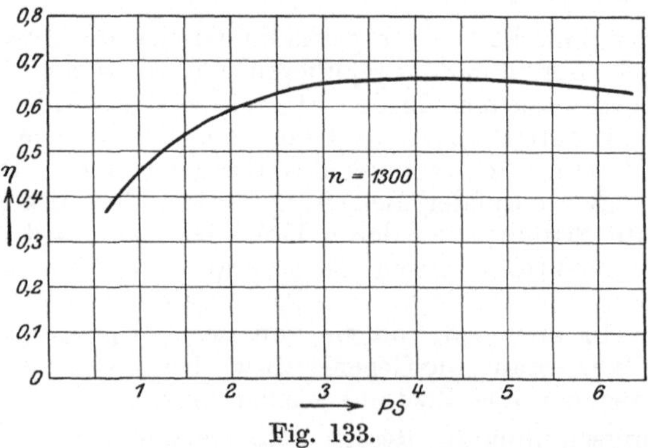

Fig. 133.

Fig. 133 gibt die Kurve für den Wirkungsgrad η in Abhängigkeit der Nutzpferde PS_B, Fig. 134 stellt dar, welche elektrische Energie auf-

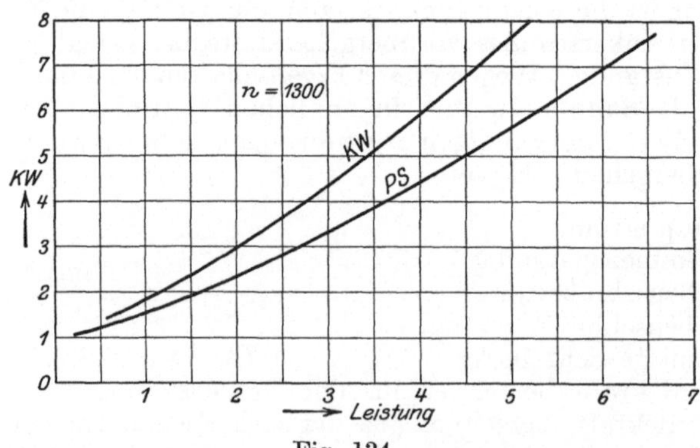

Fig. 134.

zuwenden ist, um eine bestimmte Nutzleistung an die Riemenscheibe abzugeben. Diese Kurve wird benutzt, um etwa den Wirkungsgrad einer Dynamomaschine nach der Hilfsmotormethode zu untersuchen (S. 108).

2. Leistungsmessung mit dem Rollendynamometer. Das Dynamometer dient dazu, die durch den Riemen auf die angetriebene Riemenscheibe übertragene **Kraft** zu bestimmen. Diese, multipliziert mit der leicht zu ermittelnden Riemengeschwindigkeit gibt die übertragene Arbeit.

Wir machen uns zunächst an Fig. 135 das Prinzip der Methode klar. Die Scheibe B übertrage auf A eine gewisse Arbeit. Die im Riemen auftretende Zugkraft P ist offenbar gleich der Differenz der Zugspannungen im oberen und unteren Riementeil, also nach Fig. a

$$P = p_1 - p_2.$$

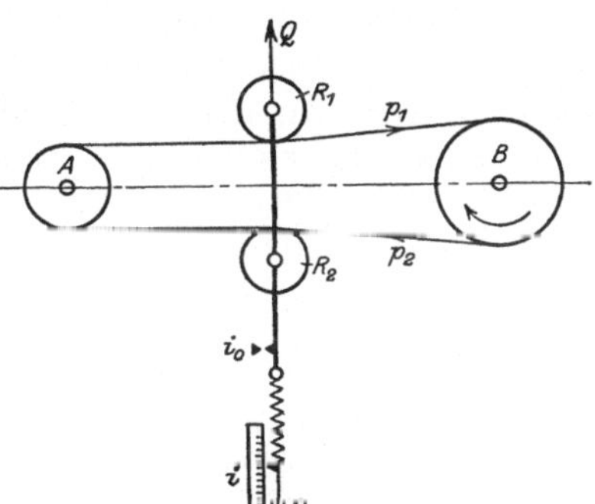

Fig. 135a.

Fig. 135b.

Wir gewinnen zunächst ein Maß für diese Differenz, wenn wir den Riemen zwischen zwei Rollen hindurch gleiten lassen, die auf einem gemeinsamen Rahmen sitzen und deren Abstand so bemessen ist, daß die Riemenbahn eine Einschnürung erfährt. Ist der Rahmen frei beweglich, so wird er dem stärkeren Druck durch p_1 folgen, senkrecht zur Verbindungslinie A—B auszuweichen suchen mit der Kraft Q. Es kann aber die Symmetriestellung, gekennzeichnet durch den Index i_0 durch Anspannen einer Feder oder durch Anhängen von Gewichten wieder hergestellt werden. Die Stärke der erforderlichen Zugkraft Q wird am entsprechend geeichten Index i abgelesen. Die Rechnung ergibt dann die Größe P, es ist nach Fig. 135 b

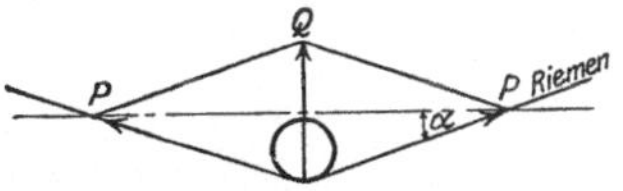

$$Q = 2 \sin \alpha \, P, \text{ also } P = \frac{Q}{2 \sin \alpha} \quad \ldots \ldots \quad 9)$$

So einfach diese Überlegung auch ist, so ist es doch für die Praxis äußerst schwierig, wo nicht unmöglich, den Winkel α genau zu bestimmen, denn seine Größe hängt von der Aufstellung des ganzen Apparates, der sich auch beim Betriebe leicht verschieben kann, ab. Diesen Übelstand vermeidet die Konstruktion des Hefnerschen Dynamometers; hier wird der Riemen über eine Anzahl Rollen geführt, wodurch jener Winkel einen für den Apparat konstanten Wert erhält, unabhängig von der Art der Aufstellung. Das Prinzip erläutert Fig. 136. Es sind sieben Rollen vorhanden, 1—6 sind im Rahmen fest montiert, die Rolle 7 aber schwingt mit dem Hebel h_2, dessen Drehpunkt mit dem der Rolle 3 zusammenfällt und dessen anderes Ende mit der Schnur s verbunden ist, die eine Wagschale zur Belastung mit Gewichten trägt. Die Verlängerung des Hebels läuft in eine Spitze aus, die in der Mittellage dem Index i_0 gegenüber steht. Nach der Figur ist

$$Q = g\,\frac{h_2}{h_1}$$

und nach Gleichung 9

$$P = \frac{h_2}{h_1\,2\sin\alpha}\cdot g = Cg \quad \ldots \ldots \quad 10)$$

Die Konstante $C = \dfrac{h_2}{h_1\,2\sin\alpha}$ ist für jeden Apparat ein für allemal fest-

gelegt. Die Leistung berechnet sich zu

$$L = \frac{P\cdot d\cdot\pi\cdot n}{60\cdot 75} = \frac{Cg\cdot d\,\pi\cdot n}{60\cdot 75}\,PS \quad \ldots \ldots \quad 11)$$

wenn g in kg, d, der Scheibendurchmesser des angetriebenen Motors
in m gemessen wird und n die Tourenzahl bedeutet. Durch Division
mit 102 an Stelle von 75 ergibt sich die Leistung in KW.

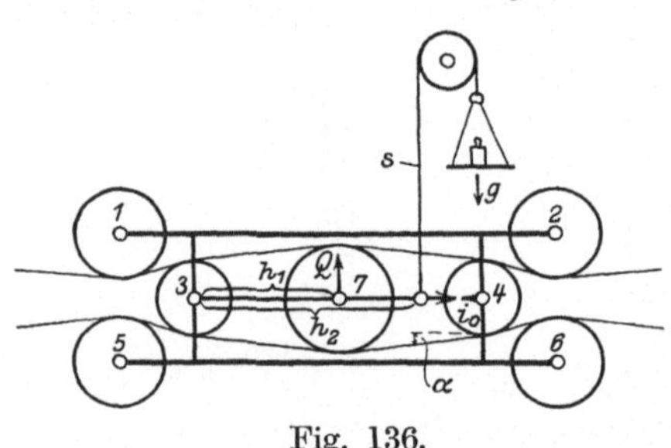

Fig. 136.

Wir führen die Messung an
einem Maschinenaggregat aus,
bestehend aus einem 5 PS.
Lahmeyer - Elektromotor, der
eine Siemenssche Hauptschluß-
dynamo alter Bauart antreibt.
Die Resultate finden sich in
Tabelle 12. Darin bedeuten

J = zugeführte Stromstärke
(inkl. Magneterregung),
E = Klemmenspannung,
W = Wattaufwand = J . E,
g = Belastungsgewicht in kg,
PS. = ermittelte Pferdestärke,
η = Wirkungsgrad des Motors.

Die Tourenzahl war n = 1100, der Durchmesser der Riemenscheibe
ist d = 209 mm $\left(\text{die Riemengeschwindigkeit also v} = 10{,}94\,\dfrac{\text{m}}{\text{sec}}\right)$. Die

Konstante C ergibt sich aus $2\sin\alpha = 0{,}219$ und $\dfrac{h_2}{h_1} = \dfrac{295}{98}$ zu 13,75.
Zu beachten ist noch, daß die wirkliche Leistung des Motors um etwa
$3^0/_0$ höher liegt, da durch Schlüpfung des Riemens, Steifigkeit u. dgl.
ein entsprechender Verlust entsteht[1]).

Tabelle 12.

J	E	W	g	PS.	η
11,6	127	1470	0,170	0,34	0,17
12,0	125	1500	0,220	0,44	0,22
15,2	117	1780	0,400	0,80	0,33
18,2	118	2150	0,600	1,20	0,41

[1]) Die günstigste Riemengeschwindigkeit liegt zwischen 15—25 m/sec.

J	E	W	g	PS	η
21,8	122	2660	0,950	1,90	0,54
23,8	131	3120	1,150	2,31	0,57
30,0	126	3780	1,550	3,11	0,62
36,0	135	4860	2,100	4,21	0,65
43,0	134	5760	2,500	5,01	0,66
51,0	130	6630	2,800	5,62	0,64

Tragen wir wieder die Leistung als Funktion des Wirkungsgrades auf, so erhalten wir die Kurve Fig. 137.

Wie man sieht, arbeitet die Maschine bei geringer Belastung äußerst unwirtschaftlich; der günstigste Punkt liegt bei 5 PS., es ist dies die Belastung, für welche die Maschine gebaut ist. Bei Überbelastung nimmt der Wirkungsgrad wieder ab.

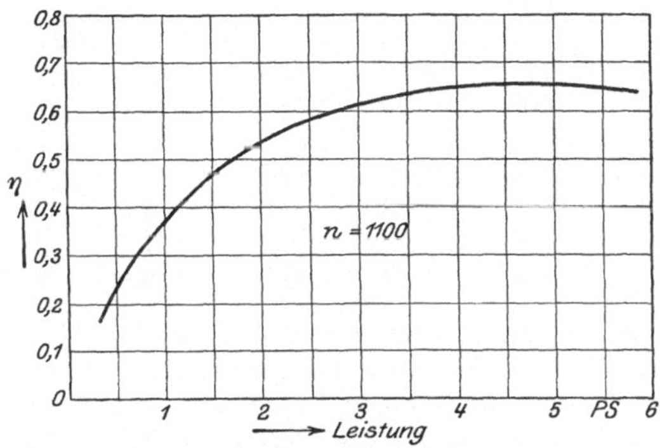

Fig. 137.

3. Elektrische Methode. Neuerdings werden Motoren, gleichviel welcher Betriebsart, zumal solche hoher Leistung auf elektrischem Wege „abgebremst“. Allerdings gibt der Versuch nicht ohne weiteres die mechanische Arbeit, die Methode bietet indessen eine Reihe von Vorzügen; es liegen ihr folgende Überlegungen zugrunde.

Der zu bremsende Motor gibt meist mittelst Riemenübertragung seine Leistung an eine Dynamomaschine ab. Hat man die Kurve für den Wirkungsgrad dieser Maschine (s. S. 119) und berücksichtigt den Verlust, der bei einer ev. vorhandenen Riemenübertragung auftritt, so kann man für jede Belastung die aufgewandte Energie berechnen. Der Vorteil dieser Bremsung liegt zunächst auf ökonomischem Gebiete. Die von der Dynamo abgegebene elektrische Energie wird in Akkumulatoren aufgespeichert, kann also nutzbringend verwertet werden. Viele Maschinenfabriken erzeugen auf diese Weise einen großen, wenn nicht den größten Teil ihres Strombedarfs durch die fortwährende Bremsarbeit. Ein weiterer Vorteil der elektrischen Bremsung ist wohl auch der, daß die Festsetzung der zur Berechnung nötigen Größen ohne weiteres am Volt- resp. Amperemeter sowie am Tourenzähler abgelesen werden kann.

Zum Versuch dient eine vierpolige Siemens-Schuckert-Maschine von ca. 6 KW. Kraftbedarf, direkt gekuppelt mit der auf S. 108 ff. untersuchten Dynamo, deren Wirkungsgradkurve, Fig. 118, uns zur Berechnung der „idealen Leistung" der Dynamo dient. In nachfolgender Tabelle bezeichnen J, E usf. wieder die in früheren Tabellen benutzten Größen, mit W_i bezeichnen wir die ideale Leistung der Dynamo, d. i. diejenige, die wir erhalten würden, wenn die Maschine vollständig verlustfrei arbeiten könnte. Sie ist gleichbedeutend mit „Abgabe", so, wie $W_p =$ primäre Energie die „Aufnahme" darstellt.

Tabelle 13.

Motor				Dynamo			
J	E	W_p	$\eta = \dfrac{W_i}{W_p}$	J	E	W_s	W_i
17,25	144	2480	0,64	4,4	145,5	640	1600
20,00	143	2860	0,69	6,9	144,0	990	1980
24,00	141	3380	0,73	10,0	149,0	1490	2480
28,50	140	3920	0,78	14,5	147,0	2130	3040
35,00	137	4790	0,85	20,0	144,0	2880	4110
40,00	135	5400	0,89	23,0	147,0	3380	4830
45,00	133	5980	0,90	26,0	145,0	3770	5400

Wie man sieht, nähert sich der Motor bei 6 KW. dem Maximum des Güteverhältnisses, d. h. bei einer Belastung mit 45 Ampere. Aus all unseren Versuchen geht hervor, daß dieses Maximum bei derjenigen Belastung erreicht wird, für die die Maschine gebaut ist und von der man annehmen kann, daß sie im allgemeinen auch im Betriebe eingehalten wird.

Der Wirkungsgrad des zuletzt geprüften Motors erreicht einen verhältnismäßig hohen Wert, es handelt sich hier um eine moderne Maschine. Vergleicht man die Daten mit denen, gewonnen an älteren Modellen, beispielsweise mit denen der Schuckertschen Maschine (S. 130), so erkennt man den erheblichen Fortschritt der Technik in einem Zeitraum von etwa 25 Jahren. Um diesen Fortschritt zu erreichen, mußten Erfahrung und Studium der physikalischen Grundlagen sich gegenseitig ergänzen, vor allem mußte die Ursache der auftretenden Verluste festgestellt werden, die, wie wir gesehen haben, teils im mechanischen Teil der Maschine, teils in dem magnetischen und elektrischen Aufbau begründet sind.

Die beschriebene Art der elektrischen Bremsung setzt die Kenntnis des Wirkungsgrades der Dynamo voraus, und fordert die Berücksichtigung der bei der Übertragung eintretenden Verluste. Man kann sich aber auch davon vollkommen frei machen durch eine Einrichtung, die dem Prony schen Zaun ganz analog wirkt, wobei aber elektrische Energie gewonnen wird. Fig. 138 stellt schematisch die Bremsvorrichtung dar.

Mit der Welle W der abzubremsenden Maschine ist durch eine Kupplung K oder durch Verschraubung die Welle des Ankers A einer Dynamomaschine verbunden. Diese Welle ist neben der Lagerung im Motorgehäuse (rechte Figur) noch durch das Außenlager L unterstützt, derart, daß das Gehäuse frei um den Anker schwingen kann. Mit dem Gehäuse aber ist ein Hebel l mit Wagschale verbunden, beides ist durch Gegengewicht C ausbalanciert.

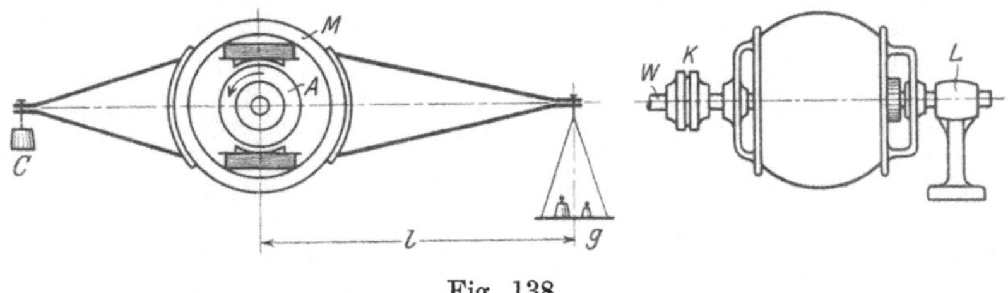

Fig. 138.

Zur Berechnung der Leistung wird nun hier nicht die elektrische Energie gemessen, sie wird vielmehr genau so ermittelt, wie beim Pronyschen Zaun: dort wird Energie in Wärme umgesetzt, die verloren geht, hier wird elektrischer Strom erzeugt, der behufs Verwendung aufgespeichert werden kann.

c) Transformatoren.

Wirkungsgrad eines Transformators. Wenn es gilt, Gleichstrom einer bestimmten Spannung in solchen höherer umzuformen oder umgekehrt, so bedient man sich eines Maschinenaggregats, bestehend aus einem Elektromotor, der meist direkt gekuppelt ist mit einer Dynamo. Ersterer arbeitet mit der verfügbaren, letztere liefert die umgeformte Spannung.

Der Wirkungsgrad eines solchen Aggregats kann naturgemäß nicht allzu hoch ausfallen, da die Verluste beider Maschinen sich summieren, die leicht, selbst bei günstiger Ausnutzung $15-20\%$ und noch mehr betragen können. Das lehren uns die in den letzten Abschnitten behandelten Fälle. Ein Versuch soll uns die Tatsachen näher vor Augen führen. Ein ca. 6 PS. Motor ist direkt mit einer Dynamo gekuppelt, das Übersetzungsverhältnis ist 150:440 Volt. Die Energiezufuhr für den Motor bezeichnen wir als die primäre, die von der Dynamo gelieferte Energie als die sekundäre: W_p und W_s, daraus ergibt sich der Wirkungsgrad

$$\eta = \frac{W_s}{W_p}.$$

Der Versuch wird bei verschiedener Belastung vorgenommen, um ein Bild zu gewinnen, wie η sich damit ändert. Folgende Tabelle enthält das Prüfungsergebnis.

Tabelle 14.

Primär			Sekundär			
J	E	W_p	J	E	W_s	η
21,0	143	3000	2,75	440	1200	0,40
23,5	141	3300	3,50	430	1500	0,45
25,5	140	3500	4,0	430	1720	0,49
28,0	140	3920	5,0	430	2150	0,55
32,0	139	4450	6,1	425	2600	0,58
36,0	137	4930	7,0	425	2970	0,60
40,0	136	5440	8,0	420	3360	0,62
49,0	135	6610	9,0	420	3780	0,57

Für den praktischen Gebrauch des Transformators ist es zweckmäßig, den Wirkungsgrad in seiner Abhängigkeit von der sekundären Stromstärke graphisch aufzutragen, da die Spannung bekannt und nahezu konstant ist. Man erkennt dann mit einem Blick, welche Stromstärke man möglichst einhalten soll, z. B. beim Laden von Akkumulatoren, um die Maschine unter den wirtschaftlichsten Bedingungen zu betreiben. So erhalten wir die Kurve in Fig. 139.

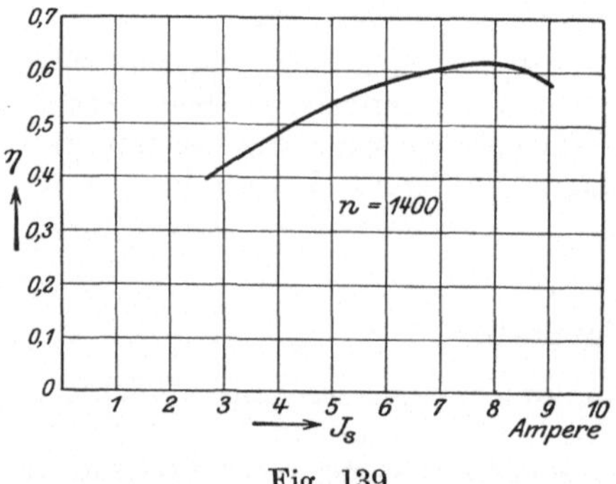

Fig. 139.

Man erkennt daraus, daß der Wirkungsgrad im allgemeinen ungünstig ist. Immerhin aber arbeitet das Maschinenpaar bei günstiger Belastung verhältnismäßig gut, denn, einzeln genommen, beträgt der Wirkungsgrad für jede Maschine noch etwa 80%, für derartige kleine Anlagen keine schlechtes Resultat.

Die in diesem Kapitel beschriebenen Versuche an Gleichstrommaschinen enthalten die wichtigsten Übungen des elektrotechnischen Praktikums. Freilich lassen sich die Versuche noch weiter ausdehnen und modifizieren, die verschiedenen Größen in ihrer gegenseitigen Abhängigkeit noch weiter verfolgen. Auf Grund der gewonnenen Erfahrung aber ist es nicht schwer, selbständig Versuche anzustellen, die speziellen Zwecken dienen. Sie alle ins einzelne zu verfolgen würde den Rahmen dieses Buches überschreiten, wir begnügen uns daher mit dem Besprochenen und wenden uns nun zum II. Teil unserer Aufgabe und begeben uns damit auf das Gebiet des Wechselstroms.

Zweiter Teil.

Wechselstrom.

1. Kapitel.

1. Das Wesen des Wechselstroms.

Wenn wir uns die Frage stellen: Was ist Elektrizität? so werden wir dabei keinen Unterschied machen zwischen Gleich- und Wechselstrom, denn, wie auch die Antwort ausfallen möge, beide Stromarten gehorchen den gleichen Gesetzen, die treibenden Kräfte sind die nämlichen und alles, was wir über Gleichstrom wissen, gilt auch für den Wechselstrom.

Aber, während in praktischen Fällen die Grundgesetze der Elektrizität, das Ohmsche Gesetz, die Kirchhoffschen Stromverzweigungsgesetze u. a. für den Gleichstrom meist genügen, um einen klaren Einblick in die Verhältnisse zu gewinnen und Berechnungen anzustellen, zwingt uns eine Reihe von Begleiterscheinungen, die in der Natur des Wechselstromes begründet sind, jene eigentümlichen Wirkungen zu berücksichtigen, die sie hervorrufen. Dadurch werden die Dinge nicht selten recht kompliziert, und da auch hier die Kenntnis der inneren Vorgänge für die Technik wie überhaupt für das gesamte Arbeiten auf dem Wechselstromgebiete von grundlegender Bedeutung ist, so ist es erforderlich, daß wir das Wesen des Wechselstromes zunächst studieren, ehe wir zur Besprechung der Apparate und Maschinen und zu den praktischen Übungen übergehen.

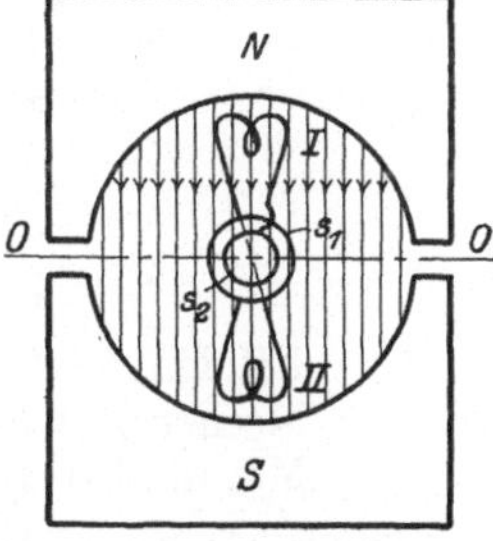

Fig. 140.

Wir beginnen mit dem an sich recht einfachen Fall, uns die Erzeugung des Wechselstromes vor Augen zu führen, dann werden wir die Fragen, die sich dabei von selbst stellen, beantworten.

In einem Magnetfeld N—S (Fig. 140) rotiere das Spulenpaar I—II. Es ist klar, daß der induzierte Strom in der gezeichneten Stellung das Maximum seiner Stärke erlangt hat, da in diesem Augenblick bei der Bewegung die meisten Kraftlinien von den Windungen geschnitten werden. Ebenso ist klar, daß der Strom auf Null sinkt, wenn das Spulenpaar in die neutrale Zone 0—0 gelangt, und endlich ergibt sich ebenso leicht, daß bei der folgenden Weiterbewegung der Strom seine Richtung umkehrt, da die Spulen in das entgegengesetzte Feld gelangen: bei einer vollen Umdrehung, einem Zyklus, wird ein Wechselstrom erzeugt.

Wie ist nun der gesetzmäßige Verlauf der Stromstärke während einer Umdrehung? Für unsere Betrachtungen nehmen wir an

1. ein homogenes Magnetfeld,
2. gleichmäßige Peripheriegeschwindigkeit,
3. ein geradliniger Leiter rotiere senkrecht zu einer Ebene durch diesen selbst und die Kraftlinien des Feldes.

Sodann führen wir folgende Bezeichnungen ein, deren Bedeutung sich aus den weiteren Betrachtungen ergibt:

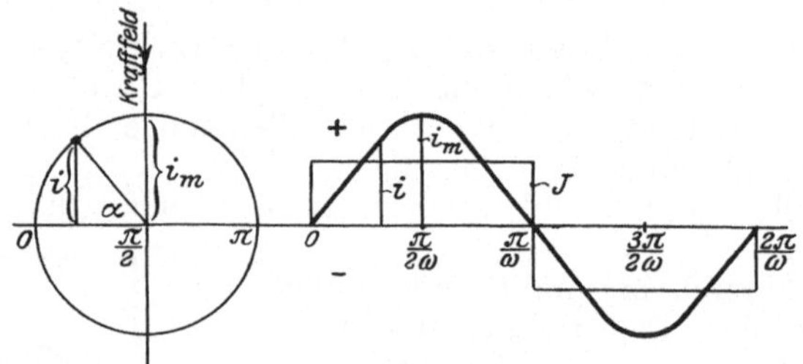

Fig. 141.

	f. d. Spannung	f. d. Stromstärke
Effektivwert	E	J
Momentanwert	e	i
Maximalwert	e_m	i_m

Die im Leiter induzierte E.M.K. hängt nach den Induktionsgesetzen ab von der in der Zeiteinheit vom Leiter geschnittenen Zahl der Kraftlinien. Nun läßt sich leicht zeigen, daß im homogenen Feld bei genügender Kraftlinienzahl die Zahl der durchschnittenen Linien proportional ist der Länge des Lotes vom Leiter auf die Neutrale 0—0 (Fig. 141), oder, was wir für unsere Betrachtungen annehmen wollen (die Verhältnisse können so gewählt werden), gleich der Länge dieses Lotes (zahlenmäßig). Der induzierte Strom ferner ist proportional der E.M.K. und bei dem Widerstande Eins des Leiters gleich dieser Größe selbst. Die induzierte Stromstärke hat also in jedem Augenblick einen bestimmten Wert, diesen Augenblicks- oder Momentanwert bezeichnen wir mit i, dann ist, wenn wir uns ferner an die oben angegebenen Bezeichnungen halten

$$i = i_m \sin \alpha \ldots \ldots \ldots \ldots \quad 12)$$

Tragen wir die aufeinander folgenden Zeiten bei der Bewegung unseres Leiters als Abszissen, die zugehörigen Stromwerte als Ordinaten graphisch auf, so erhalten wir die in Fig. 141 rechts dargestellte Sinuskurve, der erzeugte Wechselstrom hat sinusförmigen Verlauf.

Wegen der wichtigen Rolle, die der Zeit t zukommt, ist es üblich, den Momentanwert i in Abhängigkeit zur Zeit zu setzen. Das geht freilich nur, wenn wir ihr die Bedeutung der Winkelgröße α geben, und wir setzen zu dem Zweck

$$\alpha = \omega\,t \quad \ldots \ldots \ldots \quad 13)$$

wo also ω als Proportionalitätsfaktor eine Konstante — die Winkelgeschwindigkeit — darstellt. Dies berücksichtigt, geht Gleichung 12 über in

$$i = i_m \sin \omega\,t \quad \ldots \ldots \quad \ldots \quad 13a)$$

Die Abhängigkeit der Stromstärke (resp. d. E.M.K.) von der Zeit ist damit ohne weiteres gegeben, denn es ist $t = \dfrac{\alpha}{\omega}$; α wird in Werten von π ausgedrückt, wir haben also in den verschiedenen Zeitpunkten bei Bewegung eines Spulenelementes

$$\begin{aligned}
&\text{für } t = 0 && \text{ist } i = 0 \\
&\text{\,,\,} t = \frac{\pi}{2\,\omega} && \text{\,,\,} i = +\,i_m \\
&\text{\,,\,} t = \frac{\pi}{\omega} && \text{\,,\,} i = 0 \\
&\text{\,,\,} t = \frac{3}{2\,\omega}\,\pi && \text{\,,\,} i = -\,i_m \\
&\text{\,,\,} t = \frac{2\,\pi}{\omega} && \text{\,,\,} i = 0 \text{ usf.}
\end{aligned}$$

Bedeutet T die Dauer einer Periode, und ist die Zahl der Perioden pro Sekunde $= n$, so ist wie bei allen periodischen Vorgängen

$$T = \frac{1}{n} = \frac{2\,\pi}{\omega},$$

also

$$\omega = 2\,n\,\pi \quad \ldots \ldots \ldots \quad 14)$$

In diesem Zusammenhange wollen wir uns die Größe ω merken, sie spielt in der Wechselstromtechnik eine wichtige Rolle. Die Zahl der Perioden bezeichnet man auch als Frequenz.

Betrachten wir die Sinuskurve für den Wechselstrom, so drängt sich uns die Frage auf: welcher Stromwert ist es, den wir der Berechnung der Arbeitsleistung des Wechselstromes zugrunde legen, der also die gleiche Bedeutung hat, wie der konstante Strom J bei Gleichstrom. Es muß dies offenbar ein Mittelwert sein, der sich aus der Kurve berechnen läßt. Dieser Mittelwert ist es auch, der durch unsere Meßinstrumente angezeigt wird, die auf der Wärmewirkung oder auf der Einwirkung zweier von demselben Strome durchflossenen Spulen beruhen.

In beiden Fällen ist die Wirkung von dem Quadrate der Stromstärke abhängig, so ist z. B. die in der Zeit dt entwickelte Wärmemenge nach dem Jouleschen Gesetz

$$q = w \, i^2 \, dt,$$

wenn w der Widerstand des Leiters ist, und während einer halben Periode hat man

$$Q = w \int_0^{\frac{T}{2}} i^2 \, dt \quad . \quad . \quad . \quad . \quad . \quad . \quad . \quad 15)$$

Berücksichtigen wir, daß $i = i_m \sin \omega t$ ist, so ergibt sich auf Grund bekannter Sätze nach Integration die während einer halben Periode entwickelte Wärmemenge

$$Q = \frac{w \, i_m^2}{2} \frac{T}{2} \quad . \quad . \quad . \quad . \quad . \quad . \quad . \quad 16)$$

Für Gleichstrom würde die Gleichung lauten:

$$Q = w \, J^2 \, \frac{T}{2},$$

$\dfrac{i_m^2}{2}$ spielt daher bei Wechselstrom dieselbe Rolle wie J^2 für Gleichstrom, beide Größen sind also einander gleichwertig:

$$J^2 = \frac{i_m^2}{2},$$

mithin

$$J = \frac{i_m}{\sqrt{2}} \quad . \quad . \quad . \quad . \quad . \quad . \quad . \quad 17)$$

Da der Wert J den Effekt des Wechselstromes bedingt, so nennt man ihn Effektivwert oder auch, da er als Mittelwert mit dem Dynamometer (S. 149) gemessen wird, dynamometrischer Mittelwert, oder endlich, da er einem mittleren Wert aus der Summe der Quadrate entspricht, quadratischer Mittelwert.

In gleicher Weise läßt sich der Wert für die effektive Spannung ableiten, da diese denselben Gesetzen folgt, es ist analog

$$E = \frac{e_m}{\sqrt{2}},$$

wir haben und

$$J = 0{,}707 \, i_m, \quad E = 0{,}707 \, e_m \quad . \quad . \quad . \quad . \quad 18)$$

Man findet daher den Effektivwert, indem man den Maximalwert der betreffenden Größe durch $\sqrt{2}$ dividiert oder mit 0,707 multipliziert; $\sqrt{2}$ wird Scheitelfaktor genannt.

2. Wirkung des Wechselstroms im Leiter.

a) Phasenverschiebung infolge der Selbstinduktion.

Wird ein Leiter von Wechselstrom durchflossen, so macht sich der Einfluß der Selbstinduktion geltend. Wir verstehen darunter bekanntlich die Erscheinung, daß das veränderliche Kraftfeld in der Umgebung des Leiters, hervorgerufen durch den Wechselstrom, induzierend auf den Leiter selbst einwirkt und in ihm eine Gegen-Elektromotorische Kraft erzeugt, die einen Strom, den Extrastrom bedingt. In Elektrolyten sowie in gestreckten Leitern ist dieser Einfluß gering, dagegen wird er sich um so mehr geltend machen, je näher die einzelnen Teile desselben Leiters aneinander lagern, wie wir es hauptsächlich bei Spulen antreffen. Hier wird der Einfluß unter Umständen so stark, daß er eigentümliche Erscheinungen hervorruft, die in der Wechselstromtechnik eine bedeutsame Rolle spielen. Wo sie störend auftreten, z. B. in Widerstandsspulen, wendet man bifilare Wicklung an oder ähnliche Kompensationsverfahren, wie sie auf S. 59 ff. beschrieben sind. Bei den Maschinen und Apparaten, die auf elektromagnetischer Wirkung beruhen, kann man sich dem Einfluß der Selbstinduktion nicht entziehen, sie fordert vielmehr eingehende Berücksichtigung, und wir wollen im folgenden näher auf die Erscheinung eingehen.

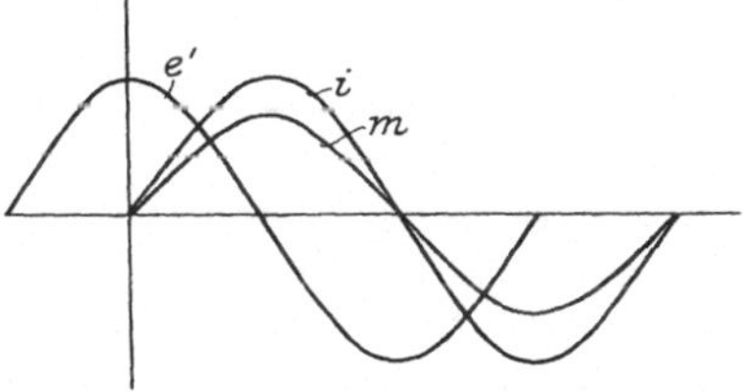

Fig. 142.

Nehmen wir an, es fließe Wechselstrom durch eine Spule; die Stromkurve sei durch die in Fig. 142 dargestellte Sinuslinie i gegeben. Der Strom erzeugt in der Spule ein Magnetfeld, dessen Stärke in gleicher Weise zu- oder abnimmt wie der Strom und dessen Kurve m gleiche Lage hat. Dieses Magnetfeld ist es nun, durch das der Extrastrom in der Spule entsteht, denn es erzeugt in ihr eine elektromotorische Gegenkraft. Auch diese, die wir mit e′ bezeichnen wollen, hat sinusförmigen Verlauf, indessen kann sie nicht gleich gelagert sein mit den beiden anderen Kurven, es tritt vielmehr eine Phasenverschiebung um $\frac{\pi}{2}$ ein. Es ist dies eine Forderung des Induktionsgesetzes: die induzierte E.M.K. hat ihr Maximum bei der maximalen Änderung des Feldes, sie ist gleich Null, wenn keine Kraftlinienänderung eintritt. Das erstere ist offenbar dort der Fall, wo die Magnetkurve durch die Nullinie geht, das letztere dort, wo der Scheitel der Kurve liegt, dazwischen liegen die mittleren Werte. Aus all dem folgt, daß die Kurve für e′ um 90⁰ gegen die Stromkurve verschoben ist, und zwar eilt die E.M.K. dem Strom i um $\frac{\pi}{2}$ voraus.

Damit nun überhaupt der Strom in der Spule zustande kommt, müssen wir zwei Widerstände überwinden:

1. den Ohmschen,
2. den durch die Selbstinduktion bedingten, den induktiven Widerstand.

Dementsprechend sind zwei elektromotorische Kräfte e_1 und e_2 erforderlich. Die erste regelt sich nach dem Ohmschen Gesetz wie bei Gleichstrom, und da sie unmittelbar den Strom i bedingt, so ist sie auch mit diesem in Phase, wir haben in einem gegebenen Augenblick

$$e_1 = i \sin \omega t . w \quad . \quad . \quad . \quad . \quad . \quad . \quad . \quad 19)$$

wenn w der Widerstand des Leiters ist.

Nicht so einfach liegen die Verhältnisse für den induktiven Widerstand; ihm soll die Größe e_2 entgegenwirken, sie muß daher der induzierten Spannung e' entgegengesetzt gerichtet sein. Die induzierte Spannung ist proportional der in der Zeit t erfolgten Änderung der Stromstärke i, eine Folgerung des Induktionsgesetzes. Diese Änderungsgeschwindigkeit bezeichnet man mit dem Differentialquotienten $\dfrac{di}{dt}$, wir haben daher

$$e_2 = L \frac{di}{dt} \quad . \quad . \quad . \quad . \quad . \quad . \quad . \quad 20)$$

Die Proportionalitätskonstante L, die von der Beschaffenheit des Leiters abhängt, also bei einer Spule von Zahl, Lagerung usw. der Windungen, nennt man Selbstinduktionskoeffizient oder das Selbstpotential, es ist eine überaus wichtige Größe.

Wie bei allen Betrachtungen legen wir einen Strom von sinusförmigem Verlauf zugrunde, es ist also

$$i = i_m \sin \omega t,$$

wo i_m als Scheitelwert und ω nach obigem Konstante bedeuten. Wir finden daher nach der Differentiation

$$\frac{di}{dt} = i_m \omega \cos \omega t \quad . \quad . \quad . \quad . \quad . \quad . \quad 21)$$

Daher geht Gleichung 20) über in

$$e_2 = L i_m \omega \cos \omega t \quad . \quad . \quad . \quad . \quad . \quad . \quad 22)$$

Schreiben wir diese Gleichung in der Form

$$e_2 = L i_m \omega \sin (\omega t + 90^0) \quad . \quad , \quad . \quad . \quad . \quad . \quad 23)$$

so erkennt man auch hieraus, daß diese E.M.K. dem Strom i um 90^0 in der Phase voraus eilt.

Die beiden Kräfte e_1 und e_2 setzen sich natürlich zu einer Resultierenden zusammen, deren Kurve ebenfalls sinoidal verläuft. Dies ist die E.M.K., die an den Spulenklemmen wirkt, und, wie wir jetzt sehen werden, ist sie mehr oder weniger gegen i in der Phase verschoben, je nach der Größe der Selbstinduktion, also des Faktors L.

Es seien in den folgenden Figuren i die Stromkurve, e_1 und e_2 die Kurven der eben erwähnten elektromotorischen Kräfte, e die resultierende Klemmenspannung an den Enden der Spule. Wir betrachten einige Fälle.

1. Geringe Selbstinduktion, es sei

$e_1 > e_2$, $\varphi = \dfrac{\pi}{n}$, wo n eine verhältnis-

mäßig große Zahl ist. Wie die Konstruktion leicht ergibt, ist die Klemmenspannung e gegen den Strom i in der Phase voraus (Fig. 143).

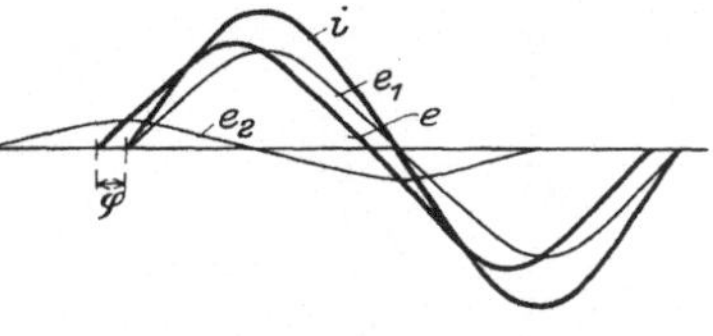

Fig. 143.

Die Verschiebung bezeichnen wir durch den Buchstaben φ, wobei φ derjenige Winkel ist, um den zwei im homogenen Magnetfeld N—S rotierende Leiter gegeneinander versetzt sein würden (Fig. 144), und von denen der eine die Spannungskurve e, der andere die Stromkurve i liefert. φ wird gewöhnlich in Werten von π angegeben.

2. Der Einfluß der Selbstinduktion ist so, daß $e_1 = e_2$. Die Resultierende e ergibt sich wieder durch geometrische Addition der Ordinaten von o_1 und e_2 (Fig. 145) und man erhält für die Phasenverschiebung den Wert $\varphi = \dfrac{\pi}{8}$.

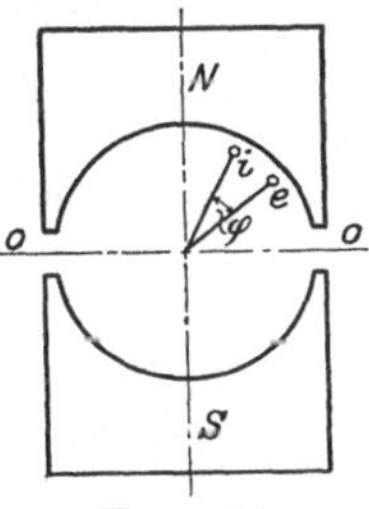

Fig. 144.

3. Sehr große Selbstinduktion, es sei $e_1 < e_2$; wie Fig. 146 zeigt, nähert sich die Phasenverschiebung dem Werte 90^0,

$\varphi \leqq \dfrac{\pi}{2}$. Es ist dies ein besonders wichtiger Fall, der, wie wir sehen werden, zu dem merkwürdigen Ergebnis führt, daß in Spulen mit

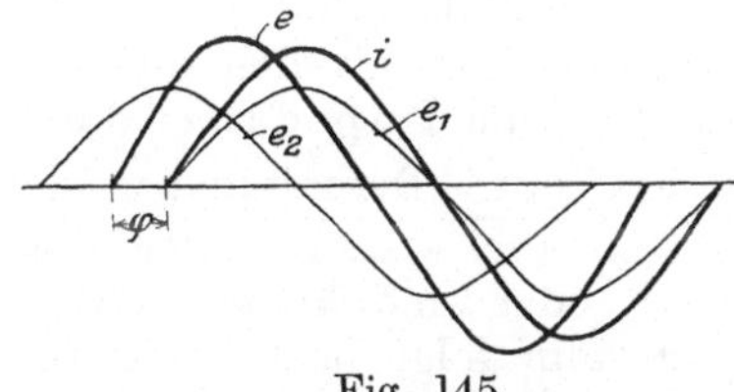

Fig. 145.

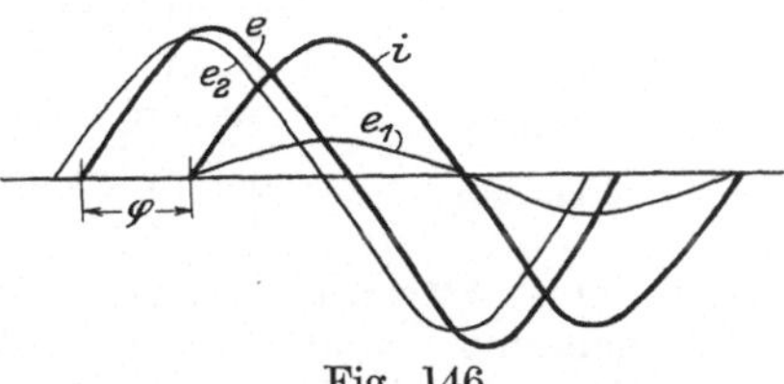

Fig. 146.

hoher Selbstinduktion keine Arbeit vom Strom geleistet werden kann (siehe wattloser Strom, Drosselspule S. 146 ff.).

Durch Konstruktion eines Vektordiagramms läßt sich in höchst einfacher Weise die Resultierende zweier phasenverschobener Spannungen oder Ströme konstruieren, auch gestattet die Konstruktion ohne Schwierigkeit, den Widerstand eines Wechselstromkreises zu ermitteln.

Es sei (Fig. 147) e_{m_1} 0 resp. e_{m_2} 0 ein Radiusvektor, d. h. eine Gerade, deren Länge proportional den Maximalwerten von e_1 resp. e_2 ist, und deren Richtung mit dem Achsenkreuz x y den Winkel ω t resp. ω t $+ 90^0$ bilde. Wie man sofort sieht, ist die Projektion von e_{m_1} und e_{m_2}

auf die x Achse gleich den Momentanwerten dieser Größen. Die Summe
dieser Momentanwerte stellt die im Augenblick wirkende E.M.K. dar.

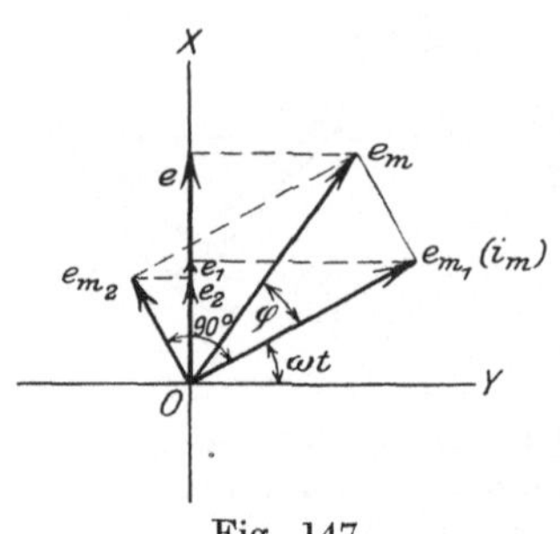

Fig. 147.

Das ist aber nichts anderes, als die Projektion der Diagonale des Rechtecks, gebildet aus e_{m1} und e_{m2}, auf die x Achse, die
Diagonale stellt daher nach Richtung und
Größe den Maximalwert der Resultierenden e
dar, und da der Strom i_m mit e_{m1} in
Phase ist, so ist der Winkel φ der Winkel
der Phasenverschiebung zwischen Strom
und Spannung. Dies gilt zunächst für die
Maximalwerte, die Effektivwerte ergeben
sich aber ohne weiteres durch Division mit
$\sqrt{2}$. Es ist ferner

$$e_m^2 = e_{m1}^2 + e_{m2}^2 \quad \ldots \ldots \ldots \quad 24)$$
$$e_{m1} = i_m \cdot w,$$

und nach Gleichung 22)

$$e_{m2} = i_m \, \omega \, L,$$

da die cos Funktion $= 1$ wird, denn zwischen e_2 und i besteht die
Phasendifferenz von 90^0, d. h. für den Scheitelwert von e_2 wird $\omega\, t = 0$.

Es ergibt sich weiter aus 24) und den folgenden Gleichungen

$$e_m = i_m \sqrt{w^2 + \omega^2\, L^2} \quad \ldots \ldots \ldots \quad 25)$$

und nach Gleichung 14)

$$e_m = i_m \sqrt{w^2 + 4\, n^2\, \pi^2\, L^2} \quad \ldots \ldots \ldots \quad 25a)$$

Diese wichtige Gleichung enthält im Wurzelausdruck den Wechselstromwiderstand, der also hier genau so

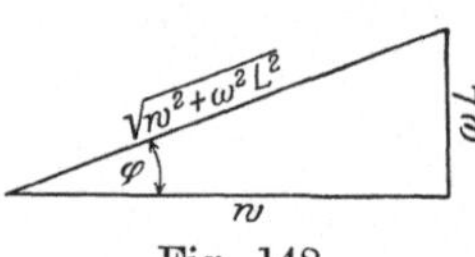

Fig. 148.

wirkt wie der Ohmsche Widerstand bei Gleichstrom. Man bezeichnet ihn als den scheinbaren Widerstand oder die Impedanz; durch
beiderseitige Division mit $\sqrt{2}$ erhält man wieder
die Effektivwerte $e = i \sqrt{w^2 + \omega^2\, L^2}$. Der Ausdruck $\omega\, L = 2\,\pi\, n\, L$ wird Induktanz oder induktiver Widerstand genannt. Aus unserem Vektordiagramm folgt noch: Die Impedanz ist gleich der Hypotenuse eines rechtwinkligen Dreiecks (Fig. 148),
dessen Katheten gleich sind dem Ohmschen Widerstand w und der
Induktanz $\omega\, L$; der eingeschlossene Winkel ist gleich der Phasenverschiebung. Es ist ferner nach der Figur

$$\operatorname{tg} \varphi = \frac{\omega\, L}{w} \quad \ldots \ldots \ldots \ldots \quad 26)$$

Hieraus erkennt man, daß die Phasenverschiebung infolge $\omega\, L$ um so
kleiner wird, je größer man w wählt, ein Fall, der praktisch von großer
Bedeutung ist. Umgekehrt ergibt sich, daß sich mit abnehmendem w,
zunehmendem $\omega\, L$ der Winkel φ dem Werte 90^0 nähert, ebenfalls
für die Praxis von großer Bedeutung: Drosselspule, wattloser Strom.

b) Phasenverschiebung infolge der Kapazität.

Schalten wir in den Wechselstromkreis einer Maschine den Kondensator C (etwa eine Leydener Flasche), so werden deren Belegungen in jedem Augenblick die Potentialdifferenz der Maschine besitzen (siehe Fig. 149). Der geladene Kondensator wird einen Strom in die Leitung senden, dessen Stärke offenbar abhängt von der Potentialdifferenz an den Belegungen und einer Größe C, bedingt durch die Kapazität des Kondensators. Die Potentialdifferenz ändert sich aber in jedem Augenblick. Nehmen wir wieder einen sinusförmigen Verlauf des erzeugten Wechselstromes an, so ist klar, daß die Potentialdifferenz am Wendepunkt der Kurve = 0 sein muß, dagegen wird sie ihren größten Wert dort annehmen, wo die Kurve durch die Abszissenachse läuft. Wir gelangen so durch diese Überlegungen zu ganz ähnlichen Resultaten, wie früher bei der Betrachtung von Selbstinduktion im Wechselstromkreis: Phasenverschiebung zwischen Strom und Spannung. Allerdings eilt hier der Strom der Spannung voraus, denn es hängt offenbar der Strom i von der

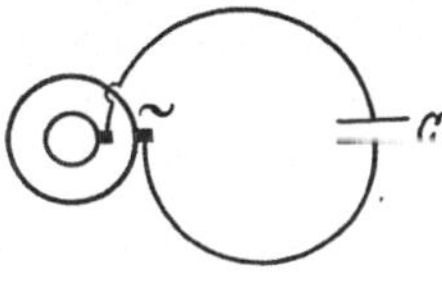

Fig. 149.

Änderungsgeschwindigkeit der E.M.K. e der Maschine ab. Ganz analog unseren früheren Betrachtungen S. (142) haben wir hier für den Strom:

$$i = \frac{de}{dt} C .$$

Der Momentanwert e ist

$$e = e_m \sin \omega t;$$

dies berücksichtigt und nach t differenziiert ergibt den Wert

$$i = e_m \omega \cos \omega t \, C,$$

oder die Cosinusfunktion durch die Sinusfunktion ersetzt:

$$i = C \, e_m \, \omega \sin (\omega t + 90) \quad . \quad . \quad . \quad . \quad . \quad . \quad 27)$$

es kommt also zum Winkel ωt noch ein Rechter hinzu.

Ein näheres Studium ergibt auch hier, daß die Größe der Phasenverschiebung zwischen Strom und Spannung von der Größe der Konstanten C abhängt; immer findet sich aber, daß in bezug auf den Sinn der Verschiebung Selbstinduktion und Kapazität entgegengesetztes Verhalten zeigen. Man kann daher durch passende Wahl dieser Faktoren unter Umständen den Einfluß der Verschiebung ganz beheben. Durch Rechnung findet man den Widerstand des Wechselstromkreises mit Kapazität

$$W_c = \sqrt{w^2 + \frac{1}{\omega^2 C^2}} \quad . \quad . \quad . \quad . \quad . \quad . \quad 28)$$

Diese kurzen Betrachtungen über die Kapazität mögen hier genügen, da der Einfluß der Selbstinduktion diese in der Praxis bei weitem übertrifft. Alle unsere Maschinen, fast sämtliche Apparate sind mit Stromspulen ausgerüstet, und wenn auch naturgemäß alle leitenden Teile ein bestimmtes Aufnahmevermögen für elektrische Ladungen — Kapazität — besitzen, so verschwindet diese meist gegenüber der Selbstinduktion; sie spielt hauptsächlich in der Kabeltechnik eine Rolle.

3. Leistung des Wechselstroms.

Wie wir früher gesehen haben, ist die Leistung des elektrischen Stromes gegeben durch das Produkt aus Spannung und Stromstärke in der Zeit, in der der Strom fließt. An sich gilt diese Beziehung sowohl für Gleichstrom, als auch für Wechselstrom, für diesen würde man nur die Effektivwerte einzusetzen haben. Dies gilt aber nur für induktionsfreie Leiter, d. h. wenn keine Phasenverschiebung zwischen E und J eintritt. Ist diese, was meist zutrifft, vorhanden, so muß der Verschiebungswinkel φ berücksichtigt werden, und zwar stellt sich die Arbeit dar durch die wichtige Gleichung

$$L = J \cdot E \cos \varphi \qquad \ldots \qquad 29)$$

Die Richtigkeit ergibt sich sofort aus dem Diagramm in Fig. 148. Danach ist

$$\cos \varphi = \frac{w}{\sqrt{w^2 + \omega^2 L^2}}$$

Der Wurzelausdruck ist aber nach Gleichung 25), wenn wir die Effektivwerte einsetzen

$$\sqrt{w^2 + \omega^2 L^2} = \frac{E}{J},$$

also

$$\cos \varphi = \frac{J \cdot w}{E}$$

oder

$$J = \frac{E \cos \varphi}{w}$$

Multiplizieren wir beiderseits mit $J \cdot w$, so stellt die linke Seite den Arbeitswert nach dem Jouleschen Gesetz dar:

$$L = J^2 w = \frac{J \cdot E \cos \varphi \, w}{w}$$

woraus sich Gleichung 29 ergibt.

Aus dieser Beziehung erkennt man sofort, daß die Winkelgröße φ für die Leistung von ausschlaggebender Bedeutung ist: wir haben offenbar die volle Leistung für $\varphi = 0$, da dann der cos $= 1$ wird. Ist hingegen $\varphi = 90^0$, so wird der cos $= 0$ und damit auch der ganze Ausdruck, es wird keine Arbeit geleistet und in diesem Falle nennt man J den wattlosen Strom. Wegen der großen Bedeutung, die dem Faktor cos φ zukommt, nennt man ihn Leistungsfaktor oder Phasenfaktor.

Graphisch werden die Verhältnisse in den folgenden Figuren veranschaulicht. Wir tragen links die Größen J und E als Vektoren auf, rechts die zugehörigen Sinuskurven. Der oberhalb der Symmetrieachse

liegende Teil der Kurven stellt den positiven (+), der unterhalb liegende
Teil den negativen (—) Wert dar, entsprechend der Richtung, in welcher
die E.M.K. wirkt und der Strom fließt. Durch vertikale Schraffur
kennzeichnen wir die positive Arbeit, durch horizontale die negative.
Indem wir die gleichliegenden Ordinatenwerte von J und E multiplizieren,
erhalten wir die Arbeit aus der resultierenden Kurve.

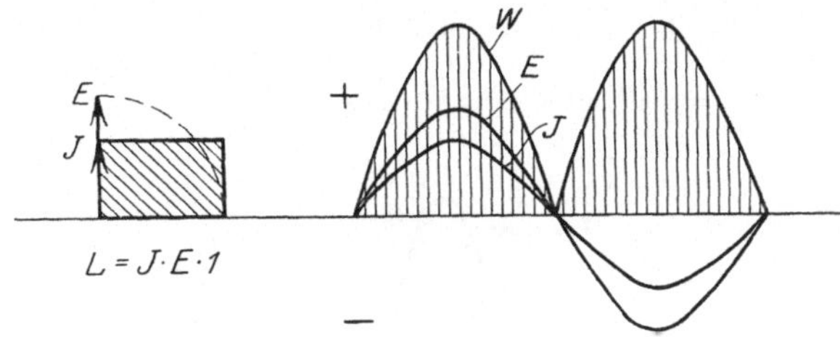

Fig. 150.

1. Fall: Keine Phasenverschiebung, daher
$$\varphi = 0,\ \cos \varphi = 1\ (\text{Fig. 150}).$$
Aus den Vektoren bilden wir das Rechteck, dessen Inhalt die Leistung

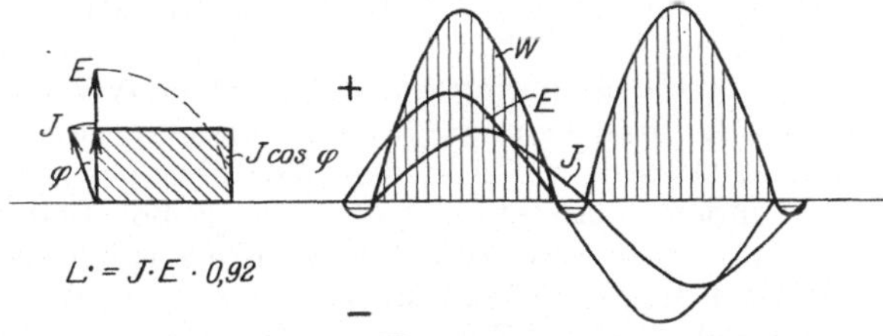

Fig. 151.

darstellt, durch Multiplikation der Momentanwerte erhalten wir die
Wattkurve W, nur positive Leistung, da wir Ordinatenwerte mit gleichen

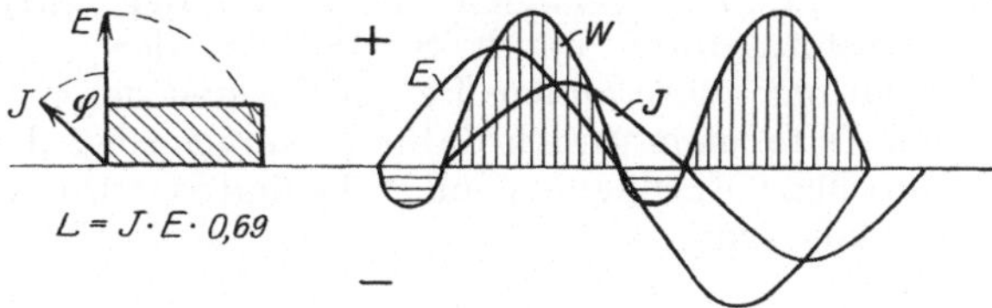

Fig. 152.

Vorzeichen multiplizieren. (Der Maßstab für W ist bedeutend verkürzt.)

2. Fall: $\varphi = \dfrac{\pi}{16} = 22^0\ 30'$, $\cos \varphi = 0{,}92$ (Fig. 151).

Die „wirklichen" Watt betragen hier $92^0/_0$ der scheinbaren. Die
Phasenverschiebung bewirkt also eine Minderleistung von $8^0/_0$. Diese

ist aber an sich keinesfalls als Verlust aufzufassen; der induktive Widerstand unterscheidet sich dadurch wesentlich von dem Ohmschen Widerstand, der stets Wärme hervorruft.

3. Fall: $\varphi = \dfrac{\pi}{8} = 45^0$, cos $\varphi = 0{,}69$ (Fig. 152).

Die Wattkurve verschiebt sich mehr und mehr nach unten, die positive Leistung nimmt ab, die negative zu.

4. Fall: $\varphi = \dfrac{\pi}{4} = 90^0$, cos $\varphi = 0$ (Fig. 153).

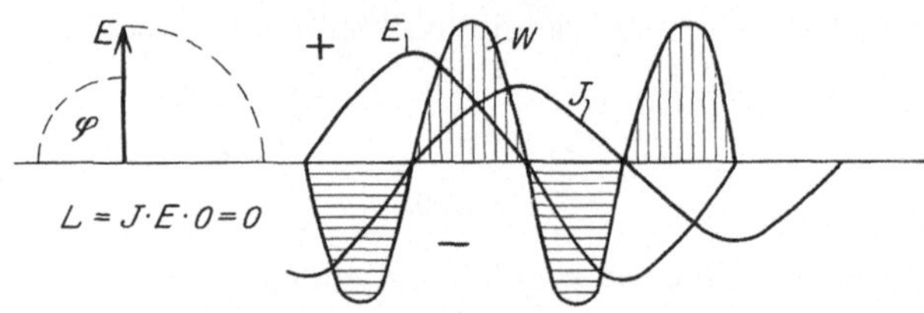

Fig. 153.

Bei dieser praktisch nicht möglichen Phasenverschiebung ist die negative Leistung gleich der positiven, d. h. es kommt überhaupt keine Wirkung zustande: auch bei geringstem Ohmschen Widerstande fließt kein Strom im Leiter. Man benutzt diese Erscheinung des „wattlosen" Stromes, wenn man etwa dem Strom den Weg über gewisse Leiterteile abschneiden will, indem man eine Spule mit großer Selbstinduktion einschaltet: Drosselspule. So werden z. B. Freileitungen mit Solenoiden, die als Drosselspulen wirken, ausgerüstet, um Maschinen und Apparate vor atmosphärischen Entladungen zu schützen. Wegen der oszillatorischen Natur solcher Entladungen, wie wir sie beim Blitze antreffen, wird dieser die Spule nicht durchfließen, sondern eine vorher eingeschaltete Funkenstrecke, die mit dem Blitzableiter verbunden ist, überbrücken und zur Erde gelangen. Auch für den „Leerlauf" von Wechselstromtransformatoren (s. d. S. 188) ist der wattlose Strom von großer Bedeutung; viele andere Beispiele lassen sich noch anführen. Auf der anderen Seite ist natürlich dafür zu sorgen, daß der Stromfluß durch die besprochene Erscheinung nicht behindert wird, wenn es gilt, seine Kraft auszunützen.

2. Kapitel.

Die Wechselstrom-Meßinstrumente.

Ebenso wie bei Gleichstrom ist es auch auf dem Gebiete des Wechselstromes von größter Bedeutung, die drei wichtigsten Größen: Stromstärke, elektromotorische Kraft (Spannung) und Widerstand des Leiters zu ermitteln, sei es, daß man für schwache Wirkungen empfindliche

Methoden benutzt und danach das Erforderliche berechnet, oder sei es — für technische Zwecke —, daß man an den Meßinstrumenten die Werte direkt abliest. Praktisch von Bedeutung sind hier natürlich nur die Effektivwerte von J und E, die auch von den Instrumenten angegeben werden. Was den Widerstand anbelangt, so setzt sich dieser, wie wir gesehen haben, aus dem Ohmschen und dem induktiven zusammen: $\sqrt{w^2 + \omega^2 L^2}$. Der erstere wird natürlich als von der Natur des Stromes völlig unabhängig nach einer der Methoden bestimmt, die wir früher (S. 71 ff.) eingehend besprochen haben; es bleibt noch die Induktanz zu bestimmen, wir kommen darauf weiter unten zurück, vorerst wollen wir uns mit der Strom- und Spannungsmessung beschäftigen.

1. Instrumente zur Strom- und Spannungsmessung, Wattmeter, Leistungsmesser.

Zur Bestimmung von Strom und Spannung versagen hier naturgemäß alle früher besprochenen Methoden, die auf elektromagnetischer Wirkung mit Magnetsystem beruhen. In Betracht kommen nur solche Instrumente, deren Angaben vom Vorzeichen des Stromes, also von dessen Richtung unabhängig sind. Das sind im wesentlichen:

1. Elektrodynamometer und Hitzdrahtinstrumente, deren Ausschlag vom Quadrate der Stromstärke abhängt;
2. Weicheiseninstrumente, bei denen das Vorzeichen des Stromes keine Rolle spielt, für grobe Messung;
3. Drehfeldinstrumente (Ferrarisinstrumente).

Sodann sind noch zu erwähnen Saitengalvanometer und ähnliche Instrumente, deren Ausschlag zwar abhängig ist von der Stromrichtung, deren beweglicher Teil aber so geringe Trägheit besitzt, daß er den Impulsen von Wechselstrom der üblichen Periode zu folgen vermag. Diese sowie die unter 2 genannten sind bereits im I. Teil eingehend behandelt, es bleiben noch die anderen Typen zu besprechen.

Das Elektrodynamometer beruht auf dem elektrodynamischen Grundgesetz von Ampère. In diesem Gesetz wird allgemein die Kraftwirkung zweier vom Strome durchflossenen Leiter aufeinander festgelegt. Es seien, Fig. 154 l_1 und l_2 unendlich kleine Teile der von J_1 und J_2 durchflossenen Leiter. Es besteht eine Kraft K, die beide Elemente aufeinander ausüben, anziehend oder abstoßend, je nach der Stromrichtung. Sie gehorcht der Beziehung:

$$K = \frac{J_1\, l_1\, J_2\, l_2}{r^2} \left(\cos \varphi - \frac{3}{2} \cos \varphi_1 \cdot \cos \varphi_2 \right) \quad \cdot \quad \cdot \quad \cdot \quad 30)$$

worin φ der Winkel ist, den die Elemente miteinander bilden, wenn sie sich, ohne ihre Richtung zu ändern, berühren würden, die Bedeutung der übrigen Größen ergibt sich aus der Figur.

Nimmt man als Leiter zwei Spulen (in Fig. 155 schematisch veranschaulicht), von denen die eine fest, die andere etwa im Innern der feststehenden drehbar angeordnet ist, und schickt mittelst geeigneter

Zuleitungen den Strom durch die hintereinander geschalteten Spulen, so wird $J_1 = J_2$, $\varphi = 0^0$, $\cos \varphi = 1$, φ_1 resp. $\varphi_2 = 90^0$, deren $\cos = 0$. Gleichung 30) geht also in die einfache Form über:

$$K = \frac{c\,J^2}{r^2} \quad \ldots \ldots \ldots \quad 31)$$

wenn wir die Betrachtung auf parallel verlaufende Leiterteile anwenden. und c eine vom Leiter abhängige Konstante ist.

Für die oben und unten befindlichen Teile der rechtwinkligen Leiter, die also zur Kreuzungsstelle führen, hängt die Kraft K von der gegenseitigen Lage der Windungen, also von der Größe der Winkel φ, φ_1 und φ_2 ab. Sie ist, wie man sieht, variabel, es gilt also nicht die einfache Beziehung der Gleichung 31). Dennoch ist es wünschenswert, die Messung auf diesen einfachen Fall zurückzuführen, und man hilft sich entweder dadurch, daß man nur mit kleinen Ausschlägen arbeitet, Spiegelablesung benutzt und wo nötig eine Eichkurve aufstellt, oder indem man die

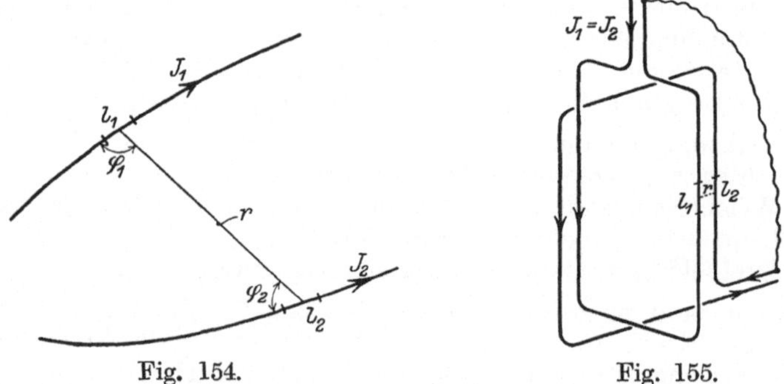

Fig. 154.Fig. 155.

ablenkende Kraft durch eine geeignete Gegenkraft kompensiert derart, daß dadurch die bewegliche Spule in die der Ruhelage entsprechende Lage zurückgeführt wird, so daß die Kraft zwischen den nicht parallelen Leiterteilen einen konstanten Wert erhält. Die Gegenkraft wird durch die Torsion des Aufhängedrahtes oder durch besondere Spiralfedern geliefert (durch Drehen des „Torsionskopfs"). Sie ist proportional der Kraft K der Grundgleichung. Berücksichtigen wir noch, daß auch der Abstand r bei dieser Benutzungsart des Dynamometers einen konstanten Wert behält, so können wir diesen sowie auch den Proportionalitätsfaktor mit den übrigen Konstanten zu einer einzigen vereinigen und wir erhalten für den Ausschlag α resp. für den Winkel am Torsionskopf

$$\alpha = \varkappa K = \frac{c'\,J^2}{r^2} = R\,J^2,$$

also

$$J = \sqrt{\frac{\alpha}{R}} = \frac{1}{\sqrt{R}}\sqrt{\alpha} = C\sqrt{\alpha} \quad \ldots \ldots \quad 32),$$

wo C eine vom Instrument abhängige Konstante bedeutet.

Für den praktischen Gebrauch wurde das Elektrodynamometer zuerst von Weber 1846 ausgeführt. Die bewegliche Spule hing in der festen an zwei dünnen Drähten in bifilarer Anordnung. Diese Drähte dienten einmal zur Zu- und Ableitung des Stromes, sodann lieferten sie die erforderliche Richtkraft.

Das Webersche Instrument ist, wie alle Instrumente, deren Ausschlag vom Quadrate der Stromstärke abhängt, nicht sehr empfindlich, die Empfindlichkeit der Gleichstrominstrumente wird bei weitem nicht erreicht; allerdings sind auch die Fälle, bei denen entsprechend schwache Wechselströme gemessen werden sollen, äußerst selten.

Betrachten wir einige ausgeführte Instrumente. Fig. 156 stellt ein

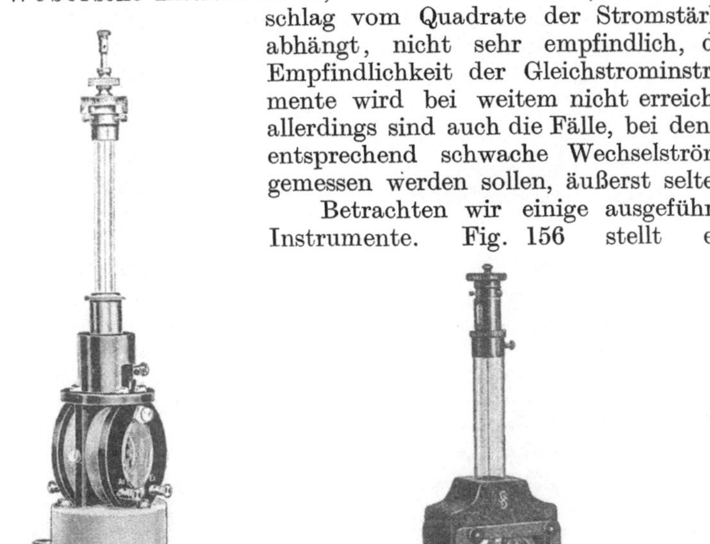

Fig. 156. Fig. 157.

Spiegelelektrodynamometer von Hartmann & Braun dar. Es ist ein Unifilarinstrument, d. h. die bewegliche Spule hängt an einem dünnen Metallband, das als Zuleitung dient. Der Strom verläßt die Spule durch eine ähnliche Vorrichtung, die unten angebracht ist. Über dem Fuß in der Achsenrichtung, durch Glasgefäß geschützt, erkennt man ein vierteiliges Flügelrad. Dieses ist mit dem schwingenden System fest verbunden und taucht in ein Glyzerinbad, wodurch gute Dämpfung erzielt wird. Das Instrument besitzt eine Empfindlichkeit (s. S. 11) bis zu $5 . 10^{-5}$.

Ein anderes Instrument von mehr gedrungener Bauart, Fabrikat der Firma Siemens & Halske, ebenfalls mit Spiegelablesevorrichtung versehen, veranschaulicht Fig. 157. In der Umgebung der Spule sind Metallmassen wegen der induzierenden Wirkung auf diese sorgfältig zu vermeiden; der Instrumentenkörper wird deshalb bei den empfindlichen Spiegelgalvanometern meist aus Stein (Serpentin, Marmor) hergestellt.

Für den Laboratoriumsgebrauch genügen meist die sog. Torsionselektrodynamometer, bei denen, wie oben erwähnt, der Ausschlag durch Gegenkraft kompensiert wird. Dies hat den Vorteil, daß man mit beliebig großen Ausschlägen arbeiten kann, da die abgelenkte Spule in die Nulllage zurückgeführt wird und daher die einfache Beziehung in Gleichung 32) gültig bleibt. In Fig. 158 ist ein derartiges Instrument für direkte Ablesung abgebildet. Das bewegliche System hängt an einem dünnen Faden. Die Zuführungen erfolgen durch zwei sorgfältig gearbeitete Spiralfedern, die oben und unten angebracht sind; diese geben auch die Direktionskraft. Bemerkenswert ist hier die astatische Anordnung, indem das System aus zwei entgegengesetzt gewickelten Spulen besteht, die übereinander angeordnet sind und in entsprechend gewickelten festen Spulen schwingen. Durch diese Anordnung ist man von magnetischen Störungen, sowie von dem Einfluß des Erdmagnetismus befreit [1]).

Fig. 158.

Die Elektrodynamometer können sowohl als Ampere- wie auch als Voltmeter ausgeführt werden, je nachdem man dickdrähtige Spulen mit geringem Widerstand oder aber dünndrähtige mit hohem Widerstand anwendet. Bei den letzteren ist allerdings zu beachten, daß mit Vermehrung der Windungszahl auch der Einfluß der Selbstinduktion wächst, wodurch eine Phasenverschiebung eintritt, welche die Angaben des Instruments beeinflußt. Will man die Phasenverschiebung verschwindend klein machen, so schaltet man vor die Spule einen induktionsfreien Widerstand von einigen tausend Ohm; wir sahen

---

[1]) Siehe Eichung S. 154 ff.

(Gleichung 26), daß die Tangente des Verschiebungswinkels mit wachsen-
dem Widerstande abnimmt: $\operatorname{tg} \varphi = \dfrac{\omega\,L}{w}$.

Vielfach werden die Elektrodynamometer mit beiden Spulenarten,
Haupt- und Nebenschlußspule versehen, zur Strom- und zur Spannungsmessung. Die Doppelanordnung hat noch den weiteren Vorteil, daß
man das Instrument als Wattmeter benutzen kann. Ein solches Wattmeter ist in Fig. 159 dargestellt. Dazu sei folgendes bemerkt. Der Ausschlag soll zunächst proportional sein dem Produkt aus der Stärke des

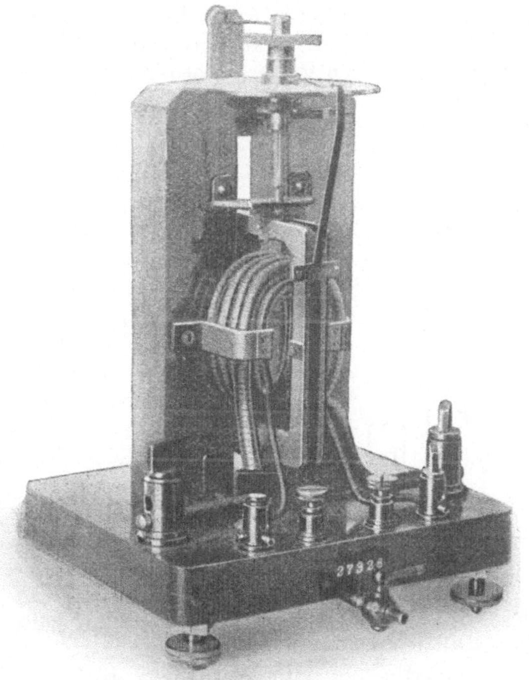

Fig. 159.

Stromes J, der etwa zum Betrieb einer Maschine dient, sowie der Klemmspannung E. Ferner ist, da wir Wechselstrom annehmen, noch die
Phasenverschiebung $= \cos \varphi$ zwischen Strom und Spannung vom Instrument zu berücksichtigen, die wirkliche Leistung $L = J \cdot E \cos \varphi$
anzugeben. Die Instrumente werden deshalb auch Leistungsmesser
genannt.

Die feste Spule besteht aus einer oder mehreren Windungen dicken
Drahtes; meist sind, wie aus der Figur zu ersehen, zwei Spulen ange-
bracht mit Draht von verschieden starkem Querschnitt. Je nach der
Stärke des Stromes wird die eine oder die andere direkt in den Haupt-

stromkreis eingeschaltet. Die dünndrähtige, bewegliche Wicklung liegt parallel zu den Klemmen des zu prüfenden Apparates od. dgl. Die Verbindung der Spulen am Instrument wird in der Weise vorgenommen, daß der Ausschlag im richtigen Sinne erfolgt. Man erkennt leicht, daß dieser Ausschlag sowohl von der Stromstärke J, als auch von der an den Klemmen des Apparats herrschenden Spannung abhängt, ja, noch mehr: es wird auch die Phasenverschiebung φ berücksichtigt, denn für den Ausschlag kommt das Produkt des Haupt- und Nebenschlußstromes J resp. i in Betracht, d. h. die in jedem Augenblick zugehörigen Momentanwerte dieser Größen. Der Nebenschlußstrom i ist mit E in Phase, ist also die i-Kurve gegen die für J verschoben, so enthalten die in irgendeinem Zeitpunkt genommenen Ordinatenwerte die Phasenverschiebung. Die Angaben entsprechen also der Leistung, wie sie in den Figg. 150 bis 153 graphisch dargestellt ist.

Was die Eichung der beschriebenen Instrumente anlangt, so verfährt man bei den empfindlichen, die feinen Meßzwecken dienen, in ähnlicher Weise, wie auf S. 14 ff. für Galvanometer angegeben. Hat man mit Gleichstrom geeicht, d. h. die Konstante C ermittelt oder eine Korrektionskurve aufgestellt, so gilt dies auch ohne weiteres für die Effektivwerte bei Wechselstrom. Zu beachten ist nur, daß die bewegliche Spule vor der Eichung sorgfältig in den magnetischen Meridian eingestellt werden muß, da sonst infolge des Erdfeldes eine Kraftkomponente hinzukommt, die den Ausschlag beeinflußt;

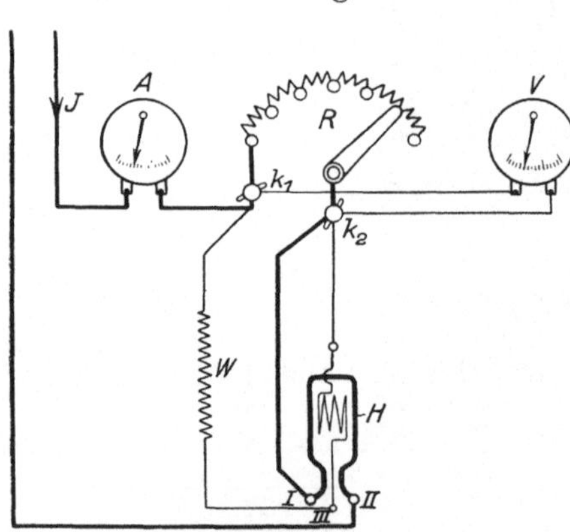

Fig. 160.

bei Wechselstrom kann sich diese Wirkung nicht geltend machen. Will man sich davon überhaupt befreien, so ist ein astatisches Spulenpaar anzuwenden, wie wir dies bei dem Instrument in Fig. 158 gesehen haben.

Bei den Ampere- und Voltmetern kann man sich die Eichung dadurch vereinfachen, daß man die Prüfung mit einem Gleichstrom-Präzisionsinstrument vornimmt: für die Stromstärke, indem man beide Instrumente in denselben Stromkreis schaltet, für die Spannung, indem man beide parallel an dieselben Klemmen legt und dort die Spannung variiert.

Die Eichung des Leistungsmessers erfolgt auch mit Gleichstrom. Ein derartig geeichtes Instrument gestattet uns auch, den Leistungsfaktor $\cos \varphi$ zu ermitteln. Wir wollen die Eichung an einem Beispiel durchführen, die Resultate in einer Tabelle zusammenstellen und danach die Eichkurve konstruieren[1]).

---

[1]) In der Technik benutzt man Instrumente, die durch Zeigerausschlag direkt die Größe $\cos \varphi$ angeben und deren Bau ähnliche Überlegungen zugrunde liegen wie die besprochenen; sie werden Leistungsfaktorenmesser genannt.

Die Versuchsanordnung ergibt sich aus der Schaltskizze in Fig. 160. Als Stromquelle benutzen wir Gleichstrom von etwa 150 Volt Spannung. Der Strom gelangt über das Amperemeter A durch den Regulierwiderstand R zur dickdrähtigen Spule H des Dynamometers und von da zur Stromquelle zurück. Mit R wird die Stromstärke variiert. Der Widerstand muß natürlich so bemessen sein, daß die gewünschte Abstufung möglich ist und daß er der maximalen Belastung standhält. Diese betrug im vorliegenden Falle 10 Ampere, die Regulierung erfolgte von Ampere zu Ampere. Parallel zu dem belasteten Widerstand, also an Klemme k_1 und k_2 legen wir das Voltmeter V, um E abzulesen, ferner die dünndrähtige Wicklung des Dynamometers mit vorgeschaltetem induktionsfreiem Widerstand $w = 2000\ \Omega$. Die Versuchsresultate ergeben folgende

Tabelle 15.

J	E	W	α
3,0	150	450	53º
4,0	149	595	71º
5,0	148	740	89º
6,0	147	880	106º
7,1	146	1035	127º
8,0	145,1	1160	142º
8,9	144,2	1285	157º
9,9	143,2	1430	174º

160º
140
120
100
80
60
40
20
0
Ausschlag α
100 200 300 400 500 600 700 800 900 1000 1100 1200 Watt
Leistung L

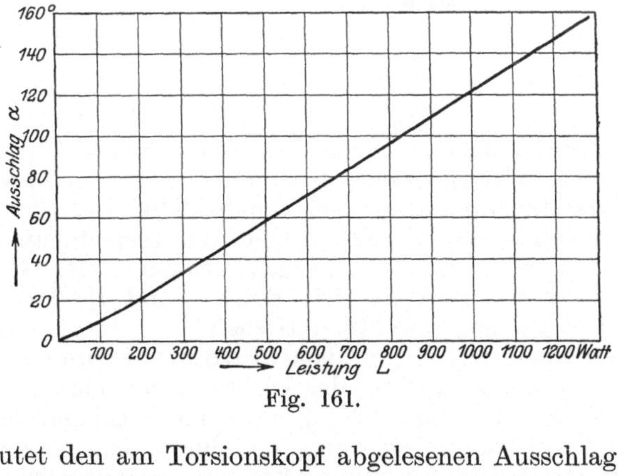

Fig. 161.

α bedeutet den am Torsionskopf abgelesenen Ausschlag in Graden.

Tragen wir die Wattwerte als Funktion der Grade auf, so ergibt sich die Kurve in Fig. 161. Wie man sieht, verläuft sie, mit Ausnahme des unteren Teils für geringe Wattleistung, als gerade Linie. Der Reduktionsfaktor ergibt sich daraus zu $R = 0{,}122$, also die Leistung

$$L = \alpha \cdot 0{,}122.$$

Es gilt daher die einfache Beziehung

$$L = R\,\alpha$$

d. h. die Wurzel der Gleichung 32 verschwindet, wenn das Elektrodynamometer als Leistungsmesser benutzt wird. Es wird dies sofort verständlich, wenn wir das Amperesche Grundgesetz betrachten (Gleichung 30): da die Spulen nicht von ein und demselben Strome durchflossen werden, so ergibt sich nicht das Quadrat der Stromstärke, sondern das Produkt aus beiden Strömen. Da ferner, wie bei der Strom- und Spannungsmessung der Ausschlag durch die Torsionskraft der Feder kompensiert wird, so bleibt auch die gegenseitige Lage der Spulen dieselbe, wie groß auch der Ausschlag sein mag, d. h. sämtliche Größen der Grundgleichung mit Ausnahme der Stromwerte können in eine Konstante R zusammengefaßt werden. Da weiter noch die ablenkende Kraft K direkt proportional ist dem Ausschlagswinkel α, so kann auch der Proportionalitätsfaktor mit in R einbezogen werden, und man erhält den einfachen Ausdruck in obiger Gleichung.

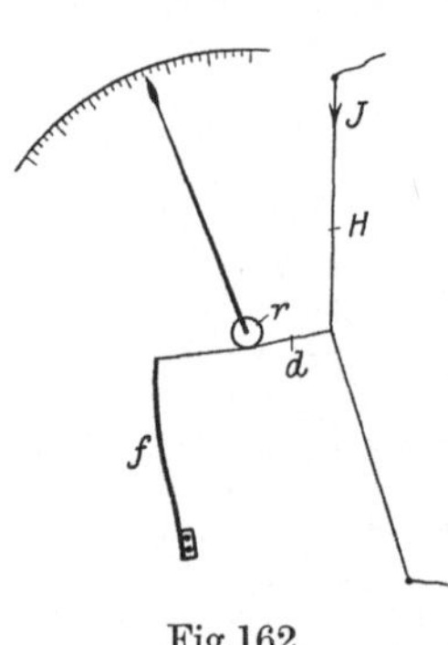

Fig. 162.

Hat man die Konstante des Instrumentes bestimmt, so kann man es zur Bestimmung des Leistungsfaktors cos φ benutzen. Die Schaltung ergibt sich aus Fig. 160. Wir setzen an Stelle des Widerstandes R das zu untersuchende Objekt. Als Volt- und Amperemeter dienen natürlich Wechselstrominstrumente. Mit diesen messen wir J und E ohne Rücksicht auf die Phasenverschiebung, während das Dynamometer die wirkliche Leistung anzeigt. Es besteht mithin die Beziehung:

$$J \cdot E \cdot \cos \varphi = L,$$

daher

$$\cos \varphi = \frac{L}{J \cdot E}$$

Hitzdrahtinstrumente. Die bisher besprochenen Instrumente sind für den Laboratoriumsgebrauch bestimmt. Für den praktischen Gebrauch im Maschinenraum, an den Schalttafeln usw. wird das Prinzip des Dynamometers auf direkt zeigende Instrumente angewandt. Außerdem verwendet man Weicheiseninstrumente (S. 34) und hauptsächlich noch zwei Sorten, die Hitzdraht- und die Drehfeldinstrumente, seltener die sog. „elektrostatischen".

Wie der Name sagt, liegt dem Hitzdrahtinstrument die Wärmewirkung des Stromes zugrunde; der Aufbau ergibt sich aus der schematischen Darstellung der Fig. 162. Der Strom J gelangt in den „Hitzdraht" H (Platin-Iridiumlegierung), der durch den etwa in der Mitte angreifenden feinen Draht d und die Feder f gespannt wird. Der Spanndraht ist um die kleine Rolle r geschlungen, auf der der Zeiger sitzt.

Durch die Stromwärme wird H erhitzt und ausgedehnt, die Feder f kommt in Wirksamkeit, so daß die Rolle r gedreht wird und der Zeiger einen entsprechenden Ausschlag erfährt. Die Dämpfung erfolgt durch eine Aluminiumscheibe, die auf der Achse sitzt und an ihrer Peripherie zwischen den enggestellten Polen eines kräftigen Stahlmagneten (Bremsmagnet) schwingt.

Der große Vorzug dieser Instrumente beruht darauf, daß sie äußerst geringe Selbstinduktion und Kapazität besitzen und sich daher besonders gut für Wechselstrom eignen. Auch sind die Angaben völlig unabhängig von Frequenz und Kurvenform des Stromes, ferner kann es als Vorzug gelten, daß der Zeiger plötzlich eintretenden Stromschwankungen nicht sogleich folgt, vielmehr einen Mittelwert anzeigt (vgl. Aufnahme von Wechselstromkurven S. 183), und endlich sind magnetische Störungen von außen völlig ohne Einfluß auf die Angaben.

Für starke Ströme verwendet man genau so wie bei den Instrumenten für Gleichstrom geeignete Nebenschlüsse, ebenso schaltet man bei zu messenden hohen Spannungen Vorschaltwiderstände vor, die natürlich induktionsfrei gewickelt sein müssen.

Fig. 163 veranschaulicht ein Hitzdrahtvoltmeter von Hartmann & Braun mit unten sichtbarem Mechanismus; man erkennt den gespannten Draht, die Zugfeder links sowie die Dämpfungsscheibe, die unten zwischen die Pole eines Lamellenmagneten hineinragt.

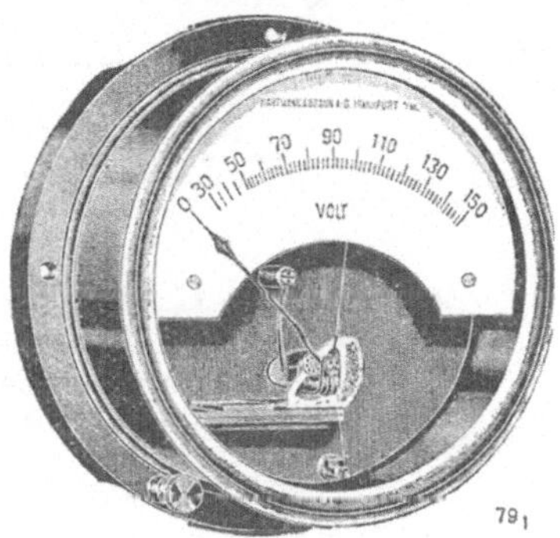

Fig. 163.

Drehfeldinstrumente (Ferrarisinstrumente). Bei diesen Instrumenten treffen wir auf eine praktische Anwendung der auf S. 141 ff. beschriebenen Phasenverschiebung. Wie wir hier nur kurz betrachten wollen, kann man dadurch ein Drehfeld erzeugen, d. h. ein magnetisches Feld, das um eine Achse rotiert ohne mechanisch bewegte Teile. Damit dies zustande kommt, benötigen wir zwei in der Phase um etwa 90^0 verschobene Wechselströme gleicher Periode. Nach Fig. 164 können wir dazu den ein-

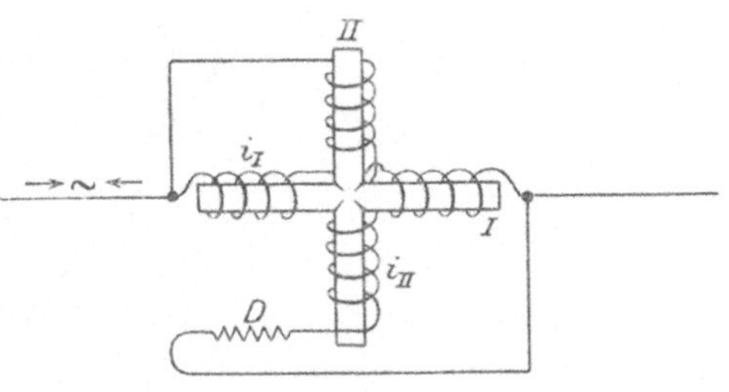

Fig. 164.

fachen Wechselstrom benutzen: ein Teil des Stromes, i_I, umfließt den Magneten I, der Zweigstrom i_{II} den Magneten II. Je nach der Selbstinduktion der Spulen tritt nun zwischen i_I und i_{II} eine Phasenverschiebung ein, die man durch die passend abgeglichene vorgeschaltete Drosselspule D auf 90^0 einreguliert. Zwei senkrecht zueinander angeordnete Magnete, die von derartigen Strömen durchflossen werden, stellen, wie wir jetzt sehen werden, ein Drehfeld dar (Fig. 165).

Wir gehen aus von den beiden um 90^0 gegeneinander verschobenen Stromkurven für die Magnete I und II. Die vertikalen Linien geben uns die in den Augenblicken $t_1 \ldots t_4 \ldots t_n$ herrschende Stromstärke i_I resp. i_{II}. Die Ströme leiten wir in die senkrecht zueinander

stehenden Elektromagnete I und II und betrachten die in den Zeitpunkten t_1 bis t_4 dort herrschenden magnetischen Kräfte. Wir finden:

Zur Zeit t_1 ist I voll erregt, da i_{II} in diesem Augenblick $= 0$ ist. Wir
haben also das Feld N—S, eine Magnetnadel stellt sich axial.

Zur Zeit t_2 sind beide Magnete gleich stark erregt, die Nadel stellt
sich in die resultierende Feldrichtung nn—ss, sie hat sich um 45⁰ gedreht.

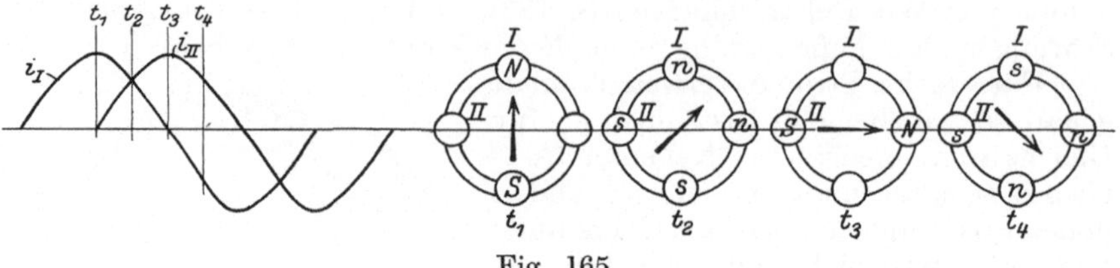

Fig. 165.

Zur Zeit t_3 ist II maximal erregt, $I = 0$, daher eine weitere Drehung
der Nadel um 45⁰ in Richtung N—S.

Zur Zeit t_4 sind wieder beide Spulen gleich stark erregt, aber I umgekehrt wie vorher, die Nadel nimmt eine entsprechende Stellung ein.

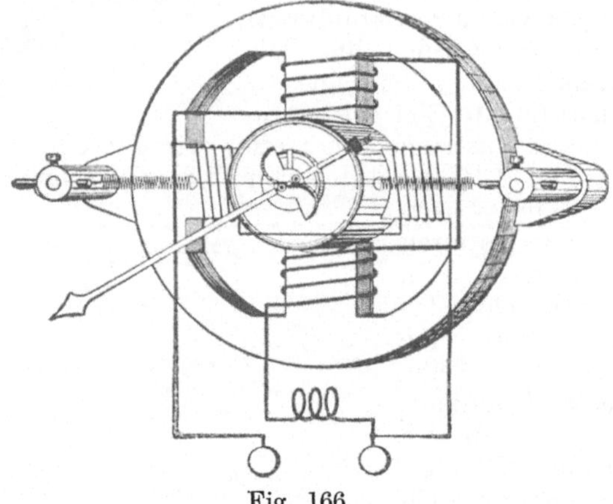

Fig. 166.

So geht das Spiel fort, die Betrachtungen gelten selbstverständlich in
gleicher Weise für die unendlich vielen zwischenliegenden Zeitmomente
und man übersieht leicht, daß ein umlaufendes Feld resultiert mit kon-
tinuierlichem Antrieb, dessen Tourenzahl der Periode des Wechselstromes
gleichkommt.

Bringt man in ein derartiges Drehfeld eine Magnetnadel, die an
der Rotation durch entgegenwirkende Federn gehindert wird, so wird
sie je nach der Stärke der Ströme i_I i_{II}, also des zu messenden Stromes J
eine stärkere oder geringere Ablenkung erfahren: dies ist das Prinzip
der Ferrarisinstrumente [1]).

---

[1]) So genannt nach Ferraris, der mit Terla zusammen zuerst die Dreh-
felder konstruierte.

Allerdings nimmt man als Drehsystem keine Magnetnadel, die ja durch das auf sie einwirkende wechselnde Feld bald den Magnetismus verlieren würde, und auch sonst unzweckmäßig ist, sondern man bringt zwischen die Pole einen leichten Aluminiumzylinder, der den Zeiger trägt. Das umlaufende Feld erzeugt im Zylinder Wirbelströme, falls er sich nicht mit der gleichen Geschwindigkeit dreht. Es besteht also zwischen beiden eine Kraftwirkung [1]), da der Zylinder durch die entgegenwirkenden Federn an der Rotation gehindert wird. Die Fig. 166 zeigt im Prinzip die Konstruktion von Siemens & Halske; man erkennt das Polgehäuse, den innen gelagerten Zylinder, unten die vorgelagerte Drosselspule und endlich rechts und links die beiden Federn, die so abgestimmt sind, daß eine günstige Skalenteilung erfolgen kann. Eine Ansicht des Instrumentes gibt Fig. 167.

Fig. 167.

Als Vorzüge der Drehfeldinstrumente, die durch entsprechende Wicklung als Strom-, Spannungs- und Leistungsmesser gebaut werden, kommt die Unempfindlichkeit gegen äußere Störungen (starke Ströme in der Nachbarschaft, z. B. auf Schalttafeln), die Konstanz der Angaben und die gute Dämpfung in Betracht. Ein gewisser Nachteil ist darin zu erblicken, daß sie abhängig sind von der Frequenz des Wechselstromes, da sich mit dieser die Größe der Selbstinduktion der mit Eisen armierten Spulen ändert.

Elektrostatische Instrumente. Als solche sind Voltmeter, hauptsächlich für hohe Spannungen im Gebrauch. Wir haben hier das Prinzip des Goldblattelektrometers: zwei gegeneinander leicht bewegliche

---

[1]) Es ist die nämliche Kraft, die aufzuwenden wäre, den Zylinder in einem konstanten ruhenden Magnetfeld zu drehen.

Metallteile werden mit dem zu messenden Potential geladen, worauf
sie sich, je nach der Höhe des Potentials mehr oder weniger stark
abstoßen. Ein Vorteil dieser Instrumente beruht darauf, daß
sie im Betrieb keine Energie benötigen und, zumal für hohe Spannungen, geringere Isolationsschwierigkeiten bieten als bei den
Spuleninstrumenten. Freilich dürften die Angaben nicht die
Genauigkeit der Präzisionsinstrumente erreichen. Sie eignen sich
übrigens auch für Gleichstrom.

2. Frequenzmesser.

In der Wechselstromtechnik ist es wünschenswert, die Frequenz des
Wechselstromes einfach und sicher zu ermitteln, so, wie man etwa die
Tourenzahl einer Maschine
mißt. Man benutzt dazu
meist ein Resonanzsystem,
bestehend aus Stahllamel-
len, die dicht nebenein-
ander liegen und oben ein
sog. Fähnchen tragen, wie
Fig. 168 a zeigt. Das eiserne
Joch, an dem die Federn
befestigt sind, ist mit einem
Elektromagneten verbun-
den, dessen Spule von dem

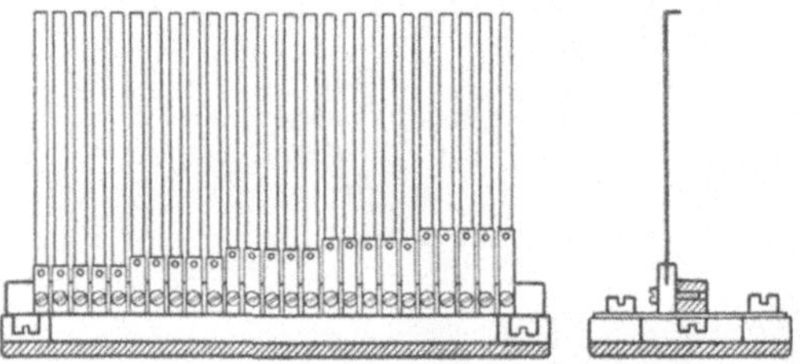

Fig. 168 a.

Strome durchflossen wird, dessen Periode gemessen werden soll. Dadurch wird das ganze System in äußerst feine Schwingungen versetzt,
deren Periode gleich der
des Wechselstromes ist,
so daß diejenige Feder,
deren Eigenschwingung
dieser Periode entspricht,
kräftige Schwingungen
ausführt, was dem Auge
ohne weiteres auffällt.

Das Federnsystem
wird wagerecht in das
Instrument eingebaut
(Fig. 168 b, S u. H). Die
Fähnchen sind als weiße
quadratische Figuren, in
Reihe angeordnet, sicht-
bar, das Feld der an-
sprechenden Feder ver-
schwindet für das Auge,
die Stelle zeigt so die Frequenz an.

168 b.

3. Strom und Spannungswandler.

(Meßtransformatoren.)

Diese Transformatoren [1]) haben den Zweck, den zu messenden Strom resp. die Spannung umzuformen, um in einfacher und gefahrloser Weise den Stromanschluß an die Meßinstrumente zu ermöglichen. Sie bieten ferner den großen Vorteil, daß sie an einem passenden Ort, unter Umständen weit entfernt von der Schalttafel aufgestellt werden können. Zur Schalttafel führen dann Leitungen für geringe Spannung von mäßigem Querschnitt. Die Umwandlung geschieht auf maximal etwa 5 Ampere und 110 Volt.

Um den Strom einer Hochspannungsleitung von 30—50000 Volt zu messen, ist es nicht angängig, diese hohe Spannung direkt an das Meßinstrument anzulegen, sie muß erst mittelst des Stromwandlers auf die zulässige Höhe reduziert werden. Bei hoher Belastung von 1000, 2000 und mehr Ampere transformiert der Wandler sowohl Spannung als auch Stromstärke hinab, man kann zu Meßzwecken beide zugleich umformen, da es auf den Wirkungsgrad nicht ankommt.

Fig. 169a.   Fig. 169b.

Was den Spannungswandler anlangt, so wird hierbei genau dasselbe Prinzip bezüglich der Spannung verfolgt, auch hier ist der Transformator so konstruiert, daß die Transformation ohne unzulässige Erhöhung der Stromstärke geschieht. Dadurch unterscheiden sich die Meßtransformatoren ganz wesentlich von den eigentlichen Betriebstransformatoren, bei denen das Produkt aus Stromstärke und Spannung möglichst konstant bleiben soll. Im übrigen liegt den Meßwandlern das gleiche Prinzip zugrunde wie bei jenen, es sei deshalb wegen der Einzelheiten auf Kapitel 4c verwiesen.

Fig. 169 a u. b veranschaulicht einen Stromwandler, der einen Strom bis zu 3000 Ampere auf 5 herabtransformiert. Die Figur zeigt die einfache Art, wie der Transformator montiert wird: er wird durch die in der Mitte befindliche Spannvorrichtung direkt auf das stromführende Kabel geklemmt. Zu dem Zwecke läßt sich das eiserne Schlußjoch

---

[1]) Ausführliches über Wechselstromtransformatoren siehe S. 188.

Fig. b aufklappen. Ohne diesen Transformator würde man Leitungen von gewaltigem Querschnitt zur Tafel führen müssen.

In ähnlicher Weise werden die Spannungstransformatoren ausgeführt und montiert.

4. Messen des Wechselstromwiderstandes, Verlustwiderstand.

Wie der Gleichstrom, so hat natürlich auch der Wechselstrom den Widerstand des Leiters zu überwinden, wo

$$w = \sigma \frac{l}{q}$$

ist. Dieser Ohmsche Widerstand ist nicht abhängig von der Art des Stromes; wir haben aber gesehen, daß neben diesem bei Wechselstrom noch der induktive Widerstand hinzukommt und daß für den Gesamtwiderstand, die Impedanz, die Beziehung besteht

$$\Pi = \sqrt{w^2 + \omega^2 L^2}.$$

Neben w und der Konstanten ω hängt also der Widerstand noch von L, dem Selbstinduktionskoeffizienten ab. Die Bestimmung von w bietet keine Schwierigkeit und ist bereits eingehend besprochen (S. 71 ff.), die Bedeutung von $\omega = 2\,n\,\pi$ ergibt sich ebenfalls aus früheren Ausführungen, es bleibt also noch die Bestimmung von L zu besprechen.

Zunächst fragt sich, welches ist die Einheit, in der der Koeffizient L gemessen werden soll. Wir gelangen zu einem exakten Einheitsbegriff, wenn wir uns die Bedeutung von L vor Augen führen; wir fanden (S. 142)

$$e = \frac{di}{dt} L,$$

und wir definieren: „Derjenige Leiter hat die Einheit der Selbstinduktion, in dem die durch die Änderungsgeschwindigkeit 1 Amp. pro sec hervorgerufene elektromotorische Gegenkraft 1 Volt Spannung beträgt." Diese Einheit wird Henry genannt. Außer dieser technischen Einheit wird auch für praktische Zwecke noch die absolute gebraucht, zu der man gelangt, wenn man die in der vorigen Definition gegebenen praktischen Einheiten durch die absoluten ersetzt. Die absolute Einheit wird in Zentimeter angegeben, denn es ergibt sich, daß die Dimension der Selbstinduktion eine Länge ist:

$$\left[L\right] = \frac{E \cdot M \cdot K \cdot \text{Zeit}}{\text{Stromstärke}}.$$

Setzen wir für Zähler und Nenner die Dimensionen ein, so haben wir

$$\left[L\right] = \frac{m^{\frac{1}{2}} l^{\frac{3}{2}} t^{-2} \cdot t}{m^{\frac{1}{2}} l^{\frac{1}{2}} t^{-1}} = l = \text{Länge}$$

Da 1 Ampere $= 10^{-1}$ und 1 Volt $= 10^8$ C.G.S. Einheiten ist, so folgt

$$1 \text{ Henry} = 10^9 \text{ absol. Einh.}$$
$$= 10^9 \text{ cm}$$

a) Bestimmung von L mit der Brücke.

Zur Bestimmung von Widerständen bietet die Wheatstonesche Brücke ein vorzügliches Mittel. Bei Flüssigkeiten benutzt man, wie auf S. 77 besprochen, die Telephonmethode, wobei die Stromlosigkeit des mittleren Brückenzweiges durch das sog. Tonminimum angezeigt wird. Mit Recht spricht man von einem Tonminimum, denn nur unter bestimmten Voraussetzungen verschwindet der Ton im Telephon vollständig. Damit dies der Fall ist, ist es notwendig, wie die Untersuchungen von Maxwell, Kohlrausch, Wien [1] u. a. zeigen, daß nicht nur die Widerstände in den vier Brückenzweigen in einem bestimmten Verhältnis zueinander stehen, sondern daß das gleiche auch bezüglich der Selbstinduktion und der Kapazität des Leiters der Fall ist.

Diese Tatsache bietet uns das Mittel, den Selbstinduktionskoeffizienten einer Spule sowie auch den „Verlustwiderstand" zu bestimmen. Was zunächst ersteren anlangt, so schaltet man die Spule in die Brücke genau so ein, als wolle man den Ohmschen Widerstand messen und setzt an Stelle des Rheostaten eine „Selbstinduktions-Normale". Diese Normalen, die zuerst von M. Wien in die Meßtechnik eingeführt wurden, entsprechen ganz bestimmten Werten in Henry und sind dementsprechend konstruiert. Es sind Drahtspulen, die auf völlig eisen- und überhaupt metallfreies Material aufgewunden sind, dazu dient Marmor oder Serpentin. Der Grund hierfür beruht darauf, daß die Selbstinduktion nur dann unabhängig von der Periode des Wechselstromes ist, und in der Normalen keine Energieverluste außer den durch den Ohmschen Widerstand bedingten auftreten, wenn in der Umgebung der Spule keine fremden Leiter sind, und vor allem kein Eisen vorhanden ist. Im letzteren Falle treten auf Kosten des Primärstromes magnetische Wirkungen und Hysteresiserscheinungen auf, außerdem im Eisenkern Wirbelströme um so stärker, je höher die Periode des Wechselstroms ist, wobei auch dessen Kurvenform eine große Rolle spielt. Sind andere Metallmassen vorhanden, so entstehen in diesen natürlich auch Wirbelströme, ja, die Metallmassen der eigenen Wicklung würden induziert werden, wenn der Draht zu starke Dimensionen hat. Man bewickelt deshalb in solchen Fällen die Normale der Selbstinduktion mit Litzendraht, wobei die einzelnen dünnen Drähte gegeneinander isoliert sind.

Bei der reinen Selbstinduktion treten in der Spule keine anderen als Wärmeverluste auf, denn der Wechselstrom bewirkt hier nur eine Phasenverschiebung zwischen Strom und Spannung. Demgegenüber ändern sich die Verhältnisse, wenn, was meist der Fall ist, der vorhin erwähnte Metalleffekt eintritt, denn dieser verlangt von dem Primärleiter einen Teil der eingeführten Energie, so daß dessen Widerstand vergrößert erscheint um einen Betrag, den man als Verlustwiderstand bezeichnet.

---

[1] M. Wien, Messung der Induktionskonstanten. Wied. Annal. 44, 1891, S. 689; ferner Derselbe, Magnetisierung durch Wechselstrom. Wied. Annal. 66, 1898, S. 870.

Gehen wir jetzt zur Beschreibung der Versuchsanordnung und der Apparate über. Es sei zunächst der Selbstinduktionskoeffizient einer verlustfreien Spule zu untersuchen. Wir benutzen die Anordnung der Wheatstoneschen Brücke, und zwar bedeuten in Fig. 170 L die Selbst-

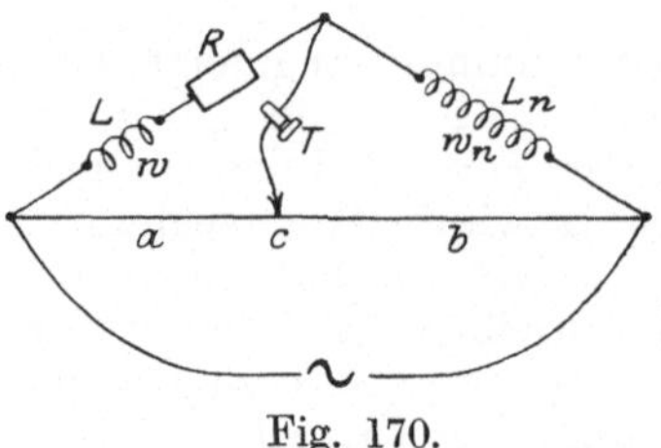

Fig. 170.

induktion der Spule, L_n die Vergleichsnormale, die Ohmschen Widerstände seien w resp. w_n. Hinter L ist ein induktionsfreier veränderlicher Widerstand R, ein Rheostatenkasten, eingeschaltet. Mittelst eines Induktoriums schicken wir Wechselstrom in die Versuchsanordnung und stellen zunächst den Gleitblock c auf die Stelle des Tonminimums. Nunmehr ändern wir in R den Widerstand, so daß der Ton im Telephon möglichst verschwindet. Gänzliches Schweigen wird erreicht, indem man sowohl c als auch R passend ändert. Da im vorliegenden Falle L nicht abhängig ist von der Periode und Natur des Wechselstroms, so muß Stromlosigkeit des Mittelleiters auch vorhanden sein, wenn wir Gleichstrom einführen; wir prüfen mit Galvanometer, das an Stelle des Telephons geschaltet wird. Nun gilt die Beziehung

daher

$$\frac{w + R}{w_n} = \frac{a}{b} = \frac{L}{L_n}$$

$$w = w_n \frac{a}{b} - R$$

$$L = L_n \frac{a}{b} \qquad \ldots \ldots \ldots \ldots \quad 33)$$

w ist hier nichts anderes als der Ohmsche Widerstand.

Es sei nunmehr der Verlustwiderstand eines Apparates, einer Maschine od. dgl. zu ermitteln. Da hier die Größe der Selbstinduktion von der Natur des Wechselstroms abhängt, so ist sie eine variable Größe, die Bezeichnung Selbstinduktionskoeffizient als Konstante daher nicht mehr am Platze. Die Prüfung soll daher mit Wechselstrom derjenigen Frequenz erfolgen, die dem eigentlichen Betriebsstrom entspricht; am besten nimmt man dazu diesen selbst.

Die Schaltung erfolgt in gleicher Weise wie vorher, nur müssen wir möglichst reinen Wechselstrom konstanter Periode nehmen. Wir nennen die „wirksame" Selbstinduktion L', den um den Verlustwiderstand vergrößerten Widerstand w', R sei wieder der zur Erzeugung des Tonminimums erforderliche Rheostatenwiderstand, dann ist wie vorher

daher

$$\frac{w' + R}{w_n} = \frac{a}{b} = \frac{L'}{L_n}$$

$$w' = w_n \frac{a}{b} - R$$

$$L' = L_n \frac{a}{b}.$$

Führen wir jetzt Gleichstrom ein, so fällt der Verlustwiderstand fort und wir müssen, um die Nullstellung des Galvanometers herbeizuführen, R ändern, wenn wir, was zweckmäßig ist, c stehen lassen. Der Widerstand sei R′, dann ist

$$w_0 = w_n \frac{a}{b} - R'$$

und daraus der Verlustwiderstand

$$R_0 = w' - w_0 = R' - R \quad \ldots \ldots \quad 34)$$

R_0 enthält alle in dem Apparat auftretenden Verluste, die infolge der Wirbelströme, der Hysteresis usw. auftreten, bezogen auf Wechselstrom bestimmter Periode.

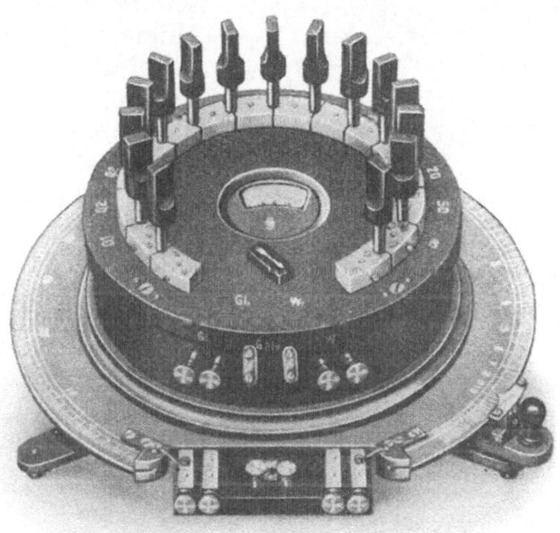

Fig. 171.

Fig. 171 veranschaulicht einen kompletten Apparat zur Bestimmung der besprochenen Größen. Es sind fünf Klemmenpaare vorhanden, man schaltet an

x die unbekannte Selbstinduktion,

Tel (in der Mitte des vorderen Klemmbocks) das Telephon,

N die Selbstinduktionsnormale (Fig. 172),

W den Wechselstrom.

Fig. 172.

Ein empfindliches Galvanometer ist in der Mitte, die Rheostaten R im Kreise herum angeordnet. Der Schleifdraht aus Platin ist auf die Peripherie der Fußplatte gewunden, die dort eingravierten Zahlen geben das bereits ausgerechnete Verhältnis $\frac{a}{b}$.

Wie erwähnt, fordert die Bestimmung des Verlustwiderstandes

möglichst reinen Wechselstrom von bekannter Periode. Das gewöhnliche Induktorium liefert diesen nicht, da durch das Öffnen und Schließen des Stromes mit dem meist üblichen Neefschen Hammer die Stromkurve verzerrt wird und die Schwingungen sprungweisen Änderungen unterliegen. Man kann aber doch auf induktivem Wege brauchbaren Wechselstrom erzeugen, wenn man den Summer-Umformer benutzt, dessen Einrichtung Fig. 173 veranschaulicht. Die Membran M ist in der Mitte mit einem Beutelmikrophon verbunden, das andererseits

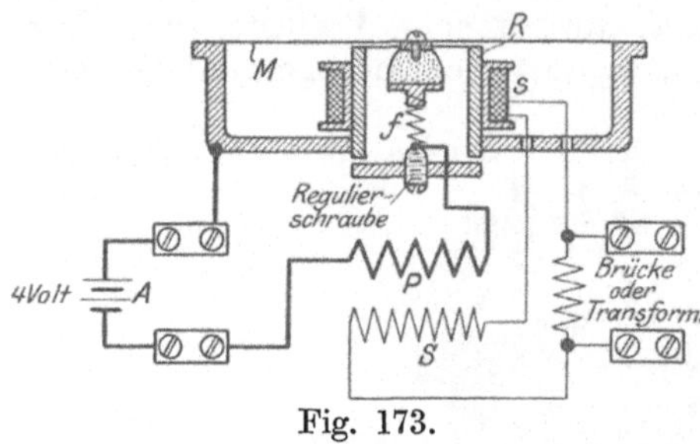

Fig. 173.

mittelst einer kräftigen Feder f im Gestell unterstützt ist. Wird bei A der Primärstrom geschlossen, so wirkt in diesem Moment die Primärwicklung P des Induktors induzierend auf die Sekundärspule S ein. Der hier entstehende Sekundärstrom durchfließt eine Magnetspule s und verstärkt den Magnetismus des zylinderförmigen Stahlmagneten R. Dadurch wird M angezogen, die Körner des Mikrophons erhalten besseren Kontakt und der Primärstrom steigt an, den in S verstärkend, bis die Bewegung aufhört.

Fig. 174.

Beim Rückschwingen der Membran setzt das umgekehrte Spiel ein und so geht das fort. Je nach der Stärke der Membran erreicht man Schwingungen zwischen 300—1000 pro Sekunde. Man bestimmt die Periode, indem man den Summer auf Stimmgabeln einwirken läßt und in bekannter Weise die Schwingungszahl ermittelt.

Der Wechselstrom höherer Frequenz gewinnt in der Technik von Jahr zu Jahr an Bedeutung. Für längeren Betrieb eignet sich der Summerumformer nicht, vielmehr empfiehlt es sich, zumal auch für relativ hohe Leistung, den Strom maschinell zu erzeugen. Eine Maschine von Siemens & Halske sei hier beschrieben und in Fig. 174 veranschaulicht.

Die Scheibe S besitzt am Umfange eine Anzahl Eisenzähne, die an
den Polen eines Elektromagneten vorbeirotieren. Die Spule des Elektromagneten, dessen Schenkel radial in Richtung der Motorwelle verlaufen,
sitzt unten (in der Figur nicht sichtbar) auf dem Verbindungsjoch.
Die vorbeirotierenden Eisenzähne rufen in den Magnetschenkeln starke
magnetische Schwankungen hervor, die induzierend auf die Spulen s_1
und s_2 einwirken und hier Wechselstrom erzeugen. Durch geeigneten
Antrieb erreicht man Strom bis zu 1500 Perioden pro Sek. Die Maschinen
führen auch den Namen Hochfrequenzmaschinen.

b) Ermittelung der Induktionskoeffizienten mit dem Elektro-
dynamometer.

Die Messung erfordert ein Elektrodynamometer mit verschwindend
kleiner Selbstinduktion oder ein empfindliches Instrument mit vorgeschaltetem hohen, induktionsfreien Widerstand. Es sei nach Fig. 175
L die zu messende Selbstinduktion, R ein
induktionsfreier Widerstand, etwa ein
Rheostatenkasten. An a und b legen wir
Wechselstrom, vor und hinter L, ebenso
(darauf) an R das Dynamometer D. Der
Ausschlag α' resp. α'' hängt offenbar von
dem Spannungsgefälle zwischen den Enden
von L und R, also von deren Widerstand
ab. Die Messung wird wesentlich vereinfacht, wenn wir $\alpha' = \alpha''$ machen, was
durch Ändern von R leicht erreicht wird.
Nur ist dabei zu beachten, daß wir das
Potentialgefälle zwischen a und b nicht
mehr ändern dürfen, wenn einmal α' fest-

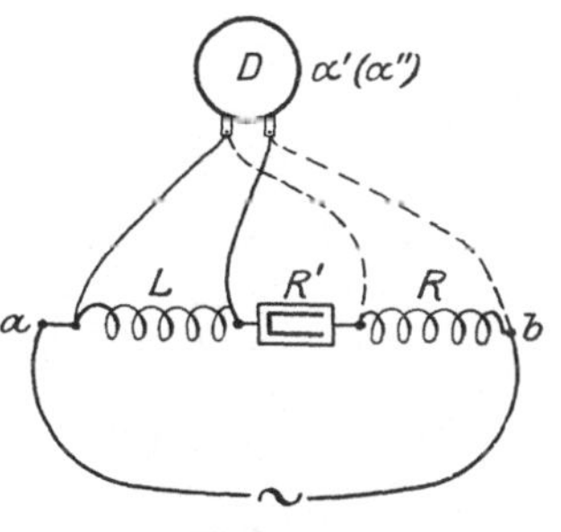

Fig. 175.

gestellt ist. Deshalb schalten wir vor R den Hilfsrheostaten R', der so
geändert wird, daß R + R' immer konstant bleibt[1]). Wir haben dann

$$\frac{\alpha'}{\alpha''} = \frac{w^2 + 4\,n^2\,\pi^2\,L^2}{R^2}$$

oder, da $\alpha' = \alpha''$

$$w^2 + 4\,n^2\,\pi^2\,L^2 = R^2,$$

also

$$L = \sqrt{\frac{R^2 - w^2}{4\,n^2\,\pi^2}} = \frac{1}{2n\,\pi}\,\sqrt{R^2 - w^2}.$$

Ist L in Henry zu berechnen, so werden die Widerstände in Ohm
gemessen, andernfalls sind die betreffenden Größen auf das absolute
Maßsystem zurückzuführen.

---

[1]) Am besten benutzt man dazu den Wanderstöpsel, an den man die
Zuleitung von D anlegt, es genügt dann ein Rheostat.

3. Kapitel.

1. Die Wechselstromdynamomaschine.

Die Wechselstromdynamomaschinen beruhen auf dem gleichen Induktionsvorgang wie die Gleichstrommaschinen, es sind also zwei

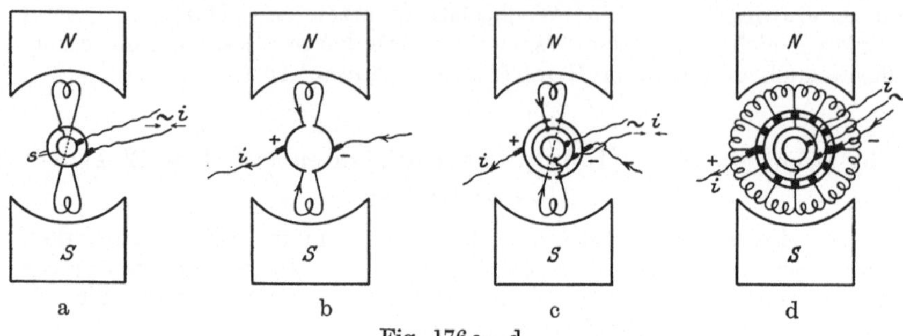

a   b   c   d

Fig. 176 a—d.

wesentliche Dinge nötig: ein Magnetgehäuse und ein Leiter, der das Feld der Magnete passiert. Wie wir im I. Teil eingehend besprochen haben,

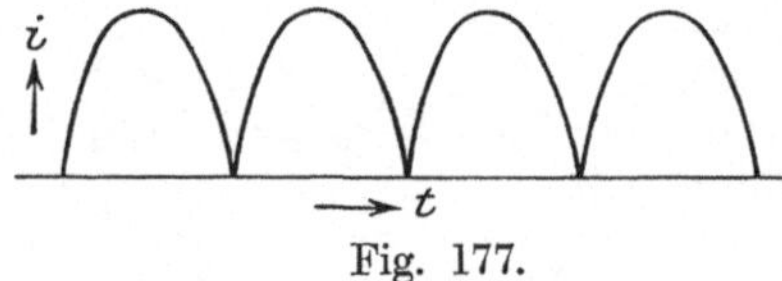

Fig. 177.

wird grundsätzlich in jeder Gleichstrommaschine Wechselstrom erzeugt, den man erst mittelst einer besonderen Vorrichtung, dem Kommutator gleich richtet. Man kann in der Tat jede Gleichstrommaschine ohne Schwierigkeit so einrichten, daß sie sowohl Gleich- wie auch Wechselstrom liefert. Sehen wir von den Maschinen mit Doppel-T-Anker ab, die, wie auf S. 94 bemerkt, Spezialzwecken im Kleinbetriebe dienen, so können wir in Fig. 176 a—d die Wirkungsweise leicht überblicken.

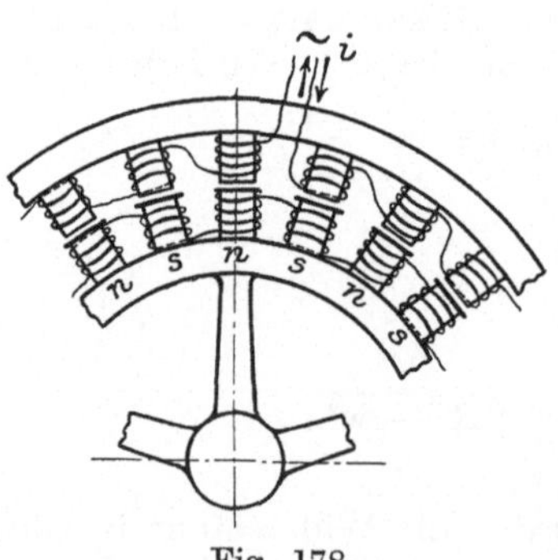

Fig. 178.

a—d veranschaulicht schematisch Polgehäuse mit Anker, bestehend aus zwei Drahtschleifen resp. im Kreise herumgeführten Windungen. Diese sind in Fig. a einerseits unter sich verbunden, anderseits zu zwei auf der Maschinenachse und unter sich isoliert angeordneten konzentrischen Schleifringen geführt, auf denen Bürsten zur Stromabnahme aufliegen. Man erkennt sofort, daß hier Wechselstrom entsteht, dessen Periode gleich ist der Tourenzahl der Maschine. b stellt dieselbe Maschine dar, nur sind hier die Ringe durch zwei Kommutatorsegmente ersetzt, die, wieder unter sich und gegen die Achse isoliert, mit Anfang und

Ende der Spulen verbunden sind: wir haben eine Gleichstrommaschine, wie leicht einzusehen ist, wenn wir die Stromrichtung bei der Rotation des Ankers verfolgen. Nun können wir, wie Fig. c zeigt, beide Anordnungen miteinander verbinden, wir haben dann eine Stromverzweigung, so daß in dem einen Zweig Wechselstrom, in dem anderen Gleichstrom fließt. Praktisch ist freilich diese primitive Anordnung unbrauchbar, schon weil wir keinen kontinuierlichen Gleichstrom erzeugen, sondern intermittierenden von einer Kurvenform, wie Fig. 177 zeigt. Offenbar nähert sich der Kurvenzug mehr und mehr einer geraden Linie, je mehr Kommutatorsegmente wir anwenden, wir gelangen dann zu dem uns von früher her bekannten Fall in Fig. d.

Fig. 179.

Um daher eine Gleichstromdynamo gleichzeitig als Wechselstrommaschine zu benutzen, ist es nur nötig, seitlich neben dem Kommutator zwei Schleifringe anzubringen, die je mit zwei gegenüberliegenden Punkten der Ankerwicklung verbunden sind (d). Die aufliegenden Bürsten liefern ohne weiteres Wechselstrom, da die Maschine den zur Felderregung nötigen Gleichstrom auf der Kommutatorseite gleichzeitig erzeugt; in ähnlicher Weise kann man durch Anbringen von drei Schleifringen Drehstrom (S. 172), sowie überhaupt durch Auflegen von n-Ringen n-phasigen Wechselstrom entnehmen.

Die eigentlichen Wechselstromdynamomaschinen haben natürlich eine etwas abweichende Bauart. Meist liefert der rotierende Teil, Rotor oder Läufer genannt, das magnetische Kraftfeld, während im feststehenden Teil, dem Gehäuse, Stator oder Ständer genannt, der Strom erzeugt wird. Der Vorteil dieser Anordnung beruht darauf, daß zur Felderregung niedrige Spannung ausreicht, die ohne Schwierigkeit mittelst Schleifringen und Bürsten dem Rotor zugeführt werden kann. Andererseits kann man gefahrlos dem feststehenden Anker den hochgespannten Wechselstrom entnehmen, auch ist die Isolation, da keine Fliehkräfte auftreten, im Stator leichter zu bewirken.

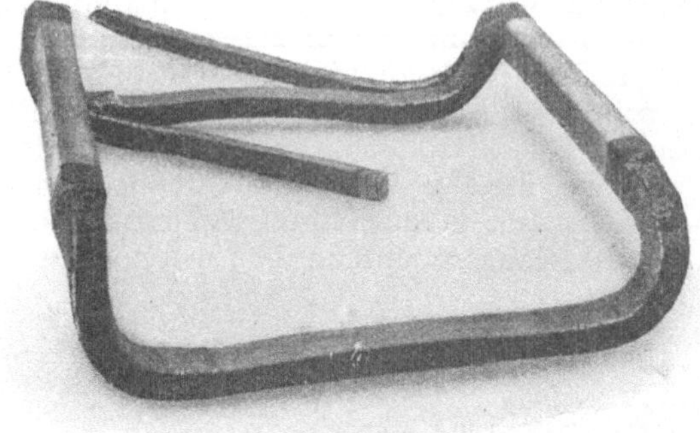

Fig. 179a.

Fig. 179b.

Das Schema in Fig. 178 zeigt einen Teil des Rotors mit den auf der Peripherie sitzenden Magneten. Dicht darüber erblickt man die aus lamelliertem Eisen bestehenden Kerne, um die die Ankerwicklung gewunden ist. Um den Raum ergiebig auszunutzen, nimmt man möglichst viele Pole, nur bei den kleinen Typen wird die Anzahl beschränkt. Fig. 179 (Siemens-Schuckert) läßt erkennen, zu welch riesigen Dimensionen der Bau von Wechselstrommaschinen geführt hat; meist dient der Rotor gleichzeitig als Schwungrad der Antriebsmaschine. Der Erregerstrom wird von einer kleinen Dynamo geliefert, die seitlich auf der Achse des Generators montiert ist; die Einrichtung ist aus der Figur gut zu ersehen. Interessant ist bei den großen Maschinen die Art der Wicklung: die Wicklungselemente, Fig. 179 a werden nach sorgfältiger Isolation, in die aus Fig. 179 b ersichtlichen Aussparungen des Stators eingebettet.

Von größter praktischer Bedeutung ist, wie wir weiter unten eingehend besprechen werden, der Drehstrom und zwar als Dreiphasenstrom. Man versteht darunter eine Verkettung von drei Wechselströmen mit Phasenverschiebung von 120°. Dies wird in einfacher Weise dadurch erreicht, daß man jedem Pol des Magnetkörpers drei Ankerkerne zuordnet, wie dies Fig. 180 veranschaulicht, die Wicklungen werden gleichmäßig nacheinander induziert und eine jede liefert für sich Wechselstrom; zur Summation der Wirkung werden die sich entsprechenden Spulen außen miteinander verbunden.

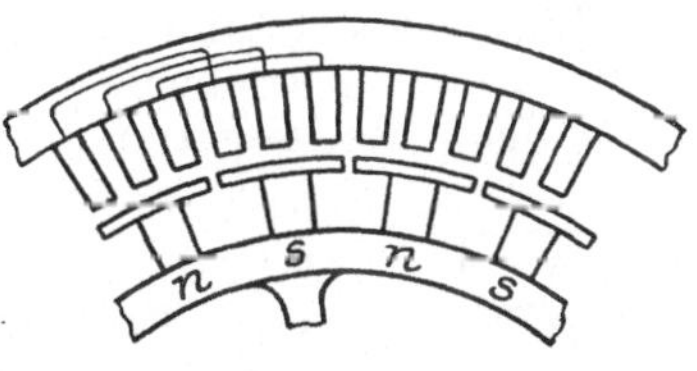

Fig. 180.

Maschinen der besprochenen Art nennt man Innenpolmaschinen. Dieser Maschinentyp wird meist gebaut. Daneben findet man noch die Außenpolmaschine, bei der der Anker innen angeordnet ist und der Magnetkranz glockenförmig darüber greift. Meist dreht sich der Anker im Innern des Polgehäuses; es gibt aber auch Konstruktionen, bei denen der Magnetkranz um den feststehenden Anker rotiert. Diese Bauart ist kostspielig, sie hat aber den Vorteil guter Kühlung bei ergiebiger Raumausnützung für den Magnetismus.

2. Wechselstrom-Elektromotoren.

Während der Gleichstrommotor prinzipiell nichts anderes ist als eine Dynamomaschine, in die man Strom hineinschickt, liegen beim Wechselstrom die Verhältnisse wesentlich anders. Denken wir uns nämlich den Fall, wir hätten zwei Wechselstrommaschinen, die eine liefere Strom, die andere soll damit angetrieben werden, so sagt uns eine kurze Überlegung, daß die als Motor gedachte Maschine überhaupt nicht anlaufen würde, denn, wir müssen uns ja vergegenwärtigen, daß eine Kraftwirkung auftreten soll zwischen dem Magnetfeld und den Ankerwindungen, daß also, wenn wir etwa Fig. 178 betrachten, in einem gegebenen Augenblick die Magnetpole anziehend oder abstoßend auf die Pole der Armatur einwirken müssen. Da das Magnetfeld konstant ist, das Polzeichen der Armatur aber immerfort wechselt, so erfolgt auf den ruhenden Anker ebensowenig ein Antrieb, wie etwa auf die Nadel eines Galvanometers, in das man Wechselstrom hineinleitet. Nur in einem Falle würde eine Kraftwirkung auftreten, wenn nämlich der Motor beim Anlassen auf die Tourenzahl gebracht würde, die der Periode des Wechselstromes entspricht, wenn Synchronismus besteht. Wird aber ein solcher „Synchronmotor" im geringsten überlastet, so fällt er aus dem Takt, d. h. seine Tourenzahl nimmt ab, und da der Anker dem Feld nicht mehr folgen kann, so bleibt die Maschine stehen.

Die hierdurch begründeten Schwierigkeiten sind heute behoben, freilich nicht ohne eingehendes Studium und mühevolle Versuche, die aber äußerst interessante Erfolge zeitigten.

1. Der Dreiphasen- oder Drehstrommotor.

Zunächst entstand der Drehstrommotor. Es ist dies ein durch Wechselstrom betriebener Motor, der jedoch nicht durch einfachen, einphasigen Wechselstrom betrieben wird, sondern durch drei Wechselströme, die in der Phase um 120⁰ gegeneinander verschoben sind; man kann auf diese Weise ein magnetisches Drehfeld erzeugen. Zur Erklärung betrachten wir die in Fig. 181 a angedeutete Art der Erzeugung dieser Wechselströme mit den zugehörigen Stromkurven I—III. Diese drei Wechselströme schicken wir in ein Spulensystem, dessen Spulen auch um 120⁰ gegeneinander versetzt sind, und die wir analog mit I—III bezeichnen (Fig. 181 b).

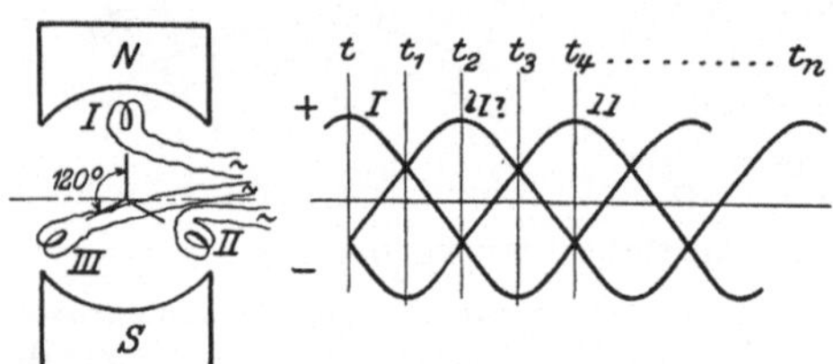

Fig. 181 a.

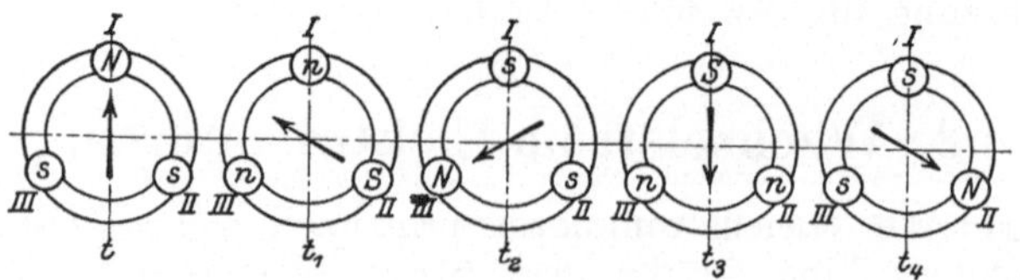

Fig. 181 b.

Die zur Zeit t, t_1 . . t_n in den Spulen herrschenden magnetischen Kräfte sind offenbar von der gleichzeitigen Wirkung der drei Ströme abhängig, sie sind in jedem Augenblick proportional den durch eine Senkrechte zur Abszissenachse festgelegten Ordinatenwerten. Wir betrachten an a und b die Zeitpunkte t . . . t_4 und finden:

Zur Zeit t ist Spule I voll erregt, sagen wir mit NordmagnetismusN; Spulen II und III sind gleich stark, aber geringer und entgegengesetzt erregt: s s. Eine Magnetnadel würde sich also in die gezeichnete Lage einstellen.

Zur Zeit t_1 sind I und III gleich stark positiv, II negativ voll erregt, die Nadel hat sich entsprechend gedreht.

Zur Zeit t_2 sind I und II gleich stark negativ, III positiv erregt: die Drehung der Nadel schreitet voran.

Zur Zeit t_3 haben wir Vollerregung für I, gleich starke Erregung für II und III, das Feld hat sich weiter gedreht.

Zur Zeit t_4 wiederum aus den gleichen Gründen weitere Drehung und so geht das fort.

Die nämlichen Betrachtungen gelten für alle Zeitpunkte, wo wir sie auch annehmen mögen, immer finden wir in den aufeinander folgenden Momenten die Feldrichtung gedreht, d. h. das Feld läuft kontinuierlich um, wobei die Umlaufszahl der Periode des Drehstroms entspricht, wir haben ein Drehfeld.

Aber die eingehendere Betrachtung der Kurvenfiguren zeigt uns noch mehr. Wir haben früher bei Besprechung der Drehfeldinstrumente

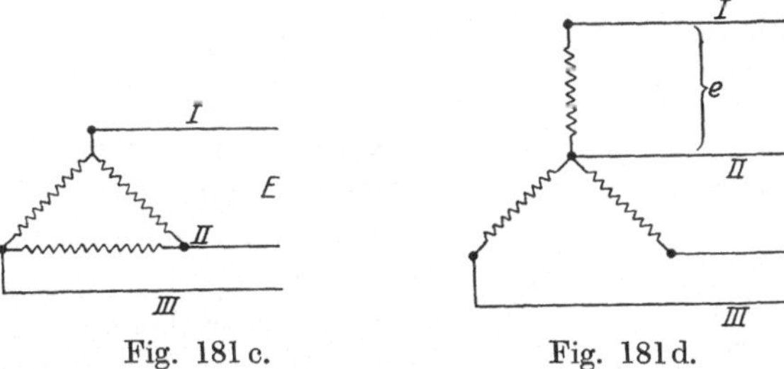

Fig. 181 c.Fig. 181 d.

schon kurz gesehen, daß man auch mit zweiphasigem Wechselstrom ein Drehfeld erzeugen kann. Dazu sind vier Zuleitungen nötig, beim Dreiphasenstrom möchte es scheinen, als ob man deren sechs benötigte. Betrachten wir aber beliebige Augenblicke t, t_1 . . ., so erkennen wir, daß die positiven Ordinatenwerte in ihrer Summe stets gleich sind der Summe der negativen, z. B. für

$$t \text{ ist } + i_I = - (i_{II} + i_{III}),$$
$$t_1 \text{ ,, } - i_{II} = i_I + i_{III} \text{ usf.}$$

d. h. die gesamte positive Elektrizitätsmenge ist immer gleich der negativen, eine Stromstauung findet nicht statt, wenn man durch drei Leiter die Generatorspulen mit denen des Motors passend verbindet. Für diese Verbindung, die symmetrisch erfolgen muß, gibt es zwei Möglichkeiten:

1. Dreieckschaltung, dargestellt durch das Schema in Fig. 181 c. Anfang und Ende einer jeden Spule werden miteinander verbunden und die Verbindungspunkte an die Leitung angeschlossen. Dies gilt sowohl für den Motor als auch für die Dynamo.

2. Sternschaltung, dargestellt durch das Schema in Fig. 181 d. Die drei Enden der Spulen sind in einem Punkt vereinigt, die freibleibenden Enden sind an die Leitung angeschlossen.

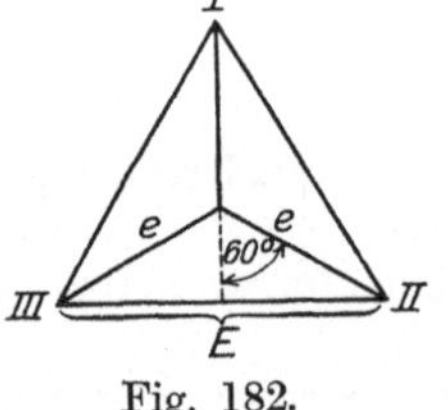
Fig. 182.

Zwischen je zwei Leitern der ersten Schaltungsart herrscht die gleiche Spannung E, man nennt sie Hauptspannung; das gleiche gilt bezüglich der zweiten Schaltung, nur hat man hier noch die Möglichkeit, eine geringere Spannung ohne Energieverlust dem Netz zu entnehmen, wenn man nämlich von dem Knotenpunkt noch eine vierte, die Ausgleichsleitung abzweigt. Zwischen dieser und je einem äußeren Leiter herrscht die Phasenspannung (auch Sternspannung genannt). Sie ist kleiner als die Hauptspannung und wir können die Beziehung beider leicht geometrisch ableiten. Zwischen den Punkten I, II, III Fig. 182 herrscht die Hauptspannung E. Da alles

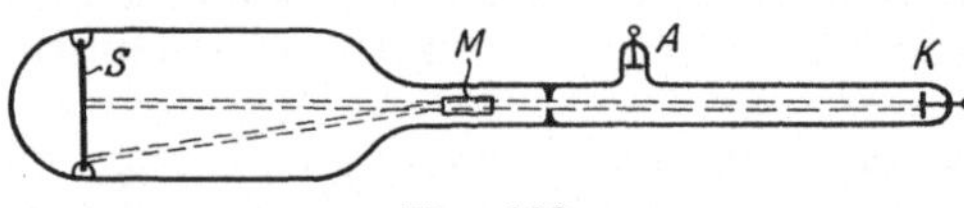
Fig. 183.

symmetrisch angeordnet ist, und auch in bezug auf Abmessung und Widerstand der zugehörigen Leiterteile Symmetrie herrscht, so sind die Größen e und E proportional den zugehörigen geometrischen Strecken. Es gilt also die Beziehung

$$E = 2\,e \sin 60^0 = 1{,}732 \cdot e.$$

Ein sehr schönes Mittel, ein Drehfeld zu demonstrieren, bietet die Braunsche Röhre in Verbindung mit drei Magnetspulen, die in Dreieck- oder Sternschaltung miteinander verbunden sind. Die Braunsche Röhre ist in Fig. 183 dargestellt; es ist eine Kathodenröhre, die an einem langen Schaft eine Erweiterung trägt, in der sich nahe dem Ende der Leuchtschirm S befindet. Erregt man die Röhre mit einer Elektrisiermaschine od. dgl., so gelangen die von K aus-

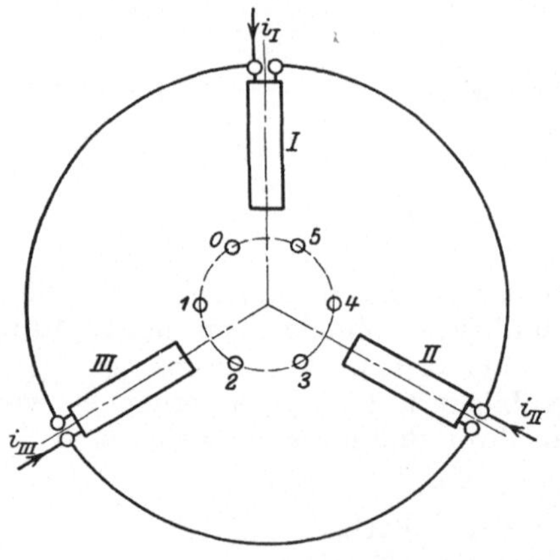
Fig. 184.

gehenden Kathodenstrahlen durch das hinter der Anode A befindliche Diaphragma in schmalem Bündel auf den Schirm und rufen dort einen hellen Fleck hervor. Nähert man dem Hals der Röhre oberhalb des Diaphragmas einen Magneten M, so werden bekanntlich die Strahlen senkrecht zu dessen Achse abgelenkt, der Fleck wandert auf die Seite.

Wir bringen die Röhre in eine Anordnung, wie sie in Fig. 184 skizziert ist, so daß die Röhrenachse senkrecht zu den Spulen I—III steht, die

Ebene des Leuchtschirms also nach vorne gerichtet ist. Die Pole der Magnete umschließen im Kreise herum den Hals der Röhre zwischen Diaphragma und Röhrenerweiterung. In der Figur sind die Spulen der Deutlichkeit halber weiter vom Zentrum abgerückt gezeichnet; die Magnete besitzen Kerne aus unterteiltem Eisen.

Werden die Spulen mit Drehstrom erregt, so wird der Leuchtfleck abgelenkt und wandert in kreisförmiger Bahn um die Röhrenachse herum. Zur Erklärung betrachten wir das Kurvendiagramm der Fig. 181 a und Fig. b in Verbindung mit Fig. 184 und knüpfen an den zeitlichen Verlauf der magnetischen Verhältnisse ganz analoge Betrachtungen an, wie sie auf S. 172 für die Zeitpunkte t, t_1 . . . . gemacht wurden. Wir finden dann:

Zur Zeit t weicht der Lichtfleck unter dem Einfluß des Magnetismus N—s s senkrecht zur Symmetrieachse aus: Lage 0.

Zur Zeit t_1, im Feld n n—S nimmt der Fleck die Lage 1 ein.

Zur Zeit t_2, im Feld N—s s weitere Drehung, Lage 2 usf., wir sehen, daß bei einem vollen Zyklus der Lichtfleck einmal im Kreise herum wandert. Natürlich gelten auch hier, wie früher, die gleichen Betrachtungen für die zwischenliegenden Zeitmomente, das kontinuierlich umlaufende Feld lenkt das Strahlenbündel kegelförmig ab, die Basis des Kegels erscheint als heller Kreis auf dem Schirm.

Schaltet man zwei Phasen ab, so bewegt sich der Fleck auf einer Geraden, senkrecht zur Spulenachse.

Das durch dreiphasigen Wechselstrom erzeugte Drehfeld bietet nun ein Mittel, einen Elektromotor zu bauen, der eine äußerst einfache Maschine darstellt und an Bedienung und Wartung die bescheidensten Ansprüche stellt. Betrachten wir die Konstruktionsprinzipien.

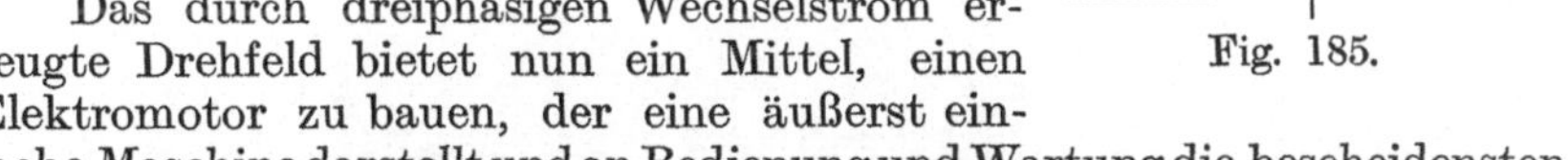
Fig. 185.

An der Drehung des Feldes nimmt nicht allein eine Magnetnadel oder ein Magnetstab teil, sondern jeder passend geformte metallische Leiter. Denken wir uns beispielsweise einen aus zwei oder mehreren Drahtbügeln bestehenden metallischen Käfig, wie in Fig. 185 angedeutet, der um eine Achse drehbar ist und den wir in ein Magnetfeld bringen. Es werden in den Drähten des Käfigs Ströme entstehen, wenn wir etwa den Magneten N—S um die Achse drehen. Denselben Effekt würden wir erzielen, wenn wir den Käfig im ruhenden Magnetfeld drehen; dazu ist eine bestimmte Kraft nötig, es ist dieselbe Kraft, die zwischen den Leiterteilen des Käfigs und dem Magnetfeld bestehen würde, wenn wir ersteren in ein Drehfeld bringen: das umlaufende Feld sucht ihn mitzunehmen. Allerdings muß er gegen die Umlaufsgeschwindigkeit des Drehfeldes zurückbleiben, da bei synchronem Umlauf keine Ströme entstehen würden, es muß eine gewisse Schlüpfung bestehen (Asynchronmotor). Je stärker diese ist, um so stärker wird der Strom, um so stärker die Zugkraft oder das Drehmoment.

In der Praxis gibt man dem Käfig möglichst viele Leiter, die man

zur Verstärkung der Induktion auf einer Eisentrommel anbringt, oder
besser, in die an der Peripherie angebrachten Nuten einbettet. Der so
gebildete Anker wird **Kurzschlußanker** genannt, im Zusammenhang
zur Maschine nennt man ihn **Rotor**, im Gegensatz zum feststehenden
Magnetgehäuse, dem **Stator**.

Diese einfache Maschine baut man bis zu etwa 3 PS. Leistung.
Der Rotor wird, wie Fig. 186 zeigt, einfach dadurch gewonnen, daß man

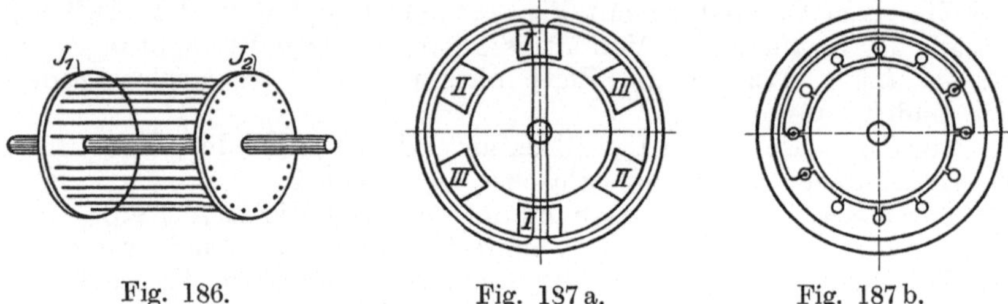

Fig. 186.   Fig. 187 a.   Fig. 187 b.

zwei Schlußjoche J_1 und J_2 durch Kupferstäbe miteinander verbindet;
in der Praxis wird, wie schon erwähnt, der Zwischenraum mit lamellierten

Fig. 188.

Eisenscheiben ausgefüllt, um den Induktionsfluß zu verstärken. Häufig
werden die Kupferstäbe auch in ausgehobelte Nuten an der Peripherie
des Rotors verlegt, dadurch ähnelt er äußerlich dem Trommelanker
einer Gleichstrommaschine. Der Stator hat prinzipiell die in Fig. 187 a
angedeutete Einrichtung. Der Kraftlinienverlauf oder der **Induktionsfluß** in einem bestimmten Zeitpunkt für das Polpaar I ist durch dünne
Linien angedeutet. Um den Raum besser auszunützen, führt man in

Wirklichkeit die Wicklung nach b aus, indem man sie in Ausbohrungen des Gehäuses hineinlegt und die Verbindungen der zugehörigen Spulen, wie angedeutet, am Gehäuse entlang führt. Das Gesamtbild eines Motors der beschriebenen Art gibt Fig. 188, wir gewinnen einen Einblick in das Polgehäuse, aus dem der daneben liegende Kurzschluß-Nutenanker entfernt ist. Wie bei den vielpoligen Gleichstrommaschinen finden wir auch hier je nach Größe des Motors 2×3, 3×3 usf. Polpaare angewendet; dadurch wird ein magnetisch eng geschlossenes System gewonnen und der Streuungsverlust vermindert.

Motoren mit Stufen- und Schleifring-Anker. Maschinen mit Kurzschlußanker benötigen eine sehr große Anlaufstromstärke, und zwar, je nach Bauart, das 4—7 fache des Stromes im normalen Betriebe. Der einfache Kurzschlußanker wird deshalb nur bei Maschinen mit kleiner Leistung angewandt, für höhere Leistungen müssen geeignete Vorkehrungen getroffen werden, damit beim Einschalten das Netz nicht zu stark belastet wird, dort keine Stromschwankungen entstehen, die Zucken der Lampen und Ähnliches verursachen würden. So würde ein 1 PS. Motor, der im normalen Betrieb bei 110 Volt etwa 5 Ampere benötigt, im Moment des Einschaltens etwa das Fünffache, also 25 Ampere aufnehmen. Nun kann man freilich einen dreiteiligen Anlaßwiderstand vor die drei Phasen der Statorwicklung legen, da aber dieser Vorschaltwiderstand, wenn er wirksam sein soll, sehr groß sein müßte, so wird durch ein derartiges Hilfsmittel das Anlaufsmoment des Motors stark herabgemindert, er eignet sich deshalb nur in solchen Fällen, wo der Motor leer anlaufen kann.

Man hat verschiedene Mittel, um das Anlassen ohne die angeführten Nachteile zu bewirken.

1. Der Rotor ist als Stufenanker ausgeführt. Dieser Anker besitzt außer der eigentlichen Kurzschlußwicklung noch eine zweite von großem Widerstand. Der Zweck ist folgender. Wenn der Rotor beim Einschalten noch ruht, nimmt er wegen seines geringen Widerstandes sehr viel Energie auf, da die induzierende Wirkung von der Geschwindigkeit des umlaufenden Feldes gegenüber den Ankerwindungen abhängt. Diese Energie muß natürlich von außen, also vom Statorstrom geliefert werden. Es wird daher beim Anlassen zunächst die Hilfswicklung des Rotors eingeschaltet, die wegen des hohen Widerstandes wenig Energie aufnimmt, aber nicht hindert, daß der Motor auch bei Belastung bald auf die normale Tourenzahl kommt. Ist diese erreicht, so gestattet eine Ausrückvorrichtung — ähnlich der, die man zum Ausrücken von Kupplungen bei Transmissionsanlagen benutzt — auf die kurzgeschlossene Betriebswicklung umzuschalten (A. E.G.).

2. Der Rotor ist als Schleifringanker ausgebildet. Hier wird dasselbe Prinzip verfolgt: der Rotorwiderstand wird beim Anlassen vergrößert. Dazu besitzt die Ankerwicklung drei Abteilungen, die wie bei der Dreieckschaltung untereinander verbunden sind. Die Verbindung geschieht aber nicht direkt, sondern über Schleifringe und Bürsten hinweg durch den dreiteiligen Anlaßwiderstand. Dieser wird genau wie beim Gleichstrommotor, allmählich bis zum Kurzschluß ausgeschaltet.

3. Der Rotor besitzt Gegenschaltung. Bei dieser Type sind die Windungsabteilungen des Ankers so miteinander verbunden, daß beim Anlassen die Induktionsströme einander entgegenwirken, so daß nur die zum Anlaufen nötige Stromstärke resultiert. Durch eine Zentrifugalkupplung wird die normale Schaltung herbeigeführt, sobald die richtige Tourenzahl erreicht ist (S. & H).

4. Anlassen mittelst Stern-Dreieckschaltung. Diese Anlaßmethode eignet sich nur da, wo der Motor Dreieckschaltung besitzt. Der Schalter ist so eingerichtet, daß die drei Spulensysteme des Stators zuerst in Sternschaltung und nach dem Anlauf in Dreieckschaltung gebracht werden. Wie wir oben sahen, wird dadurch dem Motor zunächst geringere Spannung, also auch geringere Stromstärke zugeführt und ein Stromstoß vermieden. Übrigens wendet man dieses Mittel auch umgekehrt an, um die Leistung des Motors für kurze Zeit, also nur vorübergehend, zu erhöhen.

Fig. 189.

Wie erwähnt, müssen die Anlaßwiderstände induktionsfrei sein. Drahtwiderstände werden bifilar oder zickzackförmig aufgewunden. Vielfach benutzt man Flüssigkeitswiderstände, die sehr geringe Selbstinduktion besitzen. Wegen des Wechselstromes stört hier die Polarisation nicht. Fig. 189 zeigt eine Ausführung der Siemens-Schuckert-Werke. Der Behälter enthält die Widerstandsflüssigkeit, eine $1-4\,^0/_0$ ige Sodalösung. In diese tauchen drei exzentrisch auf der Achse angeordnete Metallscheiben, die, unter sich isoliert, mit den Bürsten der Schleifringe verbunden sind. Durch Drehen eines Handgriffs werden die Platten allmählich bis zum Kurzschluß eingesenkt.

2. Der zweiphasige Motor.

Es ist dies ein Drehstrom-Induktionsmotor wie der Dreiphasen-Motor, der Unterschied ist nur der, daß das Drehfeld durch zweiphasigen Wechselstrom erzeugt wird. Der Generator für zweiphasigen Strom besitzt auf dem Anker zwei um 90° gegeneinander verschobene Spulensysteme, so daß die beiden unabhängig voneinander erzeugten Ströme um 90° in der Phase gegeneinander verschoben sind. Wie das Drehfeld solcher Ströme zustande kommt, haben wir auf S. 158 eingehend besprochen. Da sich ferner die Konstruktion der Motoren nur durch die Wicklung vom Drehstrommotor unterscheidet, so erübrigt sich an dieser Stelle eine nähere Beschreibung dieser Type. Im übrigen trifft man Zweiphasen-Motoren, da sie vier Leitungen benötigen, selten an.

3. Einphasige Motoren.

Während die Überlandzentralen ausschließlich mit Drehstrom arbeiten, liefern die Zentralen großer Städte, die wegen der beträchtlichen Ausdehnung des Leitungsnetzes genötigt sind, Wechselstrom zu verwenden (vgl. S. 188), meist einphasigen Wechselstrom, der, da er nur zwei Leitungen benötigt, einfachere Verlegung gestattet. Derartige Anlagen konnten sich aber nur rentabel gestalten und als durchgreifend nutzbringend erweisen, wenn an das Netz brauchbare Wechselstrommotoren angeschlossen werden konnten. Die schon auf S. 172 angedeuteten Schwierigkeiten wurden erst nach Erfindung der Drehstrommotoren beseitigt, jetzt galt es noch, einphasige Motoren zu konstruieren.

Es bildeten sich drei Typen aus, nämlich

1. Induktionsmotoren,
2. Repulsionsmotoren,
3. Hauptschlußmotoren.

1. Der Induktionsmotor ist dem Drehstrommotor nachgebildet und beruht wie dieser auf der induzierenden Wirkung eines umlaufenden Feldes auf die Windungen eines Ankers. Betrachten wir zur Erklärung Fig. 190. Die Pole des Magnetgehäuses H werden durch einfachen

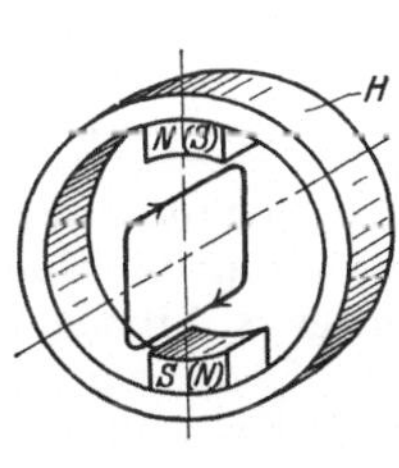

Fig. 190.

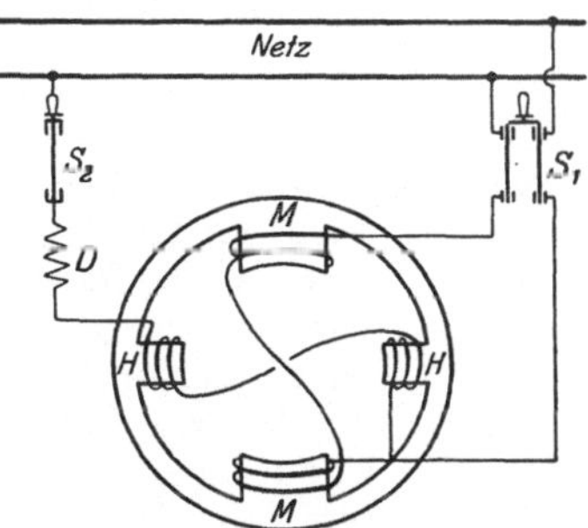

Fig. 191.

Wechselstrom erregt. Zur Zeit t sei oben Nord-, unten Südmagnetismus, zur Zeit (t) gilt das Entgegengesetzte usf. Ein in das Feld gebrachter Kurzschlußanker — hier nur ein Bügel angenommen — wird im ruhenden Zustande in den einzelnen Windungen von Wechselstrom durchflossen, er wird sich natürlich nicht drehen. Versetzt man ihn aber in Umlauf, so daß die Umlaufzahl gleich der Periode des Wechselstroms ist, so wird in ihm kein Strom induziert, da die Windungen keine Kraftlinien schneiden. Dies tritt aber ein, so bald die Umlaufsgeschwindigkeit des Bügels hinter der des umlaufenden Feldes zurückbleibt. Wir können nämlich den Wechsel von N und S in (S) und (N) usf. so auffassen, als ob sich das Magnetgehäuse mit seinen Polen jedesmal in die entgegengesetzte Lage drehen würde, oder als ob wir ein Drehfeld hätten, in dem allerdings die Stärke des Feldes periodisch schwankt. Zwischen diesem Drehfeld und dem in Drehung versetzten Anker bestehen daher ganz ähnliche Verhältnisse wie zwischen Stator und Rotor des Drehstrommotors. Dieser wird ohne weiteres vom Feld angetrieben, jener erst, nachdem der Rotor auf eine gewisse Tourenzahl gebracht ist, so daß in den Windungen ein Strom von bestimmter Richtung entstehen kann.

Es kommt also darauf an, beim Anlassen des Motors den Läufer auf Tour zu bringen. Dies geschieht durch Einführung einer **Hilfsphase** und entsprechender Schaltung. Betrachten wir zur Erklärung Fig. 191.

Fig. 192.

Die eigentliche Betriebswicklung der Magnete M—M des Stators wird mittelst des doppelpoligen Schalters S_1 an das Netz angeschlossen. Die Hilfswicklung der Pole H—H wird durch den einfachen Schalter S_2 hinzugeschaltet. Diese Leitung enthält aber die Drosselspule D, wodurch, wie uns bekannt, der Hilfsstrom gegen den eigentlichen Magnetstrom in der Phase verschoben wird (vgl. auch Drehfeld-Instrument S. 157). Durch passenden Bau der Drosselspule kann man leicht eine Verschiebung von 90^0 erreichen und hat so ein zweiphasiges Drehfeld, das den Anker mitnimmt. Nach dem Anlauf wird die Hilfswicklung bei S_2 abgeschaltet. Fig. 192 zeigt einen dreiphasigen Induktionsmotor der Siemens-Schuckert-Werke; er besitzt Schleifringe mit Bürsten, deren Zweck wir auf S. 177 besprochen haben.

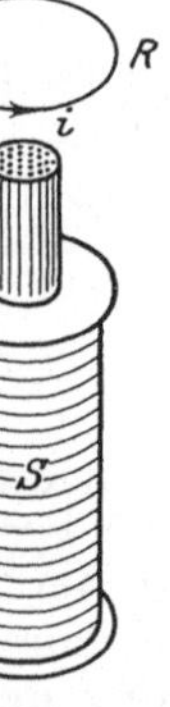

Fig. 193 a.

2. Der Bau des **R e p u l s i o n s** motors entspricht dem einer Gleichstrommaschine[1]) mit eigentümlicher Anordnung der Bürsten. Der Konstruktion liegen die interessanten Abstoßungsversuche von E. Thomson zugrunde, deren Deutung aus Fig. 193 hervorgeht. Es sei (a) die Spule S, die einen unterteilten Eisenkern enthält, mit Wechselstrom erregt. Legt man einen Aluminiumring R auf, so beobachtet man, daß im Moment des Einschaltens der Ring emporschnellt. Zur Erklärung betrachten wir die Kurven in b. Der Wechsel-

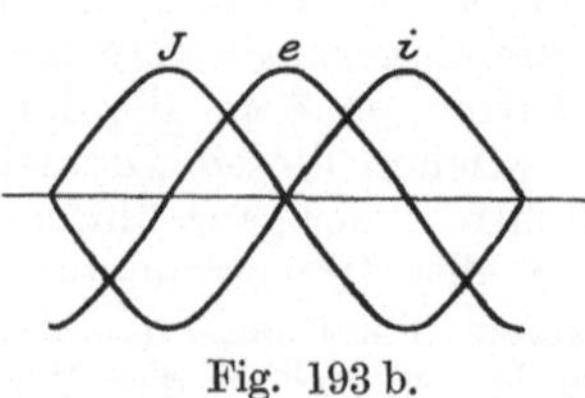

Fig. 193 b.

---

[1]) Man nennt sie deshalb auch **Kollektormotoren.**

strom J induziert in R eine E.M.K. e, die wegen des zu vernachlässigenden Ohmschen Widerstandes im Ring und der überwiegenden
Induktanz um nahezu 90° dem Strome nacheilt. Die E.M.K. erzeugt
nun ihrerseits in R den Strom i, der aber auch (S. 142) gegen sie um
90° verschoben ist, derartig, daß zwischen J und i immer eine Phasenverschiebung von 180° besteht, die Ströme fließen also in jedem Augenblick einander entgegen: es besteht daher zwischen den Leitern in denen
sie fließen, eine abstoßende Kraft, deren Stärke
durch das Eisen vergrößert wird. Thomson
hat diesen Naturvorgang zur Konstruktion des
Repulsionsmotors benutzt. Wir betrachten
Fig. 194, die uns den Bau einer Gleichstrommaschine vor Augen führt. Die Bürsten liegen
nicht wie bei Gleichstrom in der neutralen
Zone 0—0 auf, sondern um 45° dagegen versetzt, außerdem sind sie durch den dicken
Draht l miteinander verbunden. Der Stromkreis der beiden Ringhälften hat sehr geringen
Widerstand, während die Selbstinduktion be-
trächtlich ist. Schließt man die Magnetwicklung
an das Wechselstromnetz an, so tritt der Thomsoneffekt auf, und zwar
wirkt er gegen die unterhalb b_1 sowie oberhalb b_2 liegenden Windungen

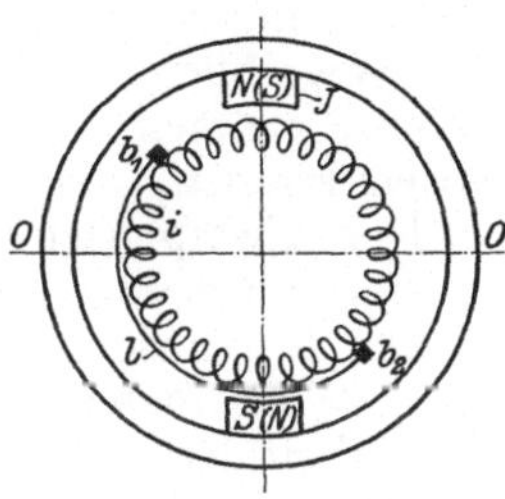

Fig. 194.

abstoßend ein, der Läufer
geht daher mit Kraft an,
die ihn beständig antreibt,
da die Bürsten ihre Stellung
beibehalten. Die Ansicht
eines derartigen Motors gibt
Fig. 195.

    3. Der Hauptschluß-
motor ist nichts anderes,
als eine Hauptschluß-Gleich-
strommaschine, in die man
Wechselstrom hineinschickt.
Da in den Magneten wie
auch im Anker wegen der
Serienschaltung der Strom
immer gleichzeitig Stärke
und Richtung ändert, so er-

Fig. 195.

folgt ein Antrieb immer im gleichen Sinne. Nun kann man freilich nicht
jede Gleichstrommaschine mit Wechselstrom laufen lassen, denn es ist zu
bedenken, daß das Eisengerüst bei Wechselstrom, soweit es der induzierenden Wirkung ausgesetzt ist, sorgfältig gegen Wirbelströme geschützt sein
muß. Sämtliche derartig ausgesetzte Teile müssen daher in der früher
schon öfters beschriebenen Weise unterteilt sein. Ferner muß der
Konstrukteur darauf Bedacht nehmen, daß eine Funkenbildung — das
Feuern — an den Bürsten hier besonders stark auftreten kann, da der
Wechselstrom die sie bedingenden Induktionserscheinungen begünstigt.

Durch geeignete Kompensationsvorrichtung wird funkenfreier Lauf erzielt.

Über die Vor- und Nachteile der beschriebenen Motoren sei folgendes bemerkt.

Der Dreiphasendrehstrommotor ist billig in der Anschaffung und zuverlässig im Betrieb. Mit Kurzschlußläufer ausgerüstet fordert er wenig Bedienung, allerdings ist er in diesem Falle nicht regulierbar. Der Motor kann für kurze Zeit bis zu 40% überlastet werden, wenn es sich nur um wenige Minuten handelt, ein nicht geringer Vorteil für viele gewerbliche Betriebe. Auch im Großbetriebe sind Drehstrommotoren vielfach vertreten, da sie für die größten Leistungen gebaut werden können.

Der Zweiphasenmotor besitzt ganz ähnliche Eigenschaften, er benötigt indes vier Leitungen.

Die Einphasenmotoren beanspruchen nur zwei Leitungen, was vor allem für die mehr und mehr ausgebauten elektrischen Vollbahnen von Wichtigkeit ist.

Der Induktionsmotor stellt ebenfalls sehr geringe Anforderungen an Bedienung und Unterhaltung. Seine Anzugskraft ist aber gering, eine Tourenregulierung nicht möglich.

Die Repulsionsmotoren ziehen gut an, sie gestatten weitgehende Regulierung der Tourenzahl. Wie alle Kollektormotoren fordern Kollektor und Bürsten einige Aufmerksamkeit.

Der Hauptschlußmotor verhält sich ähnlich wie der mit Gleichstrom betriebene. Das Anzugsmoment ist groß, die Regulierbarkeit in weiten Grenzen möglich. Dieser Motor ist in den letzten Jahren besonders für große Leistungen durchgebildet worden und findet hauptsächlich im Vollbahnbetriebe Verwendung.

4. Kapitel.

Übungen an Wechselstrommaschinen.

a) Dynamomaschinen.

Die Methoden zur Untersuchung von Wechselstrommaschinen unterscheiden sich im wesentlichen nicht von denen, die wir bei Besprechung der Übungen an Gleichstrommaschinen kennen lernten, und die dort besprochenen Methoden sind auch hier meist ohne weiteres anzuwenden. Natürlich sind für Strom und Spannung die Effektivwerte einzusetzen. Ferner ist bei Drehstrom die Verkettung der Stromleiter in Dreieck- oder Sternschaltung zu berücksichtigen und ev. die Belastung eines jeden Leiters zu ermitteln.

Von großem Interesse ist die Form der Stromkurve bei den Wechselstromgeneratoren. Die theoretische Form ist, wie wir sahen, eine Sinuskurve, die auch den einfachsten Fall darstellt und die wir unseren Betrachtungen immer zugrunde gelegt haben. Dieser ideale Fall ist indessen in der Wirklichkeit nie vorhanden, sondern nur in mehr oder weniger

großer Annäherung. Die magnetischen Verhältnisse, die Rückwirkung
des Ankers und sonstige Erscheinungen, die beim Betrieb der Maschine
auftreten, bedingen eine Abweichung von der reinen Sinusform. Da
die Kurvenform für die Beurteilung der Maschine von großer Bedeutung
ist, Aufschlüsse gibt über Fehler und Hinweise zur Beseitigung von
Mängeln, so besteht eine der Hauptaufgaben der Wechselstromtechnik
darin, die Form der Kurve an fertigen Maschinen zu ermitteln. Eine
Reihe von Methoden wurden zu diesem Zweck ersonnen, deren voll-
kommenste Lösung der „Oszillograph" darstellt. Allein dieser Apparat
ist äußerst kostspielig in der Anschaffung und daher nur in Laboratorien
anzutreffen, die über hinreichende Mittel verfügen und besondere Auf-
gaben zu erfüllen haben.

In verhältnismäßig einfacher Weise läßt sich die Kurve wie folgt
ermitteln. Die Einrichtung, die sich ohne allzu große Schwierigkeit
an jeder Maschine anbringen läßt, veranschaulicht Fig. 196. Der Anker
der Maschine rotiere im Magnetfeld N—S. Wir legen unseren Betrachtungen der Übersichtlichkeit halber
nur eine Spule s zugrunde, sie gelten
für den ganzen Ring. Die Spule ist
mit Anfang und Ende an die Schleifringe b resp. c gelegt, die dort aufliegenden Bürsten entnehmen also
Wechselstrom. Das eine Ende der Spule
ist aber noch weiter durch b geführt
und mit dem auf der Scheibe a sitzenden Kontaktklotz k verbunden. Bei
der Drehung des Ankers läßt dieser
Kontakt einen kurz andauernden Schluß
mit der Bürste auf a zu. Diese Brüste
kann man im Kreise herum führen und
ihre jeweilige Stellung an einem in Grade
geteilten Kreis ablesen. Legen wir nun an die Bürsten von a
und c ein Voltmeter, so wird dieses in dem Moment einen Ausschlag geben, in dem Kontakt erfolgt. Die Größe des Ausschlages ist
proportional der in dem betreffenden Augenblick in s herrschenden
elektromotorischen Kraft und diese wiederum von der relativen Lage
der Spule im Magnetfeld abhängig. Führt man daher die Bürste bei
Betrieb der Maschine im Kreise herum, etwa von 10 zu 10 Grad fort-
schreitend, und macht bei jeder Stellung eine Ablesung, so kann man
diese als Funktion der Grade in ein Koordinatennetz eintragen und erhält
so die Wechselstromkurve. Entnimmt man gleichzeitig bei b und c
Strom, so erhält man die Kurve bei Belastung.

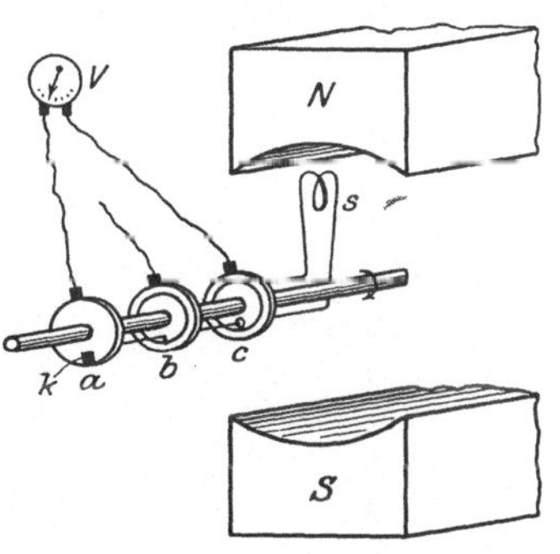

Fig. 196.

Wegen der großen Umdrehungszahl des Ankers bleibt der Ausschlag
des Voltmeters für die betreffende Stelle konstant, da der Zeiger keine
Zeit hat, zwischen zwei Perioden in die Ruhelage zurückzukehren. Wegen
der Konstanz der Angaben bei kleinen Stromschwankungen eignet sich
zu diesem Zwecke sehr gut ein Hitzdraht- oder Drehfeld-Voltmeter
(S. 157).

Will man die besprochene Einrichtung an einer vorhandenen Maschine anbringen, so kann man in folgender Weise verfahren.

Die Welle der Maschine wird ausgebohrt und vorne ein Verlängerungsbolzen eingetrieben; auf diesem sitzt die Kontaktscheibe a. Die Bohrung geht durch bis zur Schleifringscheibe b, durch die Ausbohrung führt man den Draht, der die leitende Verbindung zwischen a und b vermittelt. Diese Innenverlegung ist deshalb nötig, weil sich zwischen den beiden Scheiben das Maschinenlager befindet. Am Lagerbock ist eine konzentrisch verschiebbare Scheibe angebracht, an der die Bürste für a befestigt ist. Die Resultate einer Versuchsreihe finden sich in folgender

Tabelle 16.

a) Leerlaufskurve		b) Belastungskurve, $J = 10$ Amp.	
E	α^0	E	α^0
0,0	0,0	0,0	0,0
1,5	10	1,6	10
2,8	20	2,9	20
4,0	30	4,0	30
5,0	40	5,0	40
6,1	50	5,9	50
6,9	60	6,5	60
7,25	70	7,0	70
7,6	80	7,25	80
7,4	90	7,0	90
7,1	100	6,7	100
6,6	110	6,1	110
5,9	120	5,4	120
4,6	130	4,4	130
3,8	140	3,5	140
2,6	150	2,5	150
1,5	160	1,5	160
0,6	170	0,8	170
0,0	180	0,0	180
0,75	190	0,9	190
1,8	200	1,8	200
2,6	210	2,8	210
3,8	220	3,6	220
5,0	230	5,5	230
6,75	240	6,9	240
8,0	250	8,0	250
9,0	260	8,25	260
9,3	270	8,9	270
9,4	280	9,0	280
9,0	290	8,4	290
8,0	300	7,5	300
6,4	310	6,0	310

a) Leerlaufskurve		b) Belastungskurve, $J = 10$ Amp.	
E	α^0	E	α^0
5,25	320	4,9	320
3,75	330	3,5	330
2,30	340	2,0	340
1,0	350	0,9	350
0,0	360	0,0	360

Zu beachten ist, daß die E-Werte nicht der vollen Maschinenspannung entsprechen, sondern dieser proportional sind, da das Voltmeter wegen des kurz andauernden Stromschlusses nicht die volle Spannung angibt.

Die Tabelle lehrt, daß die Spannung bei Belastung nur unerheblich von der bei Leerlauf abweicht, die Abweichung der Zahlen dürften wohl überhaupt größtenteils auf den unvermeidlichen Fehlerquellen beruhen. Man kann also wohl sagen: die in irgendeinem Augenblick im Anker erzeugte E.M.K. ist von der Belastung unabhängig.

In Fig. 197 sind die Werte für E in Abhängigkeit der zugehörigen Winkelwerte graphisch aufgetragen, zum Vergleich ist die wirkliche

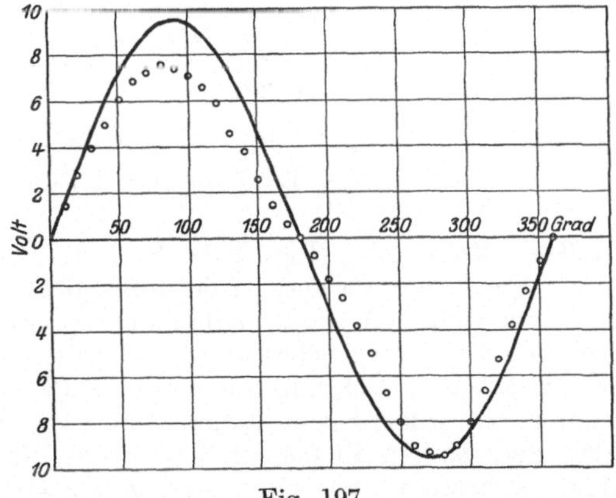

Fig. 197.

Sinuskurve hinzugefügt, man findet sie leicht durch Konstruktion. Wir sehen, daß die Ankerkurve keine besonders starke Unsymmetrie zeigt, eine eigentliche Verzerrung tritt nicht ein. Gewisse Abweichungen sind freilich vorhanden: vor allem erkennt man, daß der positive Teil der Kurve hinsichtlich des Maximums ziemlich erheblich hinter dem negativen Teil zurückbleibt, ein Beweis, daß wir kein homogenes Feld vor uns haben, was auch nicht zu erwarten ist, sondern daß die Kraftliniendichte oder der „Induktionsfluß“ am Nordpol geringer ist als am Südpol.

b) Messungen an Elektromotoren.

Es kommt hauptsächlich die Bestimmung des Wirkungsgrades in Betracht; die Versuche bieten gegenüber den früher besprochenen bei

Gleichstrommaschinen nichts Neues und die Messungen mit der Bremse, mit dem Dynamometer u. a. werden natürlich genau so ausgeführt, wie oben eingehend auseinandergesetzt wurde. Nur die Berechnung des elektrischen Teiles gestaltet sich hier der Natur des Wechselstroms entsprechend etwas anders, und wir müssen darauf näher eingehen.

Bei dem Drehstrommotor bestimmt sich die Leistung aus der effektiven Spannung und Stromstärke unter Berücksichtigung des Leistungsfaktors cos φ. Auch ist zu beachten, daß die Stromzuführung durch drei verkettete Leiter in Stern- oder Dreieckschaltung erfolgen kann.

1. Motor in Sternschaltung (Fig. 181 d S. 173). Unter der Netzspannung, die also auch bei Anschaffung eines Motors anzugeben ist, versteht man die Hauptspannung E. Diese ist es aber nicht unmittelbar, die den Strom J in den Spulen bedingt, sondern die Phasenspannung e. Nach früherem ist

$$\text{E} = 2\,\text{e}\,\sin 60^0 = 1{,}732\,\text{e}.$$

Nehmen wir an, der Strom ist in den drei Phasen gleich stark, so ist die aufgewandte elektrische Leistung

$$\text{L} = 3\,\text{e}\,\text{J}\cos\varphi,$$

oder, da

$$\text{e} = \frac{\text{E}}{1{,}732} \qquad \cdot \quad \cdot \quad \cdot \quad \cdot \quad \cdot \quad \cdot \quad \cdot \quad 35)$$

ist,

$$\text{L} = \frac{3}{1{,}732}\,\text{E}\,.\,\text{J}\cos\varphi = 1{,}732\,\text{E}\,.\,\text{J}\cos\varphi \quad 36)$$

2. Motor in Dreieckschaltung (Fig. 181 c S. 173). Die Berechnung erfolgt in gleicher Weise wie vorher. Allerdings liegt hier nicht die Phasenspannung e an den Spulen, sondern die Hauptspannung E. Wegen der Stromverzweigung bei dieser Schaltung und wegen des Umstandes, daß die Ströme an den drei Eckpunkten nicht in Phase sind, dürfen wir nicht den in einem Hauptleiter gemessenen Strom J einsetzen, sondern den tatsächlich in den Spulen fließenden i. Diesen direkt zu messen ist unzweckmäßig, es besteht aber ganz analog der Gleichung 35 die Beziehung

$$\text{i} = \frac{\text{J}}{1{,}732},$$

so daß wir wieder haben

$$\text{L} = 1{,}732\,\text{E}\,.\,\text{J}\,.\cos\varphi.$$

Wir führen die Messung an einem 1 PS. Motor mit Kurzschlußläufer aus und bestimmen aus Stromstärke und Spannung sowie aus den Angaben eines als Leistungsmesser eingeschalteten Dynamometers die aufgewandte Energie. Die Schaltung erfolgt genau nach Skizze 160 auf S. 154, nur legen wir an Stelle des Widerstandes R eine zwischen zwei Leitern eingeschaltete Magnetspule des Motors. Diese Schaltung gestattet uns, den Leistungsfaktor cos φ zu bestimmen.

Den Motor bremsen wir entweder ab oder wir benutzen ihn zum Antrieb einer Dynamo, deren Leistungskurve bekannt ist; in beiden Fällen können wir leicht die „Abgabe" feststellen.

Der Einfachheit halber nehmen wir an, die drei Phasen seien gleich stark belastet, was trotz der symmetrischen Anordnung niemals ganz streng zutrifft. Unter dieser Annahme führen wir die Messung nur in einer Phase durch und erhalten durch Multiplikation mit drei die volle Leistung (Gleichung 36). Der Motor wird voll belastet, es findet sich dann

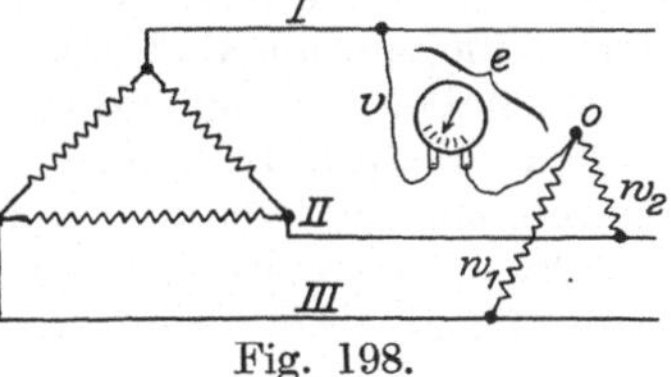

Fig. 198.

$$J = 5{,}8 \text{ Ampere,}$$
$$E = 110 \text{ Volt,}$$
$$W_d = 520 \text{ Watt} = \text{Leistung}$$

mit Leistungsmesser,

$$W_{ei} = 635 \text{ Watt} = \text{Leistung aus } E \cdot J,$$

$$\cos \varphi = \frac{520}{635} = 0{,}82,$$

also die gesamte aufgewendete Energie

$$W_l = 520 \cdot 1{,}73 \cong 900 \text{ KW.}$$

Aus der Bremsleistung ergibt sich die „Abgabe" und daraus der Wirkungsgrad η.

Wir sahen, daß $e = \dfrac{E}{1{,}732}$ die Phasenspannung darstellt; bei Dreieckschaltung kann man sie nicht unmittelbar am Instrument erkennen, sondern muß sie aus der Hauptspannung berechnen. Es ist aber oft wünschenswert, ihren Wert direkt am Instrument abzulesen, z. B. bei Schalttafelanlagen. Dies läßt sich leicht durch einen Kunstgriff erreichen, wie Fig. 198 zeigt: Man legt zwischen je einen der Außenleiter I—III und ein als neutralen Punkt gewähltes Zentrum 0 je drei Leiter von gleichem Widerstand, von denen einer der des Voltmeters ist. Dieses gibt dann, wie man sieht, die Phasenspannung e an.

Was den Zweiphasenmotor anlangt, so fällt hier die Stromverkettung fort, je zwei Zuleitungen bilden ein System für sich, wir haben daher als Wattverbrauch

$$W = 2 J \cdot E \cos \varphi.$$

Noch einfacher gestaltet sich die Aufgabe bei den Einphasenmotoren, deren Wattverbrauch unmittelbar am Wattmeter abgelesen wird [1]).

Was die Bestimmung der Leistungskurve und überhaupt der Charakteristiken bei den Wechselstrommotoren anlangt, so werden die Versuche unter Beobachtung des zuletzt Besprochenen in ganz analoger Weise durchgeführt, wie wir dies im I. Teil an vielen Beispielen gesehen haben.

---

[1]) Um den Einfluß des Leistungsfaktors $\cos \varphi$ möglichst zu beschränken, verwendet man in der Technik sogenannte Phasenschieber.

c) Transformatoren und Gleichrichter.

1. Transformatoren.

Der Transformator ist für die Wechselstromtechnik ebenso wichtig, wie der Stromerzeuger selbst. Gestattet er doch in einfacher und fast verlustfreier Weise die Umformung von Spannung und Stromstärke auf einen höheren oder niedrigeren Betrag. Ohne ihn würde die Technik niemals die enorme Bedeutung im Wirtschaftsleben und in der Industrie erlangt haben, die sie tatsächlich besitzt, und ohne ihn wäre es nicht möglich, die praktisch fast unbegrenzten Entfernungen bei der Übertragung zu bewältigen. Der letzte Punkt sei kurz begründet.

Die in der Leitung auftretenden Verluste nehmen mit zunehmender Spannung ab. Die erforderliche hohe Spannung, 20—50, ja bis 100 000 Volt kann aber nicht im Generator direkt erzeugt werden, andererseits ist diese Spannung zu hoch, um unmittelbar an der Konsumstelle Verwendung zu finden. Der Transformator wandelt die Maschinenspannung um in die erforderliche höhere, macht den Strom gewissermaßen bereit für die weite Reise, um ihn an der Verwendungsstelle wieder auf geringe und gefahrlose Spannung umzuformen.

Die Frage, warum bei der hohen Spannung Verluste vermieden werden, ist leicht beantwortet. Die auftretenden Verluste äußern sich fast ausschließlich in der Erwärmung des Leiters. Wir wissen aber, daß die im Leiter vom Widerstand W erzeugte Wärmemenge Q nach Joule der Bedingung genügt

$$Q = k\,J^2 \cdot W.$$

Andererseits wissen wir auch, daß die zu übertragende elektrische Energie durch die Gleichung gegeben ist

$$L = E \cdot J$$

und endlich ist bekannt, daß mit wachsender Stromstärke der Leitungsquerschnitt zunehmen muß (Tabelle 5, S. 87).

Um daher Q, den Verlust, herabzudrücken, wird man nicht W verkleinern, d. h. den Leitungsquerschnitt vergrößern, die Anlagekosten steigern, sondern man reduziert J, wozu um so mehr Veranlassung vorliegt, als wir hier eine quadratische Größe vor uns haben. Soll die Leistung die nämliche bleiben, so muß daher E, die Spannung, erhöht werden.

Es sei im Zusammenhang mit dem Besprochenen hier eine kurze Abschweifung auf das Gebiet des Gleichstroms erlaubt, um die Frage zu erörtern, wie man sich bei dieser Stromart hilft. Der Vorteil der einfachen Transformation fällt hier fort, vielmehr läßt sich die Spannung nur wieder mit Maschinen unter hohen Verlusten umwandeln. Die Maschine liefert daher die Spannung von vornherein so hoch wie möglich, d. h. so hoch, wie dies die praktische Verwendung zuläßt. Die gebräuchliche Netzspannung beträgt heute für Licht 220, für Motoren 440 Volt [1]), um die Vorteile beider Spannungen auszunutzen, hat man

---

[1]) Eine Ausnahmestellung nehmen die Bahnmotoren für Gleichstrom ein: in bewohnten Gebieten, Städten u. dgl. nimmt man eine Betriebsspannung bis zu 600, im freien Gelände bis zu 1000 Volt und darüber.

das Dreileitersystem eingeführt. Dies besteht in folgendem (Fig. 199).

Die Maschine resp. die Akkumulatorenbatterie liefert eine Netzspannung von 440 Volt. Mittelst eines Spannungsteilers wird diese in zwei Hälften zu je 220 Volt geteilt. Zwischen dem positiven und negativen Außenleiter hat man 440 Volt, direkt verwendbar zum Betriebe von Motoren (M), während zwischen dem mittleren neutralen oder dem Nulleiter und einem der Außenleiter die Lampenspannung von 220 Volt liegt. Der Nulleiter wird blank in Erde verlegt, er führt geringe Belastung, da er nur den Überschuß der Belastung der einen gegen die andere Leiterhälfte aufzunehmen hat, nach der Figur z. B. $i = (i_1 + i_2 + i_3) - (i_4 + i_5)$. In der Praxis sorgt man für möglichst gleiche Belastung beider Hälften.

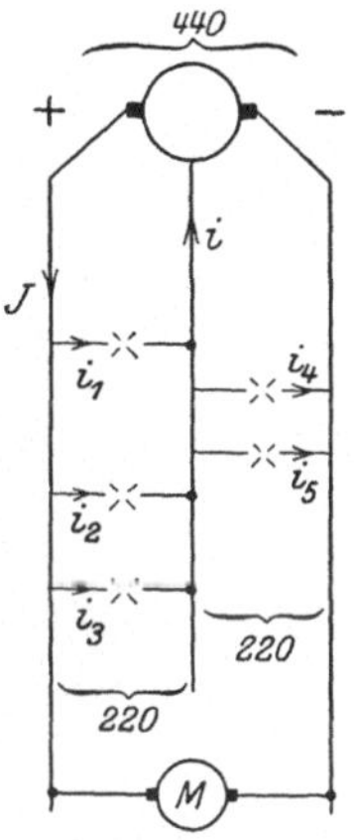

Kehren wir nun zu den Wechselstromtransformatoren zurück. Es sind höchst einfache Maschinen — wenn der Ausdruck am Platze ist —, dem Ruhmkorffschen Induktionsapparat nachgebildet, sie bestehen wie dieser aus Primär- und Sekundär-Spule. Die Primärspule nimmt den zu transformieren-den Strom auf und wirkt induzierend auf die Windungen der Sekundär-spule ein, die entweder unmittelbar über die Primärspule gewunden

Fig. 199.

oder scheibenförmig dicht daneben angeordnet ist. Diese Anordnung zeigt Fig. 200 a. Man erkennt die scheibenförmig ausgeführte Primärwicklung, deren Windungen durch radial verlaufende Bänder gehalten werden; daneben sieht man die analog geformten Sekundär-Hochspannungsspulen mit überstehendem isolierendem Rand. Das Eisengerüst ist in sich vollständig geschlossen, damit die austretenden magnetischen Kraftlinien nicht in Luft verlaufen, wo sie einen großen Widerstand finden, sondern im Eisen. Ferner ist natürlich das Eisen zur Vermeidung von Wirbelströmen sorgfältig unterteilt und endlich, um auch Hysteresisverluste möglichst zu vermeiden, ist bestes, gut ausgeglühtes (meist schwedisches) Holzkohleeisen- oder besser noch legiertes Blech (s. S. 195) zu verwenden.

Fig. 200 a.

Fig. 200 b veranschaulicht einen Drehstrom, Kerntransformator, bei dem der eiserne Schluß durch die Kerne bewirkt ist, die oben und unten durch Joche verbunden sind.

Bei den häufig vorkommenden starken Energieaufnahmen findet in den Windungen hohe Erwärmung statt, da eine Ventilation wegen

Fig. 200 b.

des beschränkten Raumes und der geschlossenen Bauart nicht angängig ist. Man hilft sich, indem man den Transformator in ein Ölbad ver-

Fig. 201.

senkt, das ev. mit Kühlschlangen auf niedriger Temperatur gehalten wird. Fig. 201 zeigt einen Öltransformator mit ausgehobenen Spulen, dessen Gehäuse rippenförmige Ansätze besitzt. Die Rippen dienen zur beschleunigten Abführung der Wärme.

Um den Wirkungsgrad sowie dessen Abhängigkeit von der Belastung zu ermitteln, bestimmen wir durch Messung von Stromstärke und Spannung das Verhältnis: entnommene Energie zur aufgewandten. Gute Transformatoren besitzen bei normaler Belastung einen elektrischen Wirkungsgrad bis zu $98^0/_0$.

2. Gleichrichter.

Wechselstrom eignet sich nicht für alle Zwecke, besonders scheidet er da aus, wo der Strom zu Projektionszwecken, zur Elektrolyse u. a. gebraucht wird, also etwa bei der Metallgewinnung oder zum Laden der Akkumulatoren. Liegt die Anlage am Wechselstromnetz, so muß der Strom entweder durch ein Wechsel-strom-Gleichstrom-Maschinenaggregat — einen rotierenden Transformator — in Gleichstrom umgewandelt werden oder aber, was in neuerer Zeit vielfach geschieht, er wird durch gewisse Hilfs-mittel gleichgerichtet.

Der bekannteste Gleichrichter ist der der Westinghouse-Cooper-Hewitt-Ges. in Berlin, dessen Einrichtung und Schaltung Fig. 202 veranschau-licht. Er beruht auf der Tatsache, daß ein Lichtbogen zwischen Metall-elektroden nur bestehen kann, wenn ein hinreichend hohes Temperaturgefälle

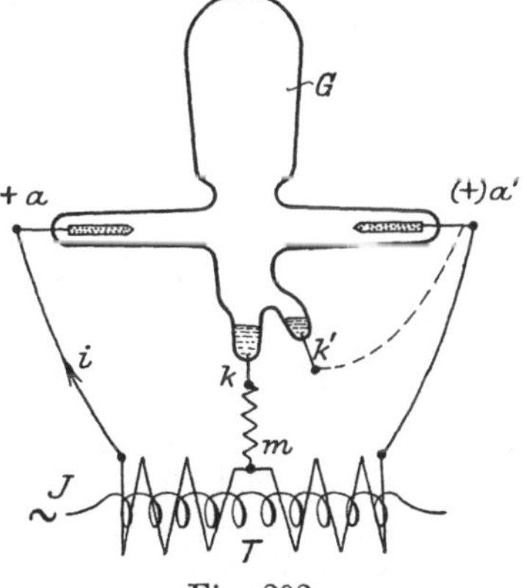

Fig. 202.

zwischen Anode und Kathode vorhanden ist. Dieses kann sich aber dauernd nur bei Gleichstrom ausbilden, bei Wechselstrom nur dann, wenn eine Elektrode als Metallkathode das negative Vorzeichen beim Strom-wechsel beibehält, während der Strom durch schlechte Wärmeleiter — Graphit, Kohle — zugeführt wird, die während des Wechsels die Tem-peratur nicht merklich ändern.

Bei der Cooper-Hewitt-Lampe wird das Temperaturgefälle zwischen je einer der beiden bei a resp. a' eingebauten Kohleelektroden und der negativen Quecksilberelektrode bei k dadurch erzielt, daß beim Strom-wechsel a resp. a' positiv bleibt, was durch den zweiteiligen Trans-formator T bewirkt wird. Die eine Hälfte der Sekundärwicklung ist mit a — k, die andere mit a'—k' verbunden, die Mitte führt zu k. Da der Strom dem Temperaturgefälle folgt, so wird je nach der augenblick-lichen Richtung des Wechselstroms entweder die linke oder die rechte Trans-formatorhälfte belastet, der Strom also zu a oder a' fließen: immer wird der mittlere Leiter in bestimmter Richtung, von k nach m durchflossen

Das Quecksilber befindet sich in den napfförmigen Ansätzen bei k und k′, die Stromzuführung erfolgt mittelst eingeschmolzener Platindrähte. Beim Zünden erzeugt man durch Kippen des Gefäßes G zwischen k und k′ einen Lichtbogen, der den zur Leitung nötigen Hg-Dampf liefert, nach dem Zünden wird die Verbindungsleitung a′ k′ unterbrochen.

Der Transformator, mit dem auch nach Bedarf die Spannung transformiert werden kann, ist nötig, damit überhaupt Strom in den Gleichrichter gelangt, denn bei direkter Abzweigung würde er nur die Hauptleitung durchfließen. Wie bei jedem guten Transformator wird infolge der Selbst- und gegenseitigen Induktion primär nur so viel Strom geliefert, als sekundär benötigt wird.

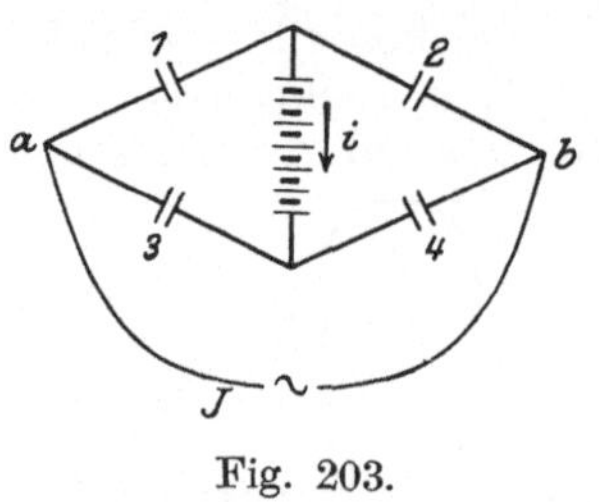

Fig. 203.

Eine andere Einrichtung, um Wechselstrom gleichzurichten, bietet die Graetzsche Drosselzelle. Die Zelle besteht aus Aluminium einerseits und Eisen oder Kohle-Elektrode andererseits, die in eine Lösung von doppeltkohlensaurem Natrium tauchen. Der bei entsprechendem Stromimpuls an der Aluminiumelektrode frei werdende Sauerstoff verhindert durch Oxydation den Stromaustritt, setzt aber der entgegengesetzten Stromrichtung keinen Widerstand entgegen. Schaltet man daher eine solche Zelle in den Wechselstromkreis, so wird dieser nur von Stromimpulsen einer bestimmten Richtung durchflossen.

Um auch den entgegengesetzten Stromimpuls auszunutzen, ist von Graetz folgende Schaltung angegeben. In den vier Zweigen zwischen a und b (Fig. 203) liegen vier Graetzsche Zellen, die so polarisiert sind, daß der Strom durch 1 — Mittelleiter und 4 in der einen, durch 2 — Mittelleiter und 3 in der anderen Richtung hindurch kann, so daß also der Mittelleiter immer nur in einer Richtung vom Strome durchflossen wird und etwa zum Laden einer Akkumulatorenbatterie benutzt werden kann.

Dritter Teil

Magnetismus. Akkumulatoren. Photometrie.

1. Kapitel.

Magnetismus.

Bekanntlich zeigt ein Magnet an seinen Polen die Eigenschaft, Eisenteile und auch andere Metalle anzuziehen. Den Bereich, in dem diese Kraftwirkung wahrnehmbar ist, nennt man Kraftfeld. Da die Stärke des Kraftfeldes, die Feldstärke oder Intensität, für die Lehre vom Magnetismus und vor allem auch für dessen Anwendung von höchster Bedeutung ist, so sucht man sich von deren Größe eine anschauliche Vorstellung zu machen und definiert nach Faraday die Stärke des Feldes dadurch, daß man in ihm Kraftlinien annimmt, deren Zahl und Richtung die Stärke an irgendeiner Stelle des Feldes charakterisieren.

Wie bei einer früheren Gelegenheit schon kurz erwähnt, wird die Kraftlinienzahl auch der Einheit der Feldstärke zugrunde gelegt, d. h.: „Die Einheit der Feldstärke ist an einem Orte vorhanden, wenn daselbst die Fläche von 1 qcm von einer Kraftlinie senkrecht geschnitten wird." Dieser Kraftlinienbegriff ist

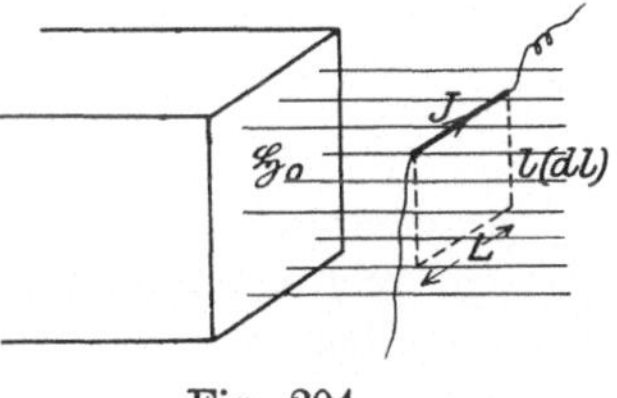

Fig. 204.

gleichbedeutend mit der Gaußschen absoluten C.G.S. Einheit: „1 Gauß ist die Kraft in Dynen, die an dem betreffenden Ort auf den Einheitspol ausgeübt wird." Die Einheit der Polstärke besitzt nach dem Coulombschen Gesetz

$$P = \varkappa \frac{m \cdot m'}{r^2}$$

die Magnetismusmenge m, die auf eine gleich große im Abstande 1 cm die Kraft 1 Dyn ausübt. Dies wiederum durch den Kraftlinienbegriff ausgedrückt, heißt: vom Einheitspol gelangen in 1 cm Entfernung eine Kraftlinie pro qcm in den Raum, also im ganzen $4\,\pi$ Kraftlinien.

Bewegt man ein vom Strome J durchflossenes Leiterstück von der Länge L im homogenen Magnetfeld $\mathfrak{H}_0$, Fig. 204, so wird auf der Wegstrecke l die Arbeit geleistet

$$A = \mathfrak{H}_0\,J\,L\,l$$

Ist das Feld nicht homogen, so hat man die Summe über die kleinen
Wegstrecken zu bilden, für die das Feld homogen ist. Erfolgt die Bewegung längs einer geschlossenen Bahn, so hat man

$$A = J \int \mathfrak{H}_0 \, L \, dl \quad \ldots \ldots \ldots \quad 37)$$

Der Ausdruck unter dem Integral wird **magnetomotorische Kraft**
oder auch **Linienintegral** der magnetischen Kraft genannt.

Für die kleine Wegstrecke dl ist $L \cdot dl = dq$ die durchschnittene
Fläche, und $\mathfrak{H}_0 \, dq = dN$ die Zahl der geschnittenen Linien. Wir können
daher schreiben

$$A = J \int_0^N dN = JN$$

Wird das Feld vom Einheitspol geliefert, so wird $N = 4\pi$; bewegt
man den Pol durch die vom Strome J umflossene Fläche in geschlossener
Bahn, so haben wir

$$A = 4\pi \cdot J.$$

Im homogenen Felde ist diese Arbeit gleich 0; bewegt man den Pol
durch das sehr homogene Feld $\mathfrak{H}$ im Innern eines Solenoids außen
herum und kehrt zur Ausgangsstelle zurück, so hat man, da im Außen-
raum das Feld nahezu $= 0$ ist, bei der Spulenlänge l und der Windungszahl n

$$A = \mathfrak{H} \, l = 4\pi \, n \, J,$$

daher

$$\mathfrak{H} = \frac{4\pi \cdot n \, J}{l} \quad \ldots \ldots \ldots \quad 38)$$

$\mathfrak{H}$ wird in Dynen, also im absoluten Maß gemessen, daher muß
auch die rechte Seite alle Größen im absoluten Maß enthalten. In der
Technik pflegt man $J \cdot n$ in **Amperewindungen** auszudrücken, man
setzt in diesem Falle, da 1 Amp. $= \dfrac{1}{10}$ C.G.S. Einheit ist

$$\mathfrak{H} = \frac{4\pi}{10} \cdot \frac{n \, J}{l} \quad \ldots \ldots \ldots \quad 39)$$

Die Kraftliniendichte im Innern einer Spule, überhaupt in irgendeinem Medium hängt von diesem selbst ab, und zwar von der **magnetischen Leitfähigkeit**, auch **Permeabilität** (s. a. S. 96) genannt.
Hierfür ist der Buchstabe μ eingeführt. Die Kraftliniendichte, der
Induktionsfluß, d. i. die Zahl der Linien, die senkrecht auf 1 qcm
fallen, wird mit $\mathfrak{B}$ bezeichnet. Zwischen dieser Größe und der Feldstärke
besteht die Beziehung

$$\mathfrak{B} = \mu \, \mathfrak{H} \quad \ldots \ldots \ldots \quad 40)$$

Hat man also das Feld $\mathfrak{H}$, so wird der Magnetismus in irgendeinem
an die Stelle gebrachten Körper um so stärker sein, je größer μ ist.
Wie wichtig der Induktionsfluß für den Bau der elektrischen Maschinen
ist, deren Wirksamkeit ja in erster Linie von der Stärke der Magnet-

felder abhängt, erhellt ohne weiteres. Man muß daher Materialien wählen, deren Permeabilität möglichst groß ist; als passendes Material kommt Eisen und Stahl in Betracht. Es ist indessen die Größe μ keine absolute Konstante, sondern sie hängt noch ab von der Stärke des Feldes, in dem das Eisen sich befindet. Verglichen mit Luft, die wir als Einheit für μ annehmen, wobei μ konstant bleibt, steigt der Wert für Eisen bis zu 3000 je nach der Stärke der Erregung. Für jede Eisensorte gibt es eine Grenze, über die hinaus die Induktion $\mathfrak{B}$ konstant bleibt, mag $\mathfrak{H}$ noch so hohe Werte annehmen. Diese Grenze nennt man den Sättigungsgrad.

Unter der Intensität der Magnetisierung endlich versteht man das auf die Volumeinheit bezogene magnetische Moment eines Magneten; ist die Polstärke $= m$, der Polabstand $= l$, so ist das Moment $M = m\,l$, ist ferner v das Volumen, $\mathfrak{J}$ die Intensität, so ist

$$\mathfrak{J} = \frac{M}{v} \quad\ldots\ldots\ldots\ldots \quad 41)$$

$\mathfrak{J}$ steht zu $\mathfrak{B}$ und $\mathfrak{H}$ in der Beziehung

$$\mathfrak{B} = \mathfrak{H} + 4\pi\,\mathfrak{J} \quad\ldots\ldots\ldots\ldots \quad 42)$$

Es ist ersichtlich, daß diese Verhältnisse beim Bau der elektrischen Maschinen sorgfältig geprüft und gegeneinander abgewogen werden müssen. Es ist dies um so nötiger, als nicht allein die Erhöhung der Wirkung von dem Bau der Eisenkörper und der zweckmäßigen Wahl des Materials abhängt, sondern auch die Verminderung der auftretenden Verluste. Diese sind im wesentlichen zweierlei Art. Zu der ersten gehört die Erscheinung der Wirbelströme, von denen schon öfters die Rede war. Man hilft sich, indem man unterteiltes Eisen anwendet, d. h. den Eisenkörper aus einer großen Anzahl Eisenblechen herstellt, die durch Oxydschicht und Papiereinlagen gegeneinander isoliert sind. In den letzten Jahren hat man einen außerordentlich

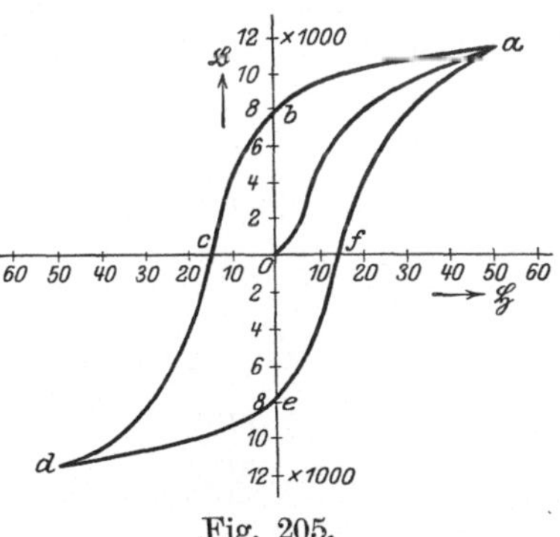

Fig. 205.

großen Fortschritt dadurch erzielt, daß man dem Eisen 4—5% Silizium zuführt, wodurch das elektrische Leitvermögen erheblich reduziert wird. In diesen legierten Blechen finden daher die Wirbelströme einen sehr großen Widerstand, der ihrem Auftreten wirksam entgegenarbeitet. Auch die Verluste der zweiten Art erfahren in dieser Legierung eine starke Verminderung: es sind die durch Hysteresis auftretenden Erscheinungen. Ein anschauliches Bild derselben gibt uns die in Fig. 205 dargestellte Hysteresisschleife, zu deren Erklärung folgendes bemerkt sei.

Denken wir uns die zu untersuchende Eisensorte zum erstenmal dem magnetischen Feld $\mathfrak{H}$ ausgesetzt, dessen Stärke von einem Nullwerte allmählich ansteigt, so steigt auch die Induktion $\mathfrak{B}$ allmählich an und wir erhalten die „jungfräuliche" Kurve o—a. Nimmt jetzt die Erregung des Eisens wieder bis auf 0 ab, so ist dieses noch magnetisch um den Betrag 0—b: es entspricht dies dem remanenten Magnetismus. Es bedarf daher noch der entgegenwirkenden magnetischen Kraft $\mathfrak{H} = 0 - c$, um den Magnetismus auf Null zu bringen. Die zu überwindende Kraft, dargestellt durch die Strecke 0—b, nennt man Koerzitivkraft. Das Spiel wiederholt sich, wie leicht aus der Figur zu ersehen, bis die Kurve bei a wieder geschlossen wird.

Die von dem Kurvenzug umschlossene Fläche stellt den Verlust dar, der offenbar mit deren Breite zunimmt. Die Hysteresisschleife wird schmäler, wenn man die Magnetisierung $\mathfrak{H}$ und damit die Induktion vermindert; das hat aber den Nachteil, daß dadurch zur Erzielung des erforderlichen gesamten Induktionsflusses der Eisenquerschnitt und die Kupfermassen vergrößert werden müssen. Der Zusatz von Silizium zum Eisen behebt auch hier in glücklicher Weise den Übelstand, indem dadurch, wenn auch auf indirektem Wege, die Koerzitivkraft fast vollständig zum Verschwinden gebracht wird.

Der Versuch ergibt die Anzahl Watt, die zur Erzielung einer bestimmten Feldstärke $\mathfrak{H}$ erforderlich sind, man kann daher aus der Schleife die Hysteresisverluste berechnen. Der Verlust ist der Zahl der Perioden und dem Eisenvolumen proportional. Ein Bild darüber gibt folgende Tabelle nach Ewing[1]), der zum erstenmal experimentelle Untersuchungen anstellte.

Tabelle 17.

Kraftliniendichte pro qcm = $\mathfrak{B}$	Wattverlust pro ccm Eisen und Periode
1000	100×10^{-7}
2000	300
3000	600
4000	900
5000	1300
6000	1700
7000	2000
8000	2800
9000	3500

Für einen Transformator, dessen Eisenvolumen 2000 ccm beträgt, würde sich der Verlust bei einer Sättigung von $\mathfrak{B} = 8000$ und einer Periode von $\pi = \dfrac{50}{\text{sec}}$ berechnen zu

$$W_v = 2000 \cdot 50 \cdot 2800 \cdot 10^{-7} = 28 \text{ Watt.}$$

Es seien nun einige Apparate beschrieben, die zur Aufnahme von Hysteresis- und Magnetisierungskurven dienen.

---

[1]) J. A. Ewing, Phil. Trans, II Nr. 238, 1885.

Bringt man in das Feld $\mathfrak{H}$ im Innern eines Solenoids die zu untersuchende stabförmige Eisensorte, so tritt an die Stelle des Feldes der
Induktionsfluß $\mathfrak{B} = \mu\,\mathfrak{H}$, und es kommt darauf an, den Einfluß von μ
zu ermitteln, um $\mathfrak{B}$ zu erhalten, da sich $\mathfrak{H}$ nach Gleichung 39) berechnen
läßt. Man kann dies dadurch erreichen, daß man den Induktionsfluß
im Stabe in irgendeiner Weise nach außen wirken läßt und die Wirkung
beobachtet. Die an den Enden des Stabes austretenden Kraftlinien
bedingen aber eine Schwächung der Feldstärke im Eisen (entmagneti-
sierende Kraft), es muß daher eine Korrektion angebracht werden, die
unter dem Namen „Scherung" bekannt ist. Besser ist es, das Schlußjoch zu verwenden, wodurch die Scherung fast vollständig vermieden
wird. Das Schlußjoch ist ein eiserner Bügel, der fest mit den Enden
des Prüfstabes verschraubt wird. Dadurch ist erreicht, daß die In-
duktionslinien ganz im Eisen verlaufen.

Apparat von Köpsel. (Fig. 206.) Der Prüfstab E wird vermittelst
der Schrauben K_1 und K_2 in den Bügel B eingeklemmt. Das Solenoid $\mathfrak{H}$
von n Windungen liefert das Feld,
der Strom i wird durch Amperemeter
gemessen.

Der Induktionsfluß erstreckt sich
durch den Eisenkern und das Schlußjoch. Dieses besitzt an der oberen
Stelle kreisförmige enge Aussparungen,
die zur Aufnahme einer beweglichen
Spule dienen, eine Einrichtung, die
dem Drehspulinstrument nachgebildet
ist. Die Drehspule wird durch den
Hilfsstrom i_1, der auf eine vorgeschriebene Stärke einzuregulieren ist, durchflossen. Der Ablenkungswinkel, also
der Ausschlag des Zeigers hängt direkt

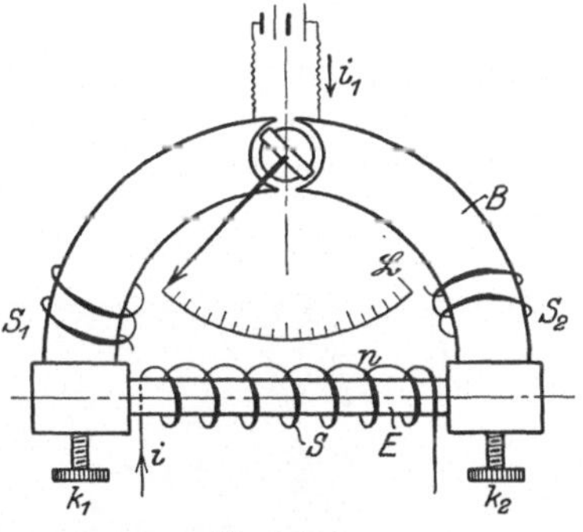

Fig. 206.

von der Stärke des Induktionsflusses, also vom Solenoidstrom i und
der Windungszahl n ab. Das Instrument ist so geeicht, daß die Werte
von $\mathfrak{B}$ für den betreffenden Kernquerschnitt direkt abgelesen werden.

Da nach Gleichung 39) die Feldstärke $\mathfrak{H} = \dfrac{4\,\pi\,\mathrm{n}}{10\,\mathrm{l}}\,\mathrm{i}$, also i die einzige

Variable ist, so kann man die in dem Quotienten vorkommenden
Größen so wählen, daß $\mathfrak{H}$ zahlenmäßig gleich oder 10, 100 usf.
mal größer ist als i; 1,5 Ampere würde beispielsweise 150 Gauß bedeuten.

Die Solenoidspule wirkt auch ohne Eisenkern auf die Drehspule
ablenkend ein; der Einfluß wird durch die beiden aufgeschobenen
Spulen S_1 und S_2 kompensiert, die vom Solenoidstrom durchflossen
werden.

Apparat von Du Bois. Die magnetische Präzisionswage von
Du Bois ist in Fig. 207 a und b schematisch und in der Ansicht dar-
gestellt, (Siemens & Halske.) Der zu untersuchende Stab wird in die
Klemmbacken bei K_1 und K_2 eingespannt, dazwischen befindet sich die

Solenoidspule S. Das Schlußjoch I ist als ungleicharmiger Wagebalken ausgebildet und rechts und links von den Klemmbacken durch einen schmalen Schlitz getrennt. Bei der Magnetisierung bewirkt das magnetische Moment eine Neigung des Balkens, die durch das Laufgewicht L aufgehoben werden kann. Die Skala, über die das Laufgewicht verschoben wird, ist so geeicht, daß die zur Gleichgewichtslage notwendige Stellung des Gewichts in Werten von $\mathfrak{B}$ angegeben wird.

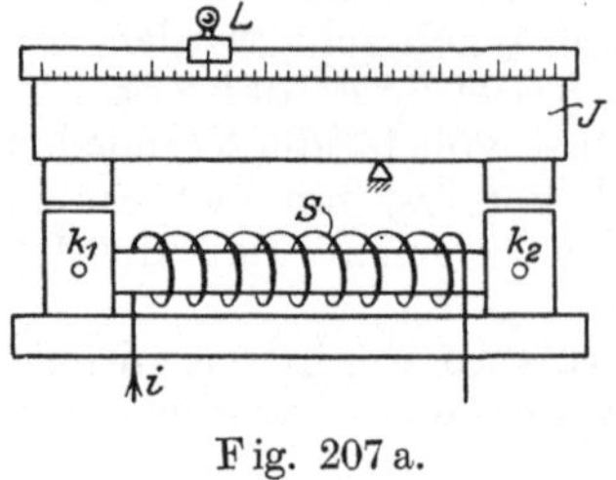

Fig. 207 a.

Die Stromstärke i steht auch bei diesem Apparat zur Feldstärke $\mathfrak{H}$ in dekadischem Verhältnis.

Mit den beschriebenen Apparaten — es gibt deren natürlich noch andere — kann man ohne Schwierigkeit die Magnetisierungskurve irgendeiner Eisensorte bestimmen. Man versteht darunter die graphische Darstellung der Abhängigkeit von $\mathfrak{H}$ und $\mathfrak{B}$, und zwar wird $\mathfrak{H}$ direkt in Ampere-Windungen pro cm Länge angegeben, so daß man den zur Erzielung eines bestimmten Induktionsflusses notwendigen Wert der Stromstärke und der Windungszahl einer Magnetspule im voraus berechnen resp. aus der Kurve ermitteln kann. Man

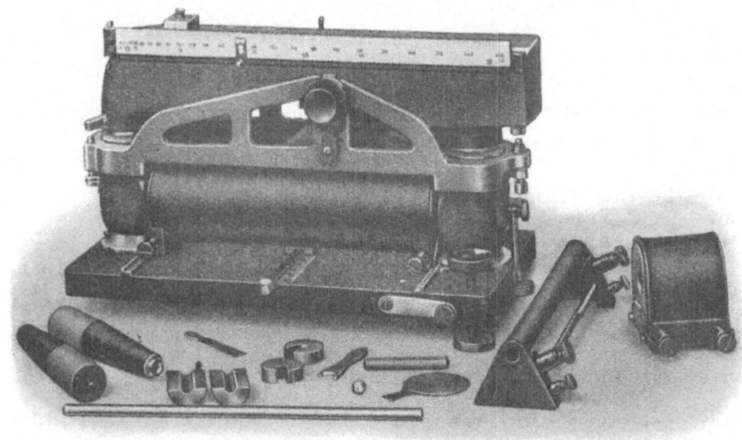

Fig. 207 b.

erkennt daraus die Wichtigkeit dieser Kurven für den Bau der elektrischen Maschinen. Fig. 208 gibt ein Beispiel derartiger Kurven für verschiedene Eisensorten.

Will man die Feldstärke an irgendeiner Stelle des Raumes, also etwa zwischen den Polen eines Magneten, zwischen Anker und Feldmagnet od. dgl. bestimmen, so bietet die Wismutspirale ein einfaches Mittel. Fig. 209 zeigt das Instrument, a in der Ansicht (Hartmann & Braun), b gibt die zugehörige Eichkurve. Die Methode beruht darauf, daß der elektrische Widerstand von Wismut abhängig ist von der Stärke des Magnetfeldes. Bezeichnet man den Widerstand der Spirale außerhalb des magnetischen Feldes mit w_0, den größeren Widerstand im Felde mit w_F, so gibt $Z = \dfrac{w_F - w_0}{w_0}$ das Verhältnis der Zunahme. Durch Eichung wird die der Zunahme entsprechende Kraftlinienzahl ermittelt und graphisch aufgetragen. Die Fig. a läßt die durch Glimmerblättchen geschützte flache Spirale erkennen: sie ist zur Vermeidung von Induktionsströmen bei Wechselfeldern bifilar gewickelt. Zu beachten ist, daß Wismut einen großen Temperaturkoeffizienten ($\alpha = 0{,}004$) besitzt; man darf daher bei der Widerstandsmessung den Strom nur für kurze Zeit schließen.

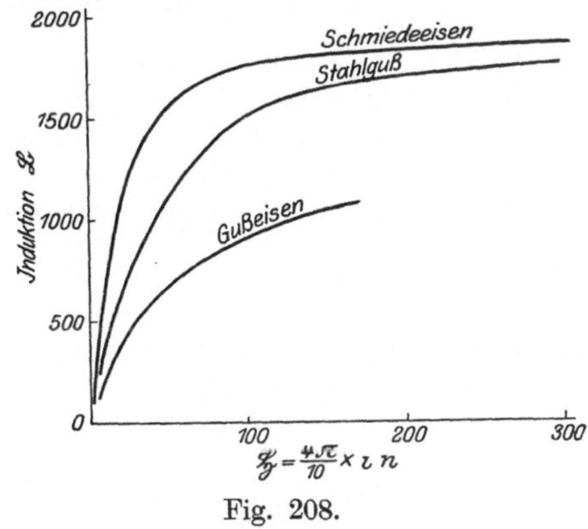

Fig. 208.

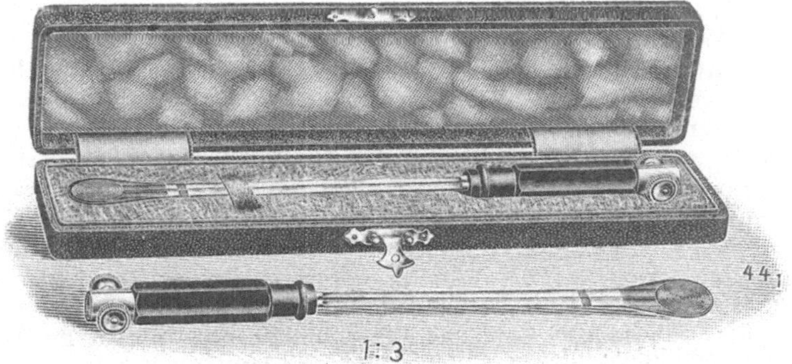

Fig. 209 a.

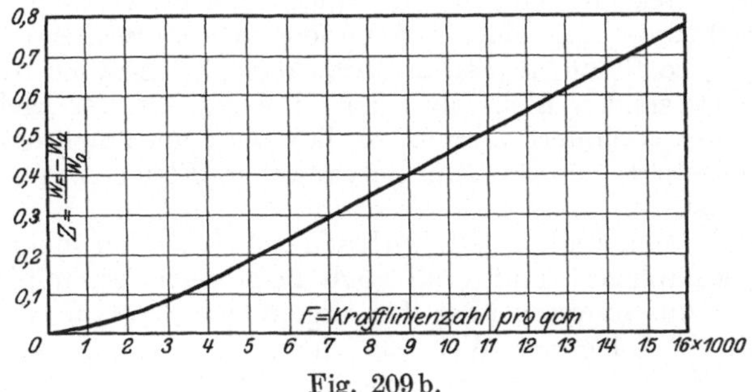

Fig. 209 b.

2. Kapitel.

Akkumulatoren.

1. Bau des Akkumulators. Der Akkumulator ist eine äußerst
wichtige Stromquelle. In der Gleichstrom-Zentrale ist er unentbehrlich zur Aufspeicherung von Strom und zur Abgabe bei Stillstand
der Maschine. Im Laboratorium gestattet die Akkumulatorenbatterie
weitgehende Unterteilung der Spannung; mit fest eingebauten Platten
läßt der Akkumulator sich transportieren und ist so ein wertvolles
Mittel zu Vorlesungs- und Versuchszwecken. Ebenso ist er für praktische Zwecke, etwa für medizinische, unentbehrlich, kurz, überall dort
am Platze, wo verhältnismäßig starke und konstante Ströme bei niedriger
Spannung benötigt werden.

Freilich ist sorgsame und sachgemäße Behandlung zu seiner Erhaltung unbedingt erforderlich, und die Vorschriften sind gewissenhaft
zu befolgen. Dabei ist es wünschenswert, daß man sich mit dem Wesen
des Akkumulators bekannt macht, vor allem die Prinzipien kennen
lernt, auf denen sein Bau beruht. Auch dürfte es sich empfehlen, durch
Ausführung einfacher Versuche ein Urteil über seine Leistungsfähigkeit
zu gewinnen, damit man in der Lage sei, bei etwaiger Anschaffung die
richtige Wahl zu treffen.

Der Akkumulator ist im Gegensatz zum galvanischen, dem primären,
ein Sekundärelement, d. h. er ist erst dann imstande, Strom zu liefern,
wenn er vorher geladen worden ist. Die elektromotorische Kraft
eines galvanischen Elementes kommt bekanntlich dadurch zustande,
daß man in einen Elektrolyten, etwa in Salzlösung oder verdünnte
Säure, Leiter erster Klasse, also Metalle oder Kohle eintaucht, wodurch
diese eine elektrische Spannung erhalten, deren Höhe verschieden ist und
von der Natur der Leiter abhängt. So entsteht die Spannungsdifferenz
an den Polen des Elements. Da die ungleiche Beschaffenheit der Elektroden die Ursache der Spannungs- oder Potentialdifferenz ist, so kann
man diese auch dadurch erreichen, daß man zwei gleichartige Metalle
künstlich umbildet: dies geschieht beim Akkumulator durch das Laden.

Das älteste und gebräuchlichste Sekundärelement ist der Bleiakkumulator. Er besteht aus einer Anzahl Bleiplatten, die in verdünnte Schwefelsäure eingetaucht sind. Verbindet man die Platten,
also die Elektroden mit einer Stromquelle von hinreichender Spannung,
etwa 4 Volt, so fließt ein Strom durch den Elektrolyten und als Folge
der nun einsetzenden Elektrolyse tritt Polarisation der Elektroden ein,
wodurch diese verändert werden, so daß zwischen ihnen eine Potentialdifferenz entsteht, wie sie beim galvanischen Element von vornherein
vorhanden ist.

Die sich beim Laden und Entladen vollziehenden inneren Vorgänge
sind sehr kompliziert und wohl auch noch nicht erschöpfend geklärt.
Wir können uns indessen über den allgemeinen Verlauf ein hinreichend
klares Bild in folgender Weise machen. Die Bleiplatten überziehen
sich in der Schwefelsäure mit einer Schicht Bleisulfat ($PbSO_4$). Legen

wir jetzt Spannung an, so tritt die Elektrolyse auf, es wird zunächst die Schwefelsäure in ihre Bestandteile SO_4 und H_2 gespalten. Der Säurerest SO_4 kann aber als solcher nicht frei bestehen, er geht sofort wieder eine Verbindung ein, und zwar nimmt er dem in der Säure enthaltenen Wasser (H_2O) den Wasserstoff H_2, so daß sich wieder SO_4H_2 bildet und Sauerstoff frei wird. Die frei werdenden, mit einer bestimmten Elektrizitätsmenge behafteten Spaltungsprodukte nennt man bekanntlich Ionen. Das Sauerstoffion besitzt negative Ladung, es wandert daher zur positiven Elektrode und bildet dort mit dem Blei Bleisuperoxyd, womit sich die Platte überzieht. Andererseits wandert das aus der Schwefelsäure entstandene Wasserstoffion infolge seiner positiven Ladung zur Kathode, und, indem es das dort vorhandene Bleisulfat reduziert, entsteht hier reines Blei. Wir haben also beim Laden des Akkumulators folgende Reaktion:

am positiven Pol: $PbSO_4 + SO_4 + 2\,H_2O = PbO_2 + 2\,SO_4H_2$;
am negativen Pol: $PbSO_4 + H_2 = Pb + SO_4H_2$.

Wir sehen daraus, daß sich Schwefelsäure bildet, d. h. die Dichte der Säure nimmt beim Laden zu.

Die auf diese Weise umgebildeten Elektroden besitzen nunmehr in der Schwefelsäure eine Spannungsdifferenz von nahezu 2 Volt, so daß man Strom entnehmen kann. Es hat aber dieser „Polarisationsstrom" die entgegengesetzte Richtung wie der Ladestrom und die vorher gebildeten Produkte werden wieder rückgängig gemacht:

positiver Pol: $PbO_2 + SO_4H_2 + H_2 = PbSO_4 + 2\,H_2O$,
negativer Pol: $Pb + SO_4 = PbSO_4$,

dabei bildet sich auf Kosten der Säure Wasser, d. h. die Dichte der Säure nimmt beim Entladen ab.

Es ist klar, daß ein solcher Akkumulator um so ergiebiger sein wird, je tiefer und inniger der Umwandlungsprozeß an den Platten vor sich geht. Da dies bei glatten Platten nur oberflächlich möglich ist, so muß man den Prozeß unterstützen und hat dazu zwei Mittel: man bildet die Platten gitter- und wabenförmig aus und füllt die Waben einerseits mit einer Paste aus Bleimennige, andererseits aus Bleiglätte; erstere wird in Bleisuperoxyd, letztere in Bleischwamm (also große Oberfläche!) umgewandelt, so daß diese „aktive Masse" die Platten möglichst durchsetzt. Solche Platten nennt man Masseplatten. Das andere Mittel, die Kapazität zu erhöhen, besteht darin, daß man die Oberfläche der Platten von vorneherein vergrößert, indem man sie mit unzähligen feinen Rippen versieht, die, ähnlich den Pilzlamellen, die Oberfläche der Platten überziehen. Dadurch ist erreicht, daß die zur Polarisation erforderliche Umbildung sich auf sehr große Flächen erstreckt: diese Platten nennt man Oberflächenplatten.

Welcher Platte wird man bei der Wahl einer Akkumulatorenbatterie den Vorzug geben? Es richtet sich dies nach dem beabsichtigten Zweck. Wird die Batterie stark benutzt, gelegentlich auch wohl überlastet, ist sie Erschütterungen ausgesetzt, so ist die Oberflächenplatte unbedingt vorzuziehen, da sie bei weitem weniger empfindlich ist. Andererseits ist die Masseplatte ergiebiger, d. h. bei gleichem Gewicht leistet sie mehr, aber diese Platte ist sehr empfindlich. Überbelastungen, sei es beim

Laden oder Entladen, müssen sorgfältig vermieden werden, da sonst die lockere Masse aus den Waben herausfällt und sich als Satz auf den Boden des Gefäßes niederschlägt, wodurch in kurzer Zeit die Kapazität des Akkumulators enorm abnimmt. Dennoch wählt man die Masseplatte wegen des geringeren Gewichtes meist bei transportablen Batterien (auf Fahrzeugen, als Triebbatterie oder zu Zündzwecken, eingebaut in Holzkästen zu medizinischen Zwecken u. dgl.). In solchen Fällen muß aber die aktive Masse durch besondere Schutzgitter am Herabfallen gehindert werden.

Zahlreich sind die Versuche, den Bleiakkumulator zu verbessern oder zu ersetzen. Die Verbesserungen beziehen sich im wesentlichen auf eine wirksamere Ausgestaltung der Platten und deren Einbau. Von den vielen Versuchen um einen geeigneten Ersatz, der darauf abzielt, bei geringerem Gewicht einen Akkumulator zu schaffen, der mehr leistet und unempfindlicher ist, hat nur der Edison-Akkumulator einigermaßen Erfolg gehabt, ohne indessen den Bleiakkumulator zu verdrängen. Dieser Akkumulator besitzt als Elektrolyt $21^0/_0$ige Kalilauge, in die Elektroden eintauchen, die im wesentlichen aus Eisen- und Nickelverbindungen bestehen. Auch hier wird die wirksame Masse in gitterförmige Elektrodenträger — aus Stahl — eingepreßt; Nickel bildet den positiven Pol. Als Vorzug des Edison-Akkumulators kann zunächst der solide Bau angeführt werden. Die Platten sind, natürlich unter sich isoliert, fest in ein Gehäuse aus vernickeltem Stahlblech eingebaut. Einen gewissen Vorzug mag man auch darin erblicken, daß die Säure durch Lauge ersetzt ist, da diese die Metallteile nicht wesentlich angreift. Allerdings überziehen sich der obere Teil des Akkumulators und die Klemmen nach einiger Zeit mit ausgeschiedenen Kristallen; auch dürfte die Lauge für die Haut, Kleidung usw. wohl ebenso unangenehm sein, wie die Säure des Bleiakkumulators.

Während der Bleiakkumulator in entladenem Zustand nur kurze Zeit verweilen darf, soll der Edison-Akkumulator vollständig unempfindlich sein gegen Entladung bis zur völligen Erschöpfung und Verweilen in diesem Zustande. Auch sollen vorübergehende stoßweise auftretende Überbelastungen bei der Ladung wie auch bei der Entladung keinen schädigenden Einfluß ausüben.

Als Nachteil muß aber die geringere elektromotorische Kraft angesehen werden. Während diese beim Bleiakkumulator etwa 2 Volt beträgt, besitzt der Edison-Akkumulator eine Entladungsspannung von nur 1,23 Volt. Wenn auch, wie angegeben wird, bei gleichem Gewicht die Leistung dennoch höher sein soll, so sind für die nämliche Spannung doch mehr Zellen erforderlich, die Anlage erfordert mehr Raum und ist kostspieliger.

2. Behandlung des Akkumulators. Wir betrachten nur den Bleiakkumulator. Beim Laden der Batterie hat man darauf zu achten, daß die höchst zulässige Ladestromstärke nicht überschritten wird. Diese richtet sich nach Bau und Größe der Batterie und ist besonders vorgeschrieben. Eine beliebig geringere Stromstärke ist immer erlaubt, ja, sogar zeitweilig notwendig, indem die Platten an Lebenskraft gewinnen, wenn sie hin und wieder mit geringer Stromstärke bis zur kräftigen

Gasentwicklung durchgeladen werden. Als gutes Zeichen kann es gelten, wenn die Gasentwicklung erst ganz am Ende der Ladezeit eintritt, indem ja dann der Ladestrom ergiebig die wirksame Umwandlung im Innern der Zelle besorgt. Bös sieht es dagegen aus, wenn der entladene Akkumulator kurz nach Beginn der Ladung zu gasen anfängt: die Energie des Stromes wird zur Knallgaserzeugung verbraucht, das Gas entweicht und ist für die Rückgewinnung der aufgewandten Energie verloren. In solchen Fällen ist der Akkumulator meist nicht mehr zu retten, höchstens hilft eine Ladeperiode mit schwächerem Strom und Ruhepausen. Der Grund der Aufnahmeverweigerung liegt entweder darin, daß die aktive Masse sich gelöst hat und zu Boden gefallen ist, oder, daß sie sich in andere, unwirksame Verbindungen (Bleisulfat) umgebildet hat, die nicht oder nur sehr schwer wieder rückgängig gemacht werden können. Solche Umbildungen treten meist ein, wenn die Zelle lange im ungeladenen Zustand verweilt hat, die Platten müssen erneuert werden. Das Lösen der Masse tritt bei Überbelastung oder zu starken Erschütterungen ein. Bei der Überbelastung erwärmen sich die Platten und werden krumm; den extremen Fall der Überbelastung bildet der Kurzschluß, hervorgerufen entweder durch unvorsichtige äußere Behandlung oder dadurch, daß sich gelöste leitende Teilchen der Platten zwischen diesen festsetzen und eine Krümmung bis zur Berührung hervorrufen.

Eine gewisse Schwierigkeit bietet die Kontrole des Entladestadiums. Die Beobachtung der Säuredichte liefert aus den oben genannten Gründen noch das einfachste Mittel, die Kontrole vorzunehmen. Bei beendigter Ladung soll das spezifische Gewicht 1,21 betragen, bei der Entladung nimmt die Dichte ab und soll nicht unter 1,17 sinken. Ein Aräometer, mit entsprechenden Marken versehen, erleichtert die Prüfung.

Nicht immer ist diese Probe anwendbar; bei Akkumulatoren mit fest eingebauten Platten in verschlossenen Gefäßen läßt sie sich nicht ohne weiteres ausführen. Ein einigermaßen sicheres Urteil zu gewinnen gestattet in solchen Fällen der Elementprüfer. Es ist dies ein kleines Voltmeter in Uhrenform. Als Voltmeter besitzt es einen großen inneren Widerstand, man mißt also die Spannung der Zelle in nahezu offenem Zustande, d. h. die elektromotorische Kraft. Diese ist aber auch vorhanden in einer beinahe vollständig erschöpften Zelle, erst bei gleichzeitiger Stromabgabe fällt die Spannung, dem Entladezustand entsprechend, ab. Dieser Spannungsabfall gibt ein Bild über den Zustand des Elementes. Um die Prüfung leicht zu ermöglichen, besitzt der Elementprüfer seitlich einen Druckknopf, durch dessen Betätigung ein Parallelwiderstand zugeschaltet wird, wodurch der Voltmeterwiderstand um etwa $^1/_5$ reduziert wird.

3. Kapazitätsprobe. Wir belasten den Akkumulator mit der höchst zulässigen Entladestromstärke (die für jede Type vorgeschrieben ist) und legen an die Klemmen ein Präzisionsvoltmeter. Außer dem Amperemeter befindet sich im Stromkreis noch ein Regulierschieberwiderstand, mit dem wir den Strom konstant halten. Wir notieren während des Versuchs von Zeit zu Zeit die Entladespannung und konstruieren aus den erhaltenen Daten die nachfolgenden Entladekurven (Fig. 210 und 211).

A. Bleiakkumulator.

Kapazität = 25 Ampere-Stunden,
I_{max} = 2,5 Ampere.

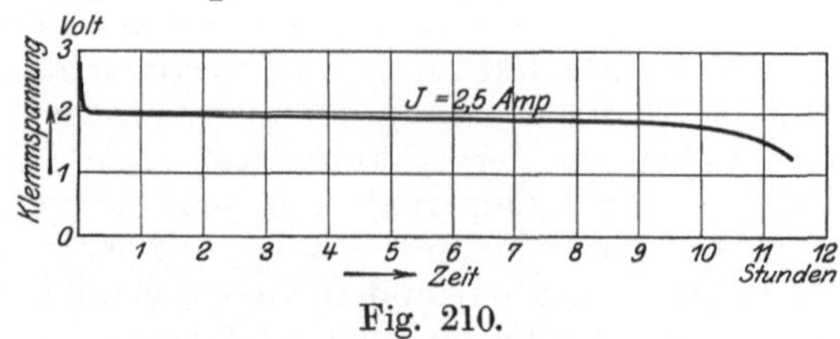

Fig. 210.

B. Edisonakkumulator.

Kapazität = 16 Ampere-Stunden,
I_{max} = 4 Ampere.

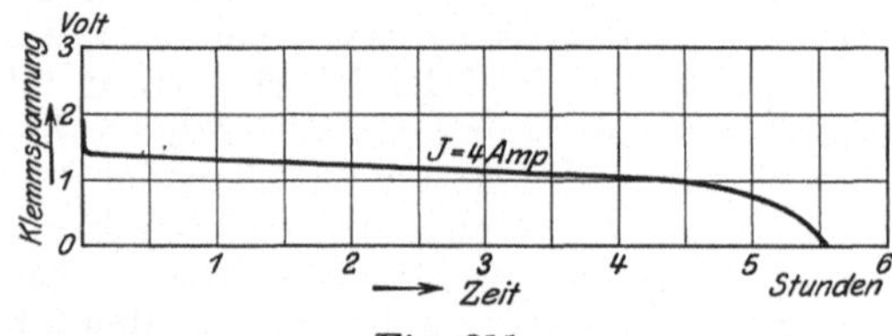

Fig. 211.

Der Wirkungsgrad $\eta = \dfrac{\text{Abgabe}}{\text{Aufnahme}}$ bestimmt sich leicht, indem man mittelst Ampere- und Voltmeter — letzteres an die Klemmen zu legen — die Leistung in Wattstunden bei der Ladung und Entladung feststellt. Die Stromstärke wird dabei konstant gehalten, die Spannung ändert sich aber, sie ist variabel und nimmt gleichmäßig ab. Man verfährt daher am zweckmäßigsten so, daß man auch eine Ladekurve aufnimmt und aus beiden Kurven die Wattwerte ermittelt. Eine gewisse Schwierigkeit bietet die Feststellung des Zeitpunktes, wo die Ladung als beendet zu betrachten ist. Wird der Zeitpunkt überschritten, so tritt Gasbildung ein, die einen Aufwand fordert, der zwar gemessen wird, aber im Akkumulator nicht zur Entladung gelangt. Das plötzliche Ansteigen der Ladekurve gibt einigermaßen Aufschluß über die beendigte Ladung.

Der Wirkungsgrad eines guten Akkumulators beträgt etwa 75 %.

3. Kapitel.

Photometrie.

Sehr wichtig für die Beleuchtungstechnik ist die Kenntnis der Helligkeitsverteilung einer Lampe im Raume im Verhältnis zur aufgewandten Energie resp. den Kosten. Zur Bestimmung dieser Faktoren wird einerseits auf photometrischem Wege die Lichtintensität, andererseits die aufgewandte elektrische Energie gemessen.

Was die Messung der Lichtstärke anlangt, so muß, wie bei allen Messungen, zunächst eine Einheit festgestellt werden. Bei der allgemeinen Verbreitung der elektrischen Lampen ist es wünschenswert, daß dieses Lichtmaß international sei. Entsprechende Schritte zur Lösung der Fragen wurden bereits im Jahre 1881 anläßlich des Pariser Elektriker-Kongresses unternommen, eine vollständige Lösung wurde indessen noch nicht erreicht. Erst im Jahre 1897 nahmen in Deutschland die in Betracht kommenden Vereinigungen unter Mitwirkung der Physikalisch-Technischen Reichsanstalt als Einheit der Lichtstärke die Hefnerkerze (s. unten) an[1]), ferner wurden folgende Bezeichnungen eingeführt:

I = Lichtstärke, gemessen in Hefnerkerzen, Zeichen: HK;

Φ = Lichtstrom, gemessen in Lumen, Zeichen Lm. Es ist der Lichtstrom, den die Lichtquelle von der Intensität I im Abstande r Meter senkrecht auf die Fläche S wirft: $\Phi = \dfrac{\mathrm{I}}{\mathrm{r}^2}\, \mathrm{S} = \varphi\, \mathrm{J}$, wenn φ den räumlichen Winkel von der Lichtquelle aus bedeutet.

E = Beleuchtung, gemessen in Lux, Zeichen Lx; es ist die Beleuchtung in der Entfernung r in Meter. Man spricht daher auch von Meterkerzen: $\mathrm{E} = \dfrac{\Phi}{\mathrm{S}} = \dfrac{\mathrm{I}}{\mathrm{r}^2}$.

$c = \dfrac{\mathrm{I}}{\mathrm{s}}$ ist die Flächenhelle = Intensität pro qcm, endlich

Q = Φ T = Lichtmenge oder Lichtabgabe. T ist die Zeit in Stunden, Q bedeutet daher Lumenstunde.

Eine internationale Verständigung kam erst im Jahre 1911 zustande, indem die internationale Lichtkommission die Verhältniszahlen zwischen den in verschiedenen Ländern gebräuchlichen Einheiten festlegte. Die Beziehungen sind in nachfolgender Tabelle enthalten:

Tabelle 18.

		Hefnerkerzen	Standardkerze, Bougie décimale, American candle, Pentane candle	Carcel
		1.	2.	3.
1.	Hefnerkerze	1	0,9	0,093
2.	Standardkerze, Bougie décimale, American candle, Pentane candle	1,11	1	0,1035
3.	Carcel	10,75	9,65	1

---

[1]) Siehe auch E. Liebenthal, Praktische Photometrie; ferner Uppenborn-Monasch, Lehrbuch der Photometrie.

Bei Lampen geringer Kerzenstärke, insbesondere bei den einfachen Glühlampen für Zimmerbeleuchtung mißt man die Intensität senkrecht zur Lampenachse und nimmt den Mittelwert aus drei Messungen, die aus drei um 120⁰ gegeneinander versetzte Richtungen gewonnen sind. Diese einfache Methode genügt aber nicht in den Fällen, bei denen die Beleuchtung größerer Räume oder von Plätzen in Frage kommt. Die Intensität ist nämlich bei allen Lampen, da sie ja keine punktförmige Lichtquellen darstellen, von der Strahlenrichtung abhängig. Um ein sicheres Urteil zu erlangen, ist es daher nötig, die mittlere Helligkeit im Raume festzustellen. Zu dem Zwecke denken wir uns um die Lampe als Zentrum eine Kugelfläche konstruiert, auf der Zonen von gleichem Flächeninhalt konstruiert werden. Diese Zonen werden durch Meridiane wiederum in gleiche Teile geteilt, deren Mitte die Stelle bildet, wo die Messung vorgenommen wird. Das Mittel aus allen Messungen gibt die mittlere räumliche Lichtstärke der betreffenden Zone.

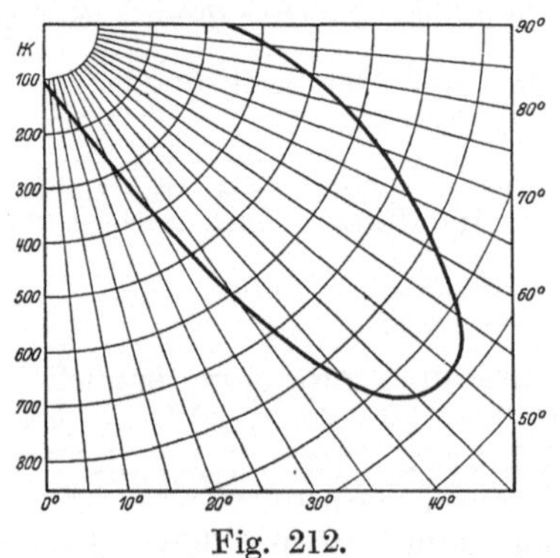
Fig. 212.

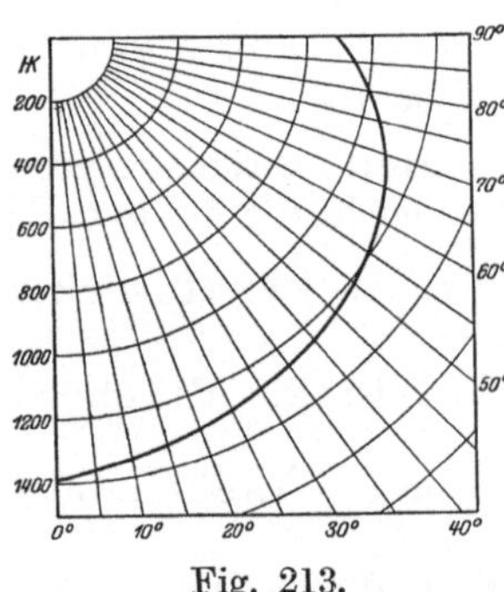
Fig. 213.

Sehr anschaulich wird die Lichtverteilung durch ein graphisches Verfahren dargestellt: wir tragen die in verschiedenen Richtungen von der Lichtquelle aus gemessenen Lichtstärken in ein Polarkoordinatensystem ein und verbinden die gemessenen Punkte durch eine Kurve; auf diese Weise sind die Figg. 212 und 213 gewonnen [1]). Der gesamte Lichtstrom ist als Rotationsfläche dieser Kurve um die Nullachse gegeben.

Hefnerkerze. Diese beruht auf dem von Hefner-Alteneck bereits um 1884 gemachten Vorschlag:

„Als Lichteinheit dient die Lichtstärke einer in ruhig stehender, reiner atmosphärischer Luft frei brennenden Flamme, welche aus dem Querschnitt eines massiven, mit Amylazetat gesättigten Dochtes aufsteigt, der ein kreisrundes Dochtröhrchen aus Neusilber von 8 mm innerem und 8,3 mm äußerem Durchmesser und 25 mm freistehender Länge vollkommen ausfüllt, bei einer Flammenhöhe von 40 mm vom Rande des Dochtröhrchens aus und wenigstens 10 Minuten nach dem Anzünden gemessen."

---

[1]) Mit gütiger Erlaubnis des Verf., Herrn A. Boje der Elektrotechn. Zeitschrift entnommeu (1915, H. 1, 2 u. 4).

Die von der Reichsanstalt beglaubigte Hefnerlampe, Fabrikat der Firma Siemens & Halske, ist in Fig. 214 dargestellt. Die Zeichnung gewährt einen klaren Einblick in die Konstruktion, bemerkt sei nur noch folgendes. Von großer Wichtigkeit ist das richtige Einstellen der

Fig. 214.

Flammenhöhe. Dies geschieht entweder durch das Okular T Fig. 214 a, (das eine Höhenmarke trägt) des Krüßschen Flammenmaßes oder mittelst einer ähnlichen Einrichtung K von Hefner. Bei diesem Flammenmaß wird die richtige Einstellung durch eine Visiervorrichtung vorgenommen. Zur Kontrole der richtigen Höhe des Dochtrohres C wird der Lampe eine Lehre mitgegeben Fig. 214 b u. c. Diese wird, nachdem der Verschluß D entfernt ist, auf die Fußplatte aufgestellt: die Rohröffnung soll nahezu den oberen Rand des Schlitzes s berühren. Die Lehre gestattet auch eine Kontrole der Visiervorrichtung, indem die scharfe Schneide in der Visierlinie liegen muß.

Messung. Die photometrische Messung beruht auf der bekannten Beziehung:

$$I_1 : I_2 = r_1{}^2 : r_2{}^2,$$

wo I_1 und I_2 die Intensitäten der zu prüfenden resp. der Vergleichslichtquelle darstellen, r_1 und r_2 die entsprechenden Abstände von einer gleich hell beleuchteten Fläche.

Apparate. 1. **Bunsenphotommeter.** Es ist dies ein einfacher und verhältnismäßig sehr leistungsfähiger Apparat, der allgemein bekannt ist: man beleuchtet ein Blatt weißes Papier, in dessen Mitte ein Fettfleck angebracht ist, beiderseits mit den Lichtquellen; der Fleck verschwindet für das Auge, sobald die auffallende Lichtintensität auf beiden Seiten gleich ist. Dies wird durch Änderung der Abstände r_1 resp. r_2 leicht erreicht.

2. **Prismenphotometer von Lummer-Brodhun.** Die Einrichtung des wesentlichen Teils dieses Photometers veranschaulicht Fig. 215. Die von L_1 und L_2 ausgehenden Strahlen fallen auf den beiderseits gleichmäßig diffus reflektierenden Gipsschirm G, von dort

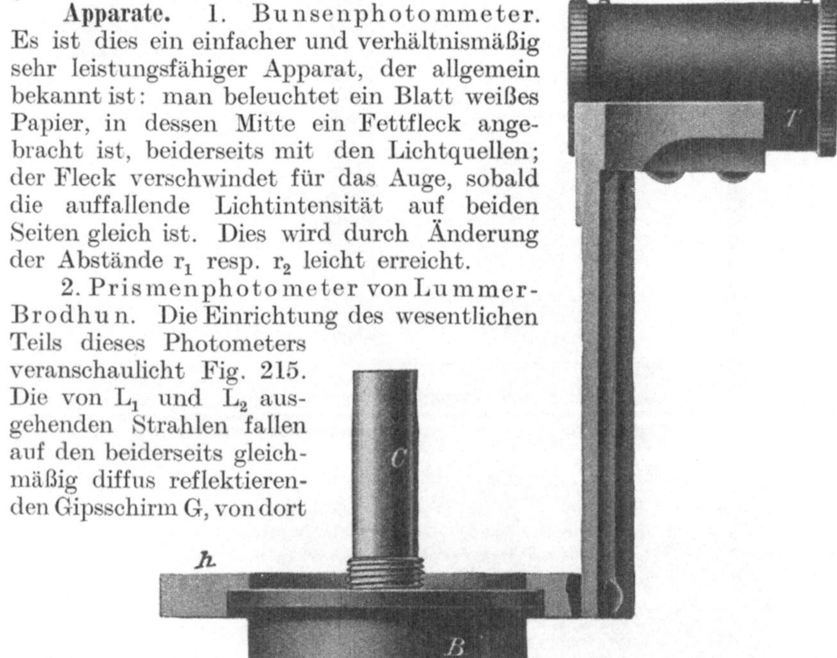

Fig. 214 a.

auf die Spiegel $f_1 f_2$, und weiter auf die Prismenkombination $P_1 P_2$. P_1 ist auf der Hypotenusenseite in Kugelform matt geschliffen, mit Ausnahme des ebenen mittleren Teils, so daß eine kreisförmige durchsichtige Fläche bleibt; mit dieser ist das Prisma P_2 verkittet. Die Strahlen der Lichtquelle L_1 gelangen von f_1 aus durch die Prismen direkt, die von L_2 resp. f_2 ausgehenden infolge der Totalreflexion in P_2 indirekt in das Beobachtungsokular O, durch das man eine helle kreisrunde Fläche erblickt, die verschwindet, wenn die Kittstelle P_1 gegen P_2 gleich hell beleuchtet wird.

Ist I_1 die Intensität der zu untersuchenden Lichtquelle, I_2 die der Hefnerlampe, so hat man

$$I_1 = I_2 \frac{r_1^2}{r_2^2}.$$

Fig. 212 veranschaulicht die Lichtverteilung einer Bogenlampe mit Opalglasglocke und übereinander angeordneten Kohlen. Der Betriebsstrom beträgt 10 Ampere, die Klemmenspannung etwa 55 Volt. Wie man sieht, liegt das Maximum der Intensität mit etwa 960 HK bei ungefähr 50° Neigung gegen die Vertikale. Die untere Kohle verhindert naturgemäß die direkte senkrechte Beleuchtung. Um den Wattverbrauch pro Kerze festzustellen, ermittelt man aus der Kurve die mittlere Intensität. Im vorliegenden Falle ergibt sich der Wert $I_m = 620$ HK, was einem Verbrauch von 0,9 Watt pro HK entspricht.

Betrachten wir jetzt zum Vergleich eine Halbwattlampe (Metallfadenlampe!). Bei etwa 110 Volt Spannung benötigt diese 4,5 Ampere. Hier ergibt die Kurve nach Fig. 213 eine mittlere Intensität von 1150 HK, was einem Verbrauch von 0,45 Watt pro HK entspricht. Das Intensitätsmaximum liegt in der Vertikalen mit 1400 HK.

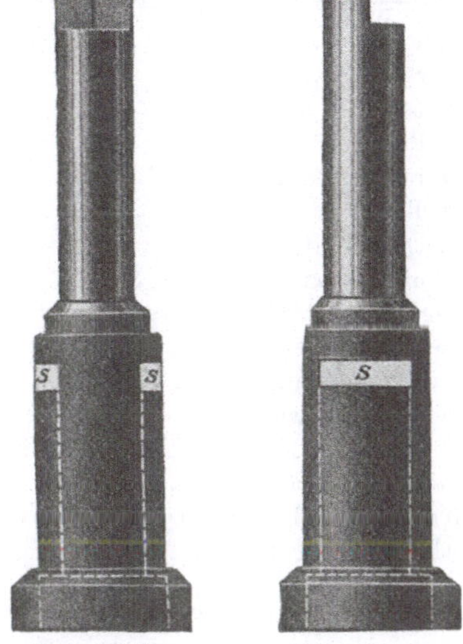

Fig. 214b. Fig. 214c.

Aus dem Wattverbrauch pro Kerze berechnen sich leicht die Betriebskosten einer Lampe. Nimmt man einen mittleren Strompreis von 45 Pfg. pro Kilowattstunde an, so würde die Bogenlampe im ersten Beispiel etwa 4 Pfg. pro Stunde und 100 HK kosten, während sich die Betriebskosten der $\frac{1}{2}$ Watt-Lampe auf etwa die Hälfte belaufen. Zu beachten ist eine etwa eintretende Phasenverschiebung beim Betriebe mit Wechselstrom; hier wird der Energieverbrauch am besten mit einem

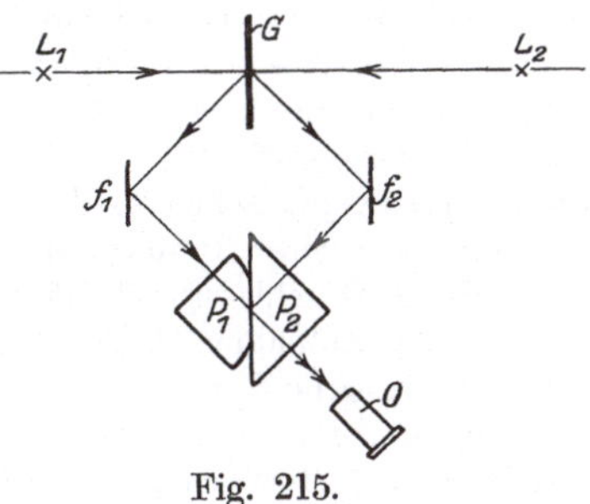

Fig. 215.

Leistungsmesser festgestellt. Das Verhältnis $\dfrac{\text{Wattverbrauch}}{\text{Kerzenstärke}}$ wird Ökonomie genannt.

Anhang.

Formelzeichen des Ausschusses für Einheiten und Formelgrößen.

(Formelzeichen des AEF)

Länge	l
Masse	m
Zeit	t
Halbmesser	r
Durchmesser	d
Wellenlänge	λ
Körperinhalt, Volumen	V
Winkel, Bogen	$\alpha, \beta, \ldots$
Voreilwinkel, Phasenverschiebung	φ
Geschwindigkeit	v
Fallbeschleunigung	g
Winkelgeschwindigkeit	ω
Umlaufzahl, Drehzahl (Zahl der Umdrehungen in der Zeiteinheit)	n
Wirkungsgrad	η
Druck (Druckkraft durch Fläche)	p
Elastizitätsmodul	E
Temperatur, absolute	T
Temperatur vom Eispunkt aus	t
Temperatur vom Eispunkt aus (wenn in einer Formel mit der Zeit zusammentreffend)	ϑ
Wärmemenge	Q
Spezifische Wärme	c
Spezifische Wärme bei konstantem Druck	c_p
Spezifische Wärme bei konstantem Volumen	c_v
Wärmeausdehnungskoeffizient	α
Magnetisierungsstärke	$\mathfrak{J}$
Stärke des magnetischen Feldes	$\mathfrak{H}$
Magnetische Dichte (Induktion)	$\mathfrak{B}$
Magnetische Durchlässigkeit (Permeabilität)	μ
Magnetische Aufnahmefähigkeit (Suszeptibilität)	$\varkappa$
Elektromotorische Kraft	E
Elektrizitätsmenge	Q
Induktivität (Selbstinduktionskoeffizient)	L
Elektrische Kapazität	C
Elektrischer Strom	I
Elektrischer Widerstand	R

Register.